U0312999

中国煤炭学会大事记

中国煤炭学会 编

应急管理出版社

·北 京·

图书在版编目（CIP）数据

中国煤炭学会大事记／中国煤炭学会编 . --北京：
应急管理出版社，2023
ISBN 978-7-5020-9563-5

Ⅰ.①中⋯　Ⅱ.①中⋯　Ⅲ.①煤炭工业—学会—
大事记—中国　Ⅳ.①TD82-262

中国版本图书馆 CIP 数据核字（2022）第 205523 号

中国煤炭学会大事记

编　　者	中国煤炭学会
责任编辑	成联君　尹燕华　武鸿儒
责任校对	李新荣
封面设计	于春颖

出版发行	应急管理出版社（北京市朝阳区芍药居 35 号　100029）
电　　话	010-84657898（总编室）　010-84657880（读者服务部）
网　　址	www. cciph. com. cn
印　　刷	三河市中晟雅豪印务有限公司
经　　销	全国新华书店

开　　本	710mm×1000mm$^1/_{16}$　印张　19　字数　242 千字
版　　次	2023 年 10 月第 1 版　2023 年 10 月第 1 次印刷
社内编号	20221401　　　　　　定价　108.00 元

编　委　会

凡　　例

一、本书以马克思主义、历史唯物主义和科学技术是第一生产力的思想为指导，精益求精，力求全面准确地记述中国煤炭学会的发展历程。

二、本书是中国煤炭学会发展的历史记录。

三、本书记载上限始于 1962 年 9 月煤炭工业部批准中国煤炭学会组建之日，下限截至 2022 年 9 月末。以年分段，以月、日为序。

四、本书采用编年体和适当结合纪事本末体相结合的体裁一事一记，本着详今略古的原则，纵向记述学会发展中的大事、要事、首事。

五、本书的图、表随文设置。

六、本书记述采用规范的文体。称谓采用第三人称。简化字、标点符号、纪年、数字、计量单位、专业名词等执行国家统一规定。专业名词统一执行《煤矿科技术语》（GB/T 15663—2008）系列国家标准。

前　　言

20世纪60年代以来，我国经济高速发展，对能源的需求不断增加。煤炭作为主要基础能源，其安全高效生产对技术装备提出了更高的要求，也需要学习发达采煤国家的先进技术。在此背景下，由地质、采矿专家何杰，煤炭科学研究院党委书记何以端、院长王德滋，煤炭工业部技术司副司长张培江等人倡议，煤炭工业部发文向中国科协提出申请，经批准于1962年11月28日正式成立了中国煤炭学会。

1964年创刊了《煤炭学报》，开启了从理论到技术的学术交流活动。同时，在北京、山东、云南、四川、新疆等省（市、自治区）成立了省级煤炭学会扩展了组织机构，煤炭科技活动在主要采煤省份蓬勃开展。

1978年恢复学会活动后，成立了科普、岩石力学、煤炭开采、矿井建设、煤田地质、水力采煤、选煤、煤矿安全、煤化学、煤矿机械化、泥煤等工作委员会和专业委员会，建立了煤炭工业主要技术专业的分支机构及学术交流制度，使学会工作突出了科技社团特点，成为煤炭工业技术、人才的交流平台，通过开展科技活动加强了煤炭工业科技工作者之间的交流，活跃了科技创新氛围，极大地推动了煤炭工业的科技进步，促进了煤炭工业的发展。

在国际交流方面，1963年学会成立伊始，鉴于当时我国外交环境状况，煤炭部外事司以中国煤炭学会的名义组团对英、法、德、日等国进行煤炭科技考察和学术交流。1972年起到80年代初，学会组织煤炭科技代表团进行科技考察、合作研究或参加国际会议200多批700多人；接待外国科技代表团166批700多人。根据1987年中国煤炭学会和波兰采矿工程师技术人员协会的双边科技合作协议，中方赴波兰进行技术合作人员18个团组100多人次，接待波方19个团组112人次。1980年9月19—27日，由中国煤炭学会、中国金属学会和美国世界矿业/世界煤炭杂志社共同发起，第一届国际矿山规划和开发学术讨论会在北京/北戴河举行，来自35个国家和地区的487人（其中外宾309人）出席了会议。国家领导人邓小平、副总理方毅在人民大会堂会见了来自五大洲的专家学者，开创了我国矿业与国际大规模科技交流的先河。

自此，中国煤炭学会每年都召开国际学术会议，举办国际采矿设备技术交流会，进行大规模的国际科技合作、技术交流活动。2016年9月，在新疆乌鲁木齐召开"一带一路"战略联盟矿业科技创新研讨会；2021年，参加英国繁荣基金合作项目、中美能源转型系列对话项目。中国煤炭学会已经站在国际煤炭科学开发与清洁高效利用的高端平台。

多年来，中国煤炭学会完成了煤炭部、中国工程院、财政部、工信部、国资委等科技项目，有力促进了能源行业的发展。在信息时代的今天，中国煤炭学会在中国科协、民政部及行业协会的支持下，建立了煤矿智能化技术创新联盟、黄河流域煤炭产业生态治理研究院、碳中和与煤炭清洁高效利用等创新组织，发挥学会的人才智力优势着力攻克能源、生态、利用等技术瓶颈，促进煤矿自动化智能化的发展，解决煤炭开发的安全、高效、节约、绿色难题；从源头攻克黄河流域煤炭产业发展的生态保护技术，建立生态文明型煤炭矿区；以技术创新实现碳中和为基础的煤炭高效利用。

中国煤炭学会把为煤炭工业培养人才作为中心任务。多年来推荐的中国科学院、中国工程院的院士候选人，被评为院士的 20 多人；推荐获得光华工程奖青年奖 5 人；推荐入选全国创新争先奖 2 人，推荐获得中国青年科技奖 14 人，推荐获得全国优秀科技工作者奖 20人；评选孙越崎能源大奖 55 人；推荐入选全国杰出工程师奖 22 人。经批准中国煤炭学会于 1990 年设立了"煤炭青年科技奖"，历经 32年煤炭行业获奖者 400 余人。在获奖者中产生了一批中国科学院、中国工程院院士，高校校长、企业家和总工程师，企业首席科学家等国家优秀人才。中国煤炭学会已成为培养优秀人才的摇篮，为我国的煤炭工业高质量发展做出了突出贡献。

在本书编写过程中，得到了煤炭行业各级领导的关怀和指导，得到了历届学会领导、专家的帮助和支持。在此我们表示衷心的感谢！由于时间跨度较大，有些资料不全，编纂中难免疏漏，不足之处请谅解。

编委会

2022 年 11 月 10 日

目　　　录

1962 年

由何杰、王德滋、何以端、张培江等同志发起，9 月煤炭工业部（以下简称煤炭部）发函至中国科学技术协会（以下简称中国科协）提出申请，11 月中国科协以科协字第 170 号复函同意筹建中国煤炭学会。

1963 年

　　筹建中国煤炭学会，发展会员，筹建省（市、自治区）煤炭学会，开展国内外学术交流。鉴于当时我国与一些国家尚未建交，故以学会名义开展对外学术交流活动，由煤炭部外事局组派代表团或考察组到英、法、德、日等国考察或参加国际学术会议。

1964 年

《煤炭学报》创刊，挂靠在煤炭部科技局，编辑出版了《煤炭学报》。

先后有以下省（市、自治区）成立了煤炭学会：北京、辽宁、吉林、黑龙江、新疆、山东、湖北、云南、四川。

1966 年因"文化大革命"停止活动。

1972 年

10 月 燃料化学工业部（简称燃化部）因对外活动需要，指定贺秉章同志为理事长，决定用中国煤炭学会名义对外参加活动，但对内不开展活动。

1978 年

　　4 月　中国科协召集所属学会开会，要求各学会恢复工作，中国煤炭学会参会。5 月，学会恢复活动。1978 年 9 月煤炭部发文，由贺秉章任中国煤炭学会理事长，范维唐、蔡斯烈、张培江、王珣、侯宝政、汤德全、沈季良为副理事长，钮锡锦为秘书长，领导学会开展恢复与扩建工作。

1979 年

5月 美国米勒·弗利曼出版公司赠送学会《世界煤炭》杂志800册，学会按月寄送有关单位。该公司出版的《世界采矿/世界煤炭》中文合刊，由学会和中国金属学会协助翻译，获赠各5000册。

8月1—2日 中国煤炭学会第一次全国会员代表大会在北京市召开，到会487人。贺秉章同志主持会议，中国科协裴丽生副主席、煤炭部钟子云副部长到会并讲话。会议讨论通过了学会工作报告和学会章程，选举产生了第一届由125人组成的理事会和由23人组成的常务理事会，选出理事长贺秉章，副理事长丁丹、范维唐（兼秘书长）、蔡斯烈、张培江、汤德全、沈季良、王定衡、魏同、向宝璜。会上汤德全、汪寅人、佟浪分别作了关于煤矿机械化，煤的气化、液化，煤矿安全的学术报告。

在召开的第一届一次常务理事会议上，研究决定设立四个办事机构：学会秘书处，挂靠煤科院，主任为钮锡锦；对外学术交流处，挂靠煤炭部外事局，主任为柏兴基；《煤炭学报》编辑部，挂靠煤炭部科技局，主任为潘惠正；科普工作委员会，挂靠煤炭部情报所，主任为刘焕民。研究决定筹建岩石力学、煤炭开采、矿井建设、煤田地质、水力采煤、选煤、煤矿安全、煤化学、煤矿机械化、泥煤十个专业委员会。

8月14—20日 中国煤炭学会在兰州市召开煤化学学术会议，到会代表144人，收到论文报告97篇。重点讨论了煤的气化、焦化、液化和煤发热量测定等方面的问题，并提出了建议。商讨成立了煤化学专业委员会筹备组，由 19 人组成，召开了第一次会议。

8 月 25—30 日　中国煤炭学会在抚顺市召开了煤矿安全学术讨论会，到会代表 216 人，收到论文报告 87 篇。分成通风、瓦斯、粉尘灭火三个专业组进行了交流讨论。商讨成立了煤矿安全专业委员会筹备组，由 19 人组成，召开了第一次会议。

10 月 29 日—11 月 4 日　由中国煤炭学会和中国地质学会联合举办的煤田地质学术会议在西安市召开。到会代表 300 余人，收到论文报告 424 篇。分六个专业组进行了讨论交流，提出了若干值得关注的新观点、新方法和新动向。协商选举产生了煤田地质专业委员会筹备组，由 29 人组成，商定了召开煤岩学术会议事宜。

11 月 5—11 日　中国煤炭学会和中国制冷学会联合举办的矿井建设与制冷在工程中的应用学术会议在杭州市召开。到会 221 人，收到论文报告 125 篇。讨论建议创办《建井技术》杂志。协商成立了矿井建设专业委员会筹备组，由沈季良等 25 人组成，讨论和安排了今后两年的学术活动。

11 月 14—17 日　贵州省煤炭学会在水城矿务局举行首次会员代表大会，选出理事长顾乃锦，副理事长王永祥、龚熙和（兼秘书长）。

11 月 20—23 日　河北省煤炭学会在石家庄市举行首次会员代表大会，选出理事长荣毅民，副理事长王彦泽、李耀三，秘书长李桂馨。

11 月 21—27 日　江苏省煤炭学会在徐州市举行首次会员代表大会，选出理事长刘子华，副理事长贺焕民、陈英亮等人，秘书长周人龙。

12 月 5—8 日　黑龙江省煤炭学会在双鸭山矿务局召开第二次会员代表大会，选出理事长张秀亭，副理事长周景文、翟东杰、魏同等人，秘书长梁志义。

12 月 17—23 日　中国煤炭学会和中国标准化协会共同举办的煤炭分类学术会议在厦门市召开，到会 103 人，收到论文报告 44 篇。

会议建议制订中国煤炭分类国家标准。

12 月 20—24 日 宁夏回族自治区煤炭学会在石炭井矿务局举行首次会员代表大会，选出理事长吕浩，副理事长付佩仁、常正华（兼秘书长）、赵可兴。

1980 年

1月18—24日　中国煤炭学会第一届二次常务理事会议在北京市召开，17人出席会议，会议由理事长贺秉章主持，部长高扬文接见了会议代表并讲话。会议讨论了1979年工作总结和1980年工作要点，审议通过了岩石力学、煤矿安全、矿井建设、煤化学、煤田地质、水力采煤、选煤、露天开采8个专业委员会组成人员名单。会议决定编辑出版《煤炭科技工作者建议》供有关领导参考。

1月25—30日　湖南省煤炭学会在长沙市举行首次会员代表大会，选出理事长文介光，孙熙富、副理事长刘建安、赵诚、李丕圣（兼秘书长）。通过了学会章程，开展了学术交流。

2月8日　中国煤炭学会、中国金属学会和美国米勒·弗利曼出版公司在北京市正式签订协议，拟定9月在北戴河召开第一届国际矿山规划和开发学术讨论会，学会理事兼副秘书长柏兴基代表中国煤炭学会在协议上签字。

3月19—20日　广西壮族自治区煤炭学会在南宁市举行首次会员代表大会，选出理事长刘印禄，副理事长张孚，秘书长张春芳。

5月2—6日　山西省煤炭学会首次会员代表大会暨山西煤炭能源基地学术讨论会在太原市召开，选出理事长刘万铣，副理事长田遇奇、谭伯、任秉纲（兼秘书长）、万振声等人。

5月7日　根据中国科协指示精神，中国煤炭学会、中国化工学会、中国金属学会、中国环境科学学会、北京能源学会有关负责人召开会议，就联合举办煤炭合理利用学术会议商定有关事项，并启动筹备会议。9月由中国煤炭学会牵头联合举办了煤炭合理利用学术会议，到会150人，收到论文报告75篇，宣讲了63篇。

5月16—18日　新疆维吾尔自治区煤炭学会在乌鲁木齐市召开第二次会员代表大会，选出理事长牙生·克里木，副理事长王守义、张鹤翔，秘书长王廷显。

9月10—14日　学会岩石力学专业委员会与大同市煤炭学会在四老沟矿联合举办坚硬顶板管理与冲击地压控制学术讨论会，范维唐副理事长出席会议并作报告。到会130人，收到论文报告26篇。与会代表重点讨论了防治措施，测试手段、研究项目和分工协作，并提出了若干建议。

9月19—27日　中国煤炭学会、中国金属学会和美国米勒·弗利曼公司共同发起的第一届国际矿山规划和开发学术讨论会在北京市、秦皇岛市举行，来自35个国家和地区的487人（其中外宾309人）出席了会议。19日在人民大会堂举行盛大宴会，国家领导人邓小平、副总理方毅应邀出席并会见了来自五大洲的专家学者。中国科协、国家科委、中科院、煤炭部、冶金部、中国煤炭学会、中国金属学会等领导均出席宴会，方毅致祝酒词。22日在北戴河举行开幕式，贺秉章理事长致欢迎词，高扬文部长作"中国矿业的现状"报告，会上宣讲了27篇论文，煤炭系统参会代表72人。会议同时举办了小型展览会，有25家外国著名厂商参展，约1000多人参观了展览。有108名外国代表参观了开滦范各庄矿和吕家坨矿。

9月24—28日　学会岩石力学专业委员会与吉林省煤炭学会在吉林市联合主办松软岩层巷道压力与支护学术讨论会，到会97人，收到论文报告34篇。

10月8—12日　学会岩石力学专业委员会与安徽省煤炭学会在屯溪市联合召开"三下"采煤学术讨论会，到会121人，收到论文报告 64 篇，就"三下一上"采煤技术提出了建议。

10 月 19—25 日 学会煤矿机械化专业委员会在无锡市召开第一次机械化学术交流会，到会 130 余人，收到论文报告 160 余篇。汤德全副理事长致开幕词，会议在广泛交流的基础上，就如何发展煤矿机械化提出了八点建议。交流会后召开了专业委员会筹备组第一次会议。

10 月 20—25 日 学会矿井建设专业委员会在苏州市召开注浆学术会议，到会 112 人，收到论文报告 46 篇，会议就几项重要而迫切的问题提出了建议。

11 月 5—8 日 河南省煤炭学会第二次会员代表大会在郑州市召开，选出理事长李世钧，秘书长吴伯川。同时组织了学术报告会。

11 月 11—14 日 湖北省煤炭学会首次会员代表大会在武汉市举行，选出理事长李醒民、邓焕邦、副理事长李恩光，秘书长李皋鸣。会议期间组织了学术报告会。

12 月 20—26 日 学会开采专业委员会在广东省南海县召开第一次学术会议，到会 208 人，收到论文报告 48 篇。会议提出了《关于加强开采科技工作的几点建议》。

是年 中国煤炭学会加入了总部设在美国明尼苏达州卢斯市的国际泥炭学会，成为团体会员。

是年 《煤炭学报》改为季刊，共刊出 4 期，每期印数 6100 册，国内订数 5198 册。编辑部组织召开了矿井井型和服务年限学术座谈会，与《煤炭科学技术》编辑部组织召开了锚喷支护原理学术会议。

是年 在筹备学会科普工作委员会的同时，开展了"矿山压力基本知识科普讲座"6 次，出版科普读物 15 种，到 11 个省（市、区）放映科普影片 95 场。

1981 年

3月17日 中国煤炭学会第一届三次常务理事会议在北京市召开，出席会议 21 人。副理事长范维唐主持会议，理事长贺秉章讲话。常务理事兼副秘书长钮锡锦报告了 1980 年工作总结和 1981 年工作意见，会议审议了工作报告，审议批准了机械化、开采、泥煤专业委员会和科普工作委员会委员名单。

5月29日—6月2日 在河南新密矿务局召开中国煤炭学会第一次学会工作座谈会，学会各专业委员会、各省（市、区）煤炭学会和重点矿区煤炭学会秘书长共 51 人到会。常务理事兼副秘书长钮锡锦传达贯彻了中国科协领导讲话和文件精神。会议交流了工作经验，明确了各省（市、区）煤炭学会挂靠在省煤炭局，讨论通过了《中国煤炭学会关于召开国内学术会议暂行办法》。

6月23—28日 第一届矿山测量学术会议在泰安市举行，参会代表 251 人，收到论文报告 247 篇。

9月1—7日 中国煤炭学会、中国地质学会煤田地质专业委员会、河南省煤炭学会和焦作市煤炭学会在焦作矿务局联合举办矿坑水防治座谈会，参会代表 153 人，交流论文报告 30 篇，经过深入的讨论交流，提出了《关于加强矿坑水防治工作的建议》。

9月20—25日 中国煤炭学会、中国建筑学会、中国金属学会、中国环境科学学会和北京能源研究会联合召开的城市煤气化途径学术讨论会在苏州市举行，到会 87 人，提交论文报告 29 篇。参观了上海市煤气公司所属的两个煤气厂。

10 月 23—28 日　中国煤炭学会科普工作委员会第一次会议在北京市召开,同时召开了煤炭工业出版社工作会议,出席会议 47 人,部长高扬文作重要讲话,理事长贺秉章作报告。会议讨论通过了《中国煤炭学会科普工作委员会简章》,讨论了 1982 年工作计划并建议办一个刊物。

11 月 18—23 日　第三届全国选煤学术讨论会在徐州市中国矿院召开,到会 187 人,收到论文报告 115 篇。会议邀请了一机部、冶金部、化工部、建材部和山西省科技情报所等有关单位的同志参加。

11 月 25—30 日　学会露天开采专业委员会在沈阳市召开露天开采学术会议,提出了《关于露天开采的三点建议》。

12 月 27—31 日　学会煤矿机械化专业委员会召开煤矿井下电气学术交流会议,到会 86 人,提出了《关于煤矿井下电气化的八点建议》。

1982 年

2 月 20 日　中国煤炭学会第一届四次常务理事会议在北京市召开，出席会议的常务理事 13 人，学会秘书处、对外交流处、科普工作委员会、《煤炭学报》编辑部部分工作人员列席会议。理事长贺秉章主持会议，常务理事兼副秘书长钮锡锦报告了 1981 年工作总结和1982 年工作计划，会议审议通过了工作报告，通过了矿山测量、露天、开采等专业委员会增免名单，通过了《中国煤炭学会关于召开国内学术会议暂行办法》。

2 月 10—17 日　应中国煤炭学会邀请，德国拜耳化学公司（包括埃森煤炭研究中心）技术交流组一行 5 人，到开滦范各庄矿，进行了使用聚氨酯固结煤壁防止顶板冒落的试验；到吕家坨矿选煤厂，进行了使用絮凝剂处理尾煤的试验。

3 月 6—11 日　学会水力采煤专业委员会与北京矿务局联合召开了全国水力采煤技术讨论会，理事长贺秉章出席了会议并讲话。会议总结了 25 年来我国发展水力采煤的经验教训，提出了解决的技术途径和方针政策建议。会议期间参观了房山矿水采系统，并对其进行了评论和总结。

5 月 6—11 日　受中国煤炭学会委托，《煤炭学报》和《煤炭科学技术》编辑部在四川乐山沫河煤矿召开了矿井合理集中生产学术讨论会，13 人在大会作报告，分 4 组讨论，针对"合理集中生产"专题进行讨论，刊登于 1982 年第 12 期《煤炭科学技术》。

5 月 27—30 日 学会水力采煤专业委员会、广东省煤炭学会和广东省煤炭学会四望嶂煤炭分会在四望嶂矿务局联合召开了四望嶂一矿水采技术经济效果座谈会，参加会议的代表来自 19 个单位 56 人，会议总结了四望嶂一矿水采技术的成功经验。

7 月 8—10 日 受煤炭部委托，由中国科协组织中国煤炭学会，优选法、统筹法、铁道、电机、航空、通信、能源等学会 20 多名专家，组成"两淮煤炭开发论证小组"，在著名科学家华罗庚主持下，两次去淮南调查研究，完成了《两淮煤炭开发论证报告》。在北京召开了两淮煤炭开发论证报告会，国务委员、经委主任张劲夫，计委副主任黄毅诚、中国科协副主席裴丽生、华罗庚、煤炭部部长高扬文、安徽省副省长康志杰等领导出席，到会 100 余人，听取并讨论了报告，高扬文部长作会议总结。

9 月 15 日 内蒙古自治区煤炭学会在扎赉诺尔矿务局举行首次会员代表大会，选出理事长阎宁波，副理事长范影、许庆芳、葛亚蔚、孙文录，秘书长曹文蔚。

10 月 29 日—11 月 3 日 学会矿井地质专业委员会在合肥市召开了矿井地质学术交流会议，到会 274 人，收到论文报告 210 篇。会议提出了"为实现煤炭产量翻番，必须加强矿井地质工作的建议"，商讨成立了矿井地质专业委员会筹备组。

11 月 6—11 日 学会煤矿安全专业委员会在北京市召开了矿井通风学术交流会，到会 87 人，收到论文报告 58 篇。会议提出了《煤矿安全工作的建议》。

11 月 9—13 日 学会矿山测量专业委员会在南宁市召开了储量管理及三量问题学术会议，到会 124 人，收到论文报告 50 篇。核工业部、冶金部的代表参加了会议，广西煤炭局、广西煤炭学会和广西科协参与并支持了会议。

12 月 1—6 日 学会开采专业委员会在四川省温江县召开倾斜长

壁开采学术会议，到会 105 人，收到论文报告 37 篇。通过讨论交流，就应用推广倾斜长壁开采法提出了六点建议。

是年　中国煤炭学会接待来华考察、技术交流和现场试验的外宾 19 批 91 人次，派出参加国际会议和技术考察 14 项 52 人次。至 1982 年底，全国除台湾、上海、天津外，已先后建立了 27 个省（市、自治区）煤炭学会，拥有会员 21000 多人，大部分学会颁发了会员证。

1983 年

1月14日 中国煤炭学会第一届五次常务理事会议在北京市召开，出席会议的常务理事11人，学会秘书处、《煤炭学报》编辑部部分人员列席了会议。贺秉章理事长主持会议，会议审议通过了钮锡锦副秘书长作的工作报告，提出了在新形势下学会如何开展工作的意见。会议增补徐石为副理事长，王志远、邸乐山为常务理事、高云生为理事。

1月20日 在中国科协统一安排下，中国煤炭学会在人民大会堂江苏厅举行新春座谈会，主题是在新形势下煤炭科技工作者和学会工作如何闯出新路，为开创煤炭工业新局面服务。出席座谈会的有中国科协书记处书记田夫、煤炭部副部长叶青、总工程师王森浩、原副部长邹桐等，学会在京理事、北京煤炭学会理事和中青年科技工作者，近100人到会。贺秉章理事长主持会议，范维唐秘书长汇报了学会工作和努力开创煤炭学会工作新局面的几点意见。与会代表认真讨论并提出了《煤炭学会工作和煤炭科技工作者如何开创新局面的建议》。

2月22日 西藏自治区煤炭学会在拉萨召开了首次会员代表大会，选出理事长王建中（藏族），副理事长刘学工（兼秘书长）、土登（藏族）。

3月18—26日 中国煤炭学会与美国米勒·弗利曼出版公司、罗曼咨询公司，在北京联合举办煤矿开发投资技术及市场研讨会。参加会议的代表共 105 人，其中外国代表 49 人。20 日在人民大会堂举行欢迎宴会，国务委员、对外经贸部陈慕华部长和煤炭部领导会见了与会代表。会议交流了 14 篇报告，我国的 7 篇报告引起了外国代表的极大兴趣。

3 月 28 日—4 月 6 日　受煤炭部党组委托，技术咨询委员会会、中国煤炭学会、煤炭加工利用协会和煤炭经济研究会，在北京召开了煤炭工业技术政策、技术装备政策和科技发展规划论证会，150 余人到会。部长高扬文作了重要指示，副部长叶青讲话，会议分 7 个小组就十个方面的问题从技术上进行了论证。

4 月 29 日—5 月 3 日　中国煤炭学会在四川召开了第二次学会工作会议，中心议题是总结交流学会工作经验，讨论在新形势下如何开创新局面和理事会改选等事项。参加会议的有中国科协学会部领导、中国煤炭学会副理事长沈季良、各专业委员会学术秘书、各省学会和重点矿区学会的专兼职干部共 88 人。在充分讨论交流的基础上，就新形势下如何开创学会工作新局面归纳了 8 个方面的建议。

5 月 1 日　学会科普工作委员会与北京煤炭学会共同筹办的以《煤的用途有多大》为题的科普模型在北京科普画廊展出，煤科院煤化所为展出内容提供了资料，煤炭部展览工作室设计加工。在北京市科协组织的群众投票评选活动中，收到 450 张选票（总票数 923张），20 个展窗排名第六，获二等奖，受到北京市科协表彰。

6 月 16—20 日　学会露天开采专业委员会与辽宁省煤炭学会在大连市联合举办第一届露天煤矿爆破技术学术讨论会，参会代表 53 人，收到论文 20 余篇，徐石副理事长出席会议并讲话。与会代表建议编辑出版《露天采煤》杂志，并建立"露天采煤技术情报中心站"。

6 月 25 日　学会科普工作委员会与中国煤矿地质工会、中国煤矿工人北戴河疗养院联合举办了"煤矿劳动模范科普夏令营"开营仪式。这次科普夏令营计划举办 4 期，是煤炭部部署的重点任务，目前已结束两期，主要内容是安全技术，采取讲座、幻灯片、录像、电影等多种形式进行。

7 月 18—23 日　学会水力采煤专业委员会与唐山市煤炭学会在唐山市联合召开改善水采矿井巷道支护座谈会，到会 77 人。会议期间参观了开滦吕家坨矿 4271 水采工作面。

9 月 13—16 日　云、贵、川三省煤炭学会在昆明市联合召开西南三省采煤方法学术交流会，这是西南三省第一次举办煤炭学术专题会议，到会 125 人，收到论文报告 17 篇。会议商定第二次西南三省学术会议以通风及瓦斯防治为主题，在四川省召开。

9 月 16—21 日　学会开采专业委员会与江苏省煤炭学会在江苏省吴县联合举办系统工程在煤矿开采中应用学术会议，到会 109 人，收到论文报告 38 篇。为推动系统工程在煤矿开采中的应用，会议提出了 9 条建议。

10 月 18—24 日　中国地质学会、学会煤田地质专业委员会在郑州市召开了北方含煤沉积学术讨论会，到会 129 人，收到论文 38 篇。会前收到论文摘要 84 篇，列入《论文摘要汇编》印发与会代表。

10 月 20—24 日　江苏、山东、安徽省煤炭学会联合召开苏、鲁、皖三省采煤技术学术讨论会，到会 106 人，收到论文报告 56 篇。

10 月 24—30 日　中国金属学会、中国煤炭学会、中国核学会、中国硅酸盐学会、中国化工学会在马鞍山市联合召开了第一次全国采矿学术会议，参会代表 337 人（煤炭系统 75 人），收到论文 177 篇，其中煤炭系统 50 篇。会议提出了《关于加速发展采矿工业的建议》。

11 月 6—12 日　学会矿井地质专业委员会与湖南省煤炭学会在湘潭联合召开了全国矿井中小型地质构造预测预报学术交流会，到会 173 人，收到论文报告 73 篇。

11 月 15—19 日　学会岩石力学专业委员会在湘潭市召开煤炭系统超声检测技术学术交流会，到会 52 人，收到论文报告 28 篇。

12月5—8日 陕西省煤炭学会在西安市召开了第二次会员代表大会，到会142人。会议审议通过了第一届理事长庞正华作的工作报告，选举产生了由49人组成的第二届理事会，选出理事长李德纯，副理事长党增寿、孙传勃（兼秘书长）、杨棣华、刘听成，顾问庞正华。

12月5—11日 学会水力采煤专业委员会与锦州市煤炭学会在南票联合召开了南票矿区水采适应性及技术攻关讨论会，到会76人。会议对南票矿区水采过程中的主要技术问题提供了解决途径。

12月5—11日 学会矿井建设专业委员会在邯郸市召开了矿井施工组织学术会议，到会102个单位的代表约200人，宣讲了66篇论文，作了几个有关专题的出国考察报告。会议提出了《关于加强矿井施工组织工作 努力开创煤矿基本建设新局面的建议》。

12月19—21日 学会煤矿安全专业委员会在抚顺召开了矿井防灭火学术报告会，到会70余人，收到论文报告13篇。会议提出了《关于推广防灭火新技术的建议》。

1984 年

1月5日 中国煤炭学会第一届六次常务理事扩大会议在北京市召开。副理事长范维唐主持会议，副理事长徐石传达了中国科协在职干部继续教育会议精神，常务理事钮锡锦副秘书长传达了中国科协工作会议精神，汇报了学会工作总结和安排。会议审议通过了相关事项和几项重点工作，责成秘书处做好第二次会员代表大会的筹备。

2月8—11日 云南省煤炭学会在昆明市召开了第三次会员代表大会，到会111人。会议听取了学会工作报告，讨论了云南省学会工作实施细则，开展了学术交流。选举产生了由48人组成的第三届理事会，选出理事长赵伟，副理事长陈训生、李祥林、张彬、李胜丰，秘书长黄超凡。

2月26日—3月1日 学会煤化学专业委员会在北京市召开了煤炭液化学术讨论会，同时召开了煤直接液化技术攻关协调会，到会31个单位共72人，收到论文报告41篇。贺秉章理事长到会作重要讲话，国务院煤转化规划组、国家科委攻关局、中国科协学会部及煤炭部技术司等部门派人到会并讲话。

3月27—29日 学会东北分会在长春市召开了成立大会，东煤公司所属24个生产单位，9个科研、设计、院校，辽宁、吉林、黑龙江三省煤炭局和三省煤炭学会及东煤公司的会员代表共83人到会，学会副秘书长钮锡锦出席会议。会议选举产生了由64人组成的理事会和由27人组成的常务理事会，分会理事长为翟东杰。通过了《中国煤炭学会东北分会工作条例》和1984年工作要点，组建了5个专业委员会。会议收到论文报告40篇，进行了学术交流。

3月30日—4月4日 甘肃省煤炭学会第三次会员代表大会在兰州市召开，同时召开科技大会，到会122人，其中会员57人。选举产生了由29人组成的第三届理事会，选出理事长沈德琛，副理事长王建章、苗玉林，秘书长荣宗海。

4月17—19日 河南省煤炭学会第三次会员代表大会在郑州市召开，到会92人，收到论文报告15篇。会上表彰了先进学会和专业委员会，评选了优秀论文并颁发了证书。大会选举产生了由65人组成的第三届理事会，选出理事长严金满，副理事长朱德沛、黄声球、李瑞、王耀宸（兼秘书长），推选王景琦为名誉理事长。

5月7日 中国煤炭学会第一届七次常务理事会在北京市召开。理事长贺秉章主持会议，副秘书长钮锡锦汇报了第二次全国会员代表大会筹备情况。会议审议了第二届理事会候选人名单，审议通过了报送中国科协的《中国名人词典》词目表初选名单，审议通过了召开第二次全国会员代表大会预通知。

6月22—26日 中国煤炭学会第二次全国会员代表大会在北京市召开，到会200余人，中国科协书记处书记刘东升，煤炭部部长高扬文，全国政协常委、煤炭部顾问孙越崎出席了会议。理事长贺秉章主持会议并致开幕词，副理事长范维唐代表第一届理事会作工作报告，高扬文部长代表部党组作重要讲话。与会代表听取了学术报告和学会工作经验报告，讨论通过了第一届理事会工作报告和学会章程修改报告。推选高扬文、贺秉章为第二届理事会名誉理事长，侯宝政等八位同志为名誉理事，选举产生了第二届理事会和常务理事会，选举叶青为理事长。

大会期间，北京煤炭学会第二次会员代表大会在京召开，北京煤炭学会常务理事、秘书长钮锡锦作了关于北京煤炭学会今后工作意见的报告。讨论通过了北京煤炭学会工作条例，选举产生了 39 人组成的第二届理事会，选出 15 名常务理事，选举汤德全为理事长，田荣林、周士瑜为副理事长，林一麟为秘书长。会议决定北京煤炭学会办事机构设在北京矿务局科研处。

6 月 30 日—7 月 2 日 江苏省煤炭学会第二次会员代表大会在扬州市召开，到会 130 人。江苏省科协党组书记唐梦龙、省煤炭公司党委副书记袁宪祥到会祝贺并讲话。会议审议通过了第一届理事会副理事长贺唤民所作的工作报告，进行了学术交流，表彰奖励了 51 篇优秀论文。选举产生了由 45 人组成的第二届理事会，推选刘子华为名誉理事长，选出理事长卓鑫然，副理事长倪福东、贺唤民、余力、陈斧师、薛景云，秘书长靳立华。

7 月 3—5 日 贵州省煤炭学会第二次会员代表大会在贵阳市召开，到会 130 余人。贵州省科协副主席李良琪、贵州科委副主任李恕和出席大会并讲话。会议审议通过了第一届理事会副理事长王永祥所作的工作报告，通过了学会章程（修改），选举产生了由 47 人组成的第二届理事会，选出理事长曹宝顺，副理事长刘勤堂、方洁、侯荣枝（兼秘书长）。会议收到论文 30 余篇。

7 月 15 日 学会科普工作委员会与中国煤矿文化宣传基金会、山东省煤炭总公司、山东省煤炭学会、山东矿院联合举办的"中国青少年煤炭科技夏令营"在北京市举行了开营仪式，贺秉章任名誉总营长，叶青任总营长，共 330 余人参加活动，营员来自山东 46 所中学的高中学生。夏令营营员参观了兴隆庄煤矿、山东矿院等，听取了有关煤炭生产、科技、高等教育等报告，举办了座谈和联欢，7 月 26 日在山东矿院闭营。

8 月 10—14 日 学会水力采煤专业委员会与北京煤炭学会在北京市联合召开了水采矿井脱水和提升工艺讨论会，到会 99 人，收到论文报告 21 篇。会议交流总结了我国水采矿井洗选脱水和提升工艺的发展、存在问题和今后工作方向。对房山矿脱水方面的问题提出了建设性意见。

8 月 12—17 日　学会矿井地质专业委员会举办了全国煤矿建井地质学术会议，围绕建井水文地质、工程地质和工程方法三方面展开讨论，收到论文 65 篇，大会宣读 14 篇。

8 月 20—26 日　学会开采专业委员会与新疆维吾尔自治区煤炭学会在乌鲁木齐市召开学术交流会，到会 125 人，收到论文报告 33 篇。会议安排两个内容，一是就全国急倾斜煤层的开采技术进行研究，探讨开采规律和发展方向；二是就乌鲁木齐矿务局急倾斜煤层的采煤方法进行具体分析，寻求改善开采技术的途径。

8 月 23—29 日　测绘、煤炭、金属三个学会在沈阳市联合召开第一次全国矿山测量学术讨论会，到会 220 人，收到论文报告 200 篇。会议总结交流了矿山测量的先进经验，研讨了矿山测量学科的发展方向和专业教育。会议期间举办了测量仪器展览会，西安 1001 厂等 6 个仪器厂展出了航测、摄影测绘等仪器设备。

9 月 13—14 日　苏、鲁、皖三省煤炭学会在山东龙口召开煤矿通风安全学术交流会议，到会 108 人，收到论文报告 31 篇。山东省煤炭学会理事长汪凤堂出席会议并作报告。会议商定下一年由安徽省煤炭学会筹办有关计算机在煤矿的应用学术会。

9 月 20—23 日　学会安全专业委员会与中国制冷学会第五专业委员会在新汶矿务局联合召开矿井降温学术报告会。

9 月 21—25 日　学会矿井建设专业委员会在河北省邯郸市举办了全国煤矿地面建筑经验交流与学术讨论会，到会 158 人，收到论文报告 43 篇。会议提出了《关于加速发展煤矿地面建筑技术的建议》。

10 月 11—15 日　中国煤炭学会与美国罗曼中国业务公司联合发起，由东北内蒙古煤炭工业公司承办的国际采矿设备技术交流展览会在长春市举行，来自美、英、德等国家和中国香港地区共 33 个公司

39 名代表参加展览和技术交流。名誉理事长贺秉章出席会议，理事长叶青到会并代表高扬文部长在闭幕式上讲话，到会 200 余人，6000 多人参观了展览。

11 月 6—11 日　学会矿井地质专业委员会召开黄淮地区矿井水文地质论证会，到会 105 人，收到论文 35 篇。会议论证了黄淮地区矿井水文地质的主要问题，提出了当前应开展的三项工作。

11 月 30 日　江西省煤炭学会召开了第二次会员代表大会，选举产生了由 45 人组成的理事会，理事会选举刘成业为理事长，杜安远、赵凤鸣（兼秘书长）、王水亮为副理事长。推选张赫夫为名誉理事长，孟宪章等为名誉理事。

12 月 13—17 日　学会岩石力学专业委员会与云南省煤炭学会在昆明市召开第一届数值分析在岩体力学工程中的应用学术会议，到会 61 人，收到论文报告 45 篇。

12 月 16—21 日　学会煤矿机械化专业委员会在上海市召开薄煤层开采机械化学术会议，为加快我国薄煤层开采机械化提出了十个方面的建议。

12 月 18—22 日　学会岩石力学专业委员会、煤炭部矿压情中心站、《煤炭学报》编辑部、云南省煤炭学会在昆明市联合召开矿山岩石力学名词术语讨论会，到会 43 个单位共 74 人。会议建议组成专门工作小组，编印《矿山岩石力学名词术语》。

12 月 28 日　中国煤炭学会第二届二次常务理事会议在北京市召开，理事长叶青主持会议，常务理事汤德全传达了中国科协第二届三次会议精神，副秘书长钮锡锦汇报了中国科协第三届委员候选人推荐，提请审议有关增补学会理事等事宜，周公韬副秘书长汇报了学会工作总结和计划。会议审议同意建立安德设计咨询服务公司，同意试办科普刊物《当代矿工》。

1985 年

6 月 20—25 日　苏、鲁、皖三省在安徽青阳县召开新技术在煤矿中的应用学术会议。会议由安徽省煤炭学会主办，学术交流的主题是微型电子计算机和系统工程在煤矿中的应用。

7 月 18—21 日　学会科普工作委员会组办的"全国青少年煤炭科技夏令营"在北京市举行了总营开营式活动，有 28 个营 172 名代表参加。煤炭部党组副书记、副部长、学会理事长、全国青少年煤炭夏令营营长叶青接见了代表并合影，中国煤矿文化宣传基金会会长、原煤炭部副部长张超在开营大会上讲话，中国科协书记处书记黄芦出席了大会。中国煤炭学会、煤炭部、煤科院、情报所及北京矿务局等单位的领导出席了大会。代表们在京期间参观了中南海、煤科院实验室，游览了长城、十三陵等。

7 月 25—29 日　学会煤田地质专业委员会在河南省登丰县召开中国滑动构造学术讨论会。到会 114 人，收到论文报告 16 篇，论文摘要 23 篇。

8 月 5—12 日　学会矿井地质专业委员会与山西省煤炭学会在大同市联合召开煤矿采掘机械化矿井地质学术会议。会议就如何做好综采矿井的地质工作提出了八点建议。

8 月 14 日　中国煤炭学会第二届三次常务理事会议在北京市召开，到会常务理事 12 人。叶青理事长主持会议，副秘书长钮锡锦汇报二次会议以来的工作。会议审议通过了新建运输、爆破、瓦斯地质专业委员会的申请报告，审议通过了开采、矿井建设、泥煤、煤化学专业委员会改聘名单，审议了关于开展优秀论文和优秀学会干部表彰的提议。

8 月 22—25 日 云、贵、川三省煤炭学会在安顺市召开第三届学术交流会，会议交流了三省在矿压理论和地质小构造分析方面的进展，商定了今后三年的学术交流会主题和主办学会。

8 月 27—31 日 学会水力采煤专业委员会在唐山召开了水采矿井开拓部署、采区巷道布置及煤水硐室设计学术交流会，到会 31 个单位 60 人。

9 月 22—25 日 学会安全专业委员会在抚顺市召开瓦斯抽放工作研讨会，到会 61 人。会议研讨了瓦斯抽放技术和主攻方向，针对我国目前抽放瓦斯的实际情况，提出了四方面的建议。

10 月 10—13 日 学会开采专业委员会、北京煤炭学会、福建省煤炭学会在泉州市联合召开全国不稳定煤层开采技术研讨会，到会 110 人，收到论文报告 33 篇。为进一步发展不稳定煤层开采技术，提出了六点建议。

10 月 25—30 日 学会水力采煤专业委员会在唐山举办日本渡边庆辉教授水力采煤技术报告会，到会 60 人。报告中心内容是：日本水采矿井工作面装备、通风瓦斯、水采脱水工艺及 AE 监控系统。

11 月 18—20 日 宁夏回族自治区煤炭学会在石炭井召开 1985年年会，选举产生了由 42 人组成的第二届理事会，选出理事长杨承家，副理事长付佩仁、常正华（兼秘书长）、犁世宽、李崇训。

1986 年

1月31日 中国煤炭学会第二届常务理事会第四次会议在北京市召开。副理事长沈季良主持会议，副秘书长钮锡锦汇报了1985年学会工作和1986年活动计划。会议审议了科普工作委员会、矿井地质专业委员会委员改聘名单；审议了选煤专业委员会增聘委员名单；审议了新建的爆破、瓦斯地质专业委员会委员聘任名单。

4月9—12日 中国煤炭学会科普工作会议在四川省灌县煤矿召开。各省、市、区煤炭学会秘书长和本届科普委员共61人出席了会议。四川省煤管局副局长郝庆林和《北京科技报》《中国煤炭报》的记者应邀参加了会议。会上，学会副秘书长钮锡锦传达了中国科协在北京召开的学会工作座谈会精神。学会科普委员会副主任李钟奇同志代表第一届科普委员会作了工作总结，并就今后开展科普工作的一些初步设想作了说明。四川、山东、云南等省的代表介绍了开展科普工作的经验。全体代表参观灌县煤矿的综合利用工厂。学会科普委员会顾问刘焕民作了会议总结。

本月 中国煤炭学会在济南主办国际采矿设备技术交流展览会。

5月 学会爆破专业委员会、广西煤炭学会、《煤炭科学技术》编辑部在南宁市共同举办提高煤矿爆破采掘效率与安全学术交流会。会议提出的《煤矿爆破技术建议书》主要内容包括：采用现代爆破技术；操作人员技术培训；推广光面爆破技术；露天开采推广微差爆破和毫秒爆破技术；水孔爆破中推广乳化炸药或水胶炸药；在露天大直径深孔中推广铵油炸药和浆状炸药，推广导爆管微差起爆或混合微差起爆技术。

7月28日—8月1日 学会矿井地质专业委员会和四川省煤炭学会联合召开煤矿安全地质学术交流会，到会159人。会议重点讨论了矿井水害、瓦斯地质以及矿压、矿震、底鼓、片帮、顶板管理、软岩支护等技术问题。

8月7—12日 学会开采专业委员会、学会东北分会开采专业委员会与通化矿务局煤炭学会在通化矿务局联合举办煤矿矿井技术改造学术讨论会，到会76个单位132人，收到论文报告42篇。

7月10—16日 学会东北分会煤田地质专业委员会和东北煤田地质局在阜新市共同举办东北地区普查找煤研究学术讨论会。参加会议的代表有东北煤炭系统的煤田地质勘探队、物探队、研究所，东北7个统配矿务局及有关院校等40个单位136人。

9月9—15日 中国石炭-二叠纪含煤地层及地质学术讨论会在长沙市召开，由学会煤田地质专业委员会主办。109位代表参会，会议收到239篇论文摘要和198篇论文。交流的11篇论文基本反映了我国地质科技工作者在石炭二叠纪地层、古生物、古生态、成煤条件、沉积古地理、煤岩学、煤的有机地球化学、煤田构造、煤炭资源分布、煤成气、煤系中有益矿产等研究领域的新成就。

10月13—17日 劣质煤流化床燃烧学术研讨会在江西省萍乡召开，由学会煤化学专业委员会主办。会议对流化床燃烧工艺、燃烧及矸石的基础研究、矸石灰渣的利用；130t/h发电用流化床锅炉、新型10t/h褐煤流化床锅炉研制、盖阳石煤35t/h流化床锅炉提高锅炉热效率及金属防腐研究、宜昌高硫煤流化床燃烧脱硫研究；35t/h沸腾炉微型计算机监控系统的研制、洗煤泥流化床锅炉的研究等内容进行了交流。同时召开了萍乡35t/h劣质煤流化床燃烧锅炉攻关技术鉴定会。

11 月 21—26 日　第二届全国采矿学术会议在河北省唐山市召开，由中国煤炭学会、中国金属学会、中国有色金属学会、中国核学会、中国硅酸盐学会、中国化工学会、中国轻工协会七个单位联合举办。会议的主题是新技术、新方法、新工艺、新材料在矿业工程中的应用。400 名代表参加会议，探讨交流了 153 篇论文。会议针对影响矿业发展的科学技术问题和政策问题，给有关领导部门提出了《第二届全国采矿学术会议建议书》。

12 月 2—7 日　全国开采沉陷及"三下"采矿（矿山岩层与地表移动）学术讨论会在苏州市召开，由学会矿山测量专业委员会、学会岩石力学专业委员会和中国测绘学会矿山测量专业委员会联合举办。来自全国煤炭、测绘、冶金、核工、化工等系统 115 个单位的代表共 200 人，提交论文报告 131 篇，其中大会报告 17 篇，分组报告 38 编，书面交流 76 篇。

是年　根据中国煤炭学会与美国采矿工程师学会（AIME）的协议，派出 3 人团组出席了 AIME 在圣路易斯举办的 86 年秋季会议，并应邀介绍了中国的煤炭工业情况。

1987 年

1 月 23 日 中国煤炭学会第二届常务理事会第六次会议在北京市召开。出席会议的常务理事有 11 人。范维唐副理事长主持会议，常务理事钮锡锦副秘书长汇报了 1986 年学会工作情况及 1987 年学会工作要点。会议讨论通过了如下事项：①同意举办关于学会改革的研讨会；②同意召开综合性学术年会，主题为"新技术、高效益"，由学会秘书处负责会议在 1988 年第一季度召开；③积极创造条件组织以青年科技人员为主的学术会议，为青年科技人员的成长提供机会；④批准了煤矿建筑工程、科学技术情报专业委员会聘任名单。

3 月 16 日 中国煤炭学会与波兰采矿工程师技术人员协会，在北京签订了双边科技合作协议。

4 月 3—9 日 全国煤矿掘进机械化学术交流、技术推广会议在四川灌县煤矿召开。会议由学会煤矿机械化专业委员会组织，参加会议的代表共 68 人。收到论文 42 篇，其中 22 篇在大会上作学术报告。

4 月 11—15 日 矿井运输技术研讨会由煤矿运输专业委员会与窄轨学组召开。参加会议的代表共 150 人。会议围绕煤炭部生产司铁运处公布的 1987 年技术攻关项目进行讨论，并进一步组织落实。

5 月 6 日—6 月 6 日 第一届煤矿噪声控制学习班在建井技术测试中心举办。由学会委托煤炭科学研究院建井研究所负责，来自煤炭系统的有关科技人员和管理人员参加了学习。会议就如何开展煤矿噪声控制问题进行了座谈，一致认为：除航空噪声外，煤矿噪声最为严重，应从技术、设备、系统等方面进行治理。

本月　中国煤炭学会、煤炭部国际司在北京举办第二届国际煤炭技术交流展览会。

7月1—4日　矿山坚硬顶板控制与测试技术讨论会在芜湖市召开。会议由学会岩石力学专业委员会与有色金属学会采矿学术委员会联合举办。参加会议的代表来自35个单位共53人。会议共收到论文45篇，其中在会上宣读35篇。会议期间对广东省四望嶂煤矿、新疆艾维尔沟煤矿、四川省天地煤矿的坚硬顶板控制问题进行了技术咨询活动，受到了生产单位的重视和欢迎。

8月12—16日　全国煤矿立井工程学术研讨会在东煤公司基建局招待所召开，由学会矿井建设专业委员会、东煤公司、兖州矿务局、淮北煤矿建设公司、黑龙江省煤炭学会联合举办，会议议题是加快立井施工速度技术工艺和主副井装备选型的最佳方案，探讨提高矿井建设速度、缩短矿井建设周期和节约矿井建设投资的最佳技术途径。

8月24—28日　华北地区岩溶陷落柱学交流会在山西省阳泉市召开。会议由学会矿井地质专业委员会、山西省煤炭学会和河北省煤炭学会联合举办，参加会议的代表共78名。主要交流：①陷落柱的形成机制与形成时期；②陷落柱的分布规律；③陷落柱突水条件分析；④对岩溶陷落柱的预测、探测等。

本月　中国科协、中国古生物学会、中国地质学会、中国煤炭学会在北京共同主办第十一届国际石炭纪地层和地质大会。

9月17—22日　中国中生代含煤沉积环境及勘探方法学术讨论会在陕西省神木县召开。会议由中国煤炭学会、中国地质学会煤田地质专业委员会组织，陕西省煤田地质勘探公司、内蒙古煤田地质勘探公司以及陕西省185地质队、186地质队、131地质队主办。会议收到论文摘要48篇，51个单位的80余名代表参加了会议。185煤田地质队队长和石油部勘探总院总工程师分别作了题为"神府煤田的地质及勘探概况"和"鄂尔多斯盆地概貌"的学术报告。会议组织代表到中国最大的中生代煤田——鄂尔多斯盆地新矿区的乌素沟、小露天煤矿进行了现场考察。

9 月 23—26 日 煤矿岩浆岩侵入对煤层影响学术交流会在安徽省淮北市召开，由学会矿井地质专业委员会、淮北市地质学会、淮北矿务局煤炭学会、江苏省盐城市煤炭工业公司联合举办。参会代表共74 人，收到论文 30 篇。

10 月 8 日 煤矿机电设备经济运行学术讨论会在北京市召开，由北京煤炭学会与北京矿务局联合组织。代表们一致认为，机电设备经济运行是生产中迫切需要解决的问题，要采用新技术、科学管理提高运行的可靠性，以获得较大的经济效益。

10 月 13—16 日 全国煤炭分析方法学术讨论会在合肥市召开，由学会煤化学专业委员会组织。来自煤炭、电力、化工、冶金、中国科学院及有关大专院校等 50 个单位的 76 名代表参会，交流学术论文45 篇。论文内容涉及煤炭结构分析、煤炭成分、分析方法、煤质分析标准化、测试仪器、化验数据处理及微机应用，以及煤炭分析方法等方面。会议交流了煤炭测试方法的革新经验。

10 月 16—20 日 建设现代化矿井技术研讨会在林东矿务局召开，由学会开采专业委员会、贵州省煤炭学会和林东矿务局煤炭学会联合举办。来自煤炭工业领导机关、局矿、科研、设计、情报、院校、出版等单位的 97 名代表参加，交流论文报告 36 篇。

10 月 30 日—11 月 4 日 第三届矿山测量综合性学术会议在福建省福清县召开，由学会矿山测量专业委员会组织。参加这次会议的代表，来自全国 23 个省市 112 个单位共 178 人参会。会议收到论文 147篇，其中井上、下测量 43 篇；岩层移动和"三下"采煤 35 篇；微机在矿山测量中的应用 20 篇；陀螺仪、光电测距仪等新仪器在矿山测量中的应用 32 篇；绘图、储量管理及其他论文 17 篇。

11 月 11—15 日　学会运输专委会、中国金属学会冶金运输学会、中国铁道学会铁道牵引动力委员会、河北省铁道学会牵引动力委员会、唐山机车车辆工厂联合召开了上游型蒸汽机车技术改造学术研讨会，并向国家计委、经委提出改造设计试验项目的申请。

1988 年

1月26日 中国煤炭学会第二届常务理事会第七次会议（扩大）在北京市召开。出席会议的常务理事（14人）和在京理事、各专业委员会主任（副主任）、煤炭科学研究院、北京煤矿机械厂、中国煤炭报代表共56人。叶青理事长参加了会议。范维唐副理事长主持会议，常务理事钮锡锦副秘书长汇报了1987年学会工作情况和1988年学会工作要点及学术活动计划。会议对学会工作的改革进行了讨论，并审议批准：①成立中国煤炭学会计算机应用专业委员会并原则同意推荐的专业委员会成员名单；②在中国煤炭学会岩石力学专业委员会下成立西南分会。

3月22—25日 煤矿辅助运输机械化研讨会在河北省石家庄煤机厂召开。会议由中国煤炭学会主办，筹备工作由河北省煤炭学会和《煤炭科学技术》编辑部承担。有39个单位共84名代表参会，收到论文60篇，其中在大会上宣读14篇。会议对国内外辅助运输机械化的现状，设备选型、研制、使用，以及实现辅助运输机械化当中存在的问题进行了探讨，并对加快我国煤矿辅助运输机械化的发展提出了建议。

6月7—10日 煤矿环境保护与三废治理学术交流会无锡召开，由苏、浙、皖三省煤炭学会联合举办。来自三省煤炭行业主管部门、生产建设、科研设计、大专院校及有关环保厂家的77名代表参加了会议，收到论文32篇。会议就环境评价、污染治理与环保工作管理方面进行了学术交流。

7月20—24日 煤矿系统工程学术交流会议在长春市召开。这是学会煤矿系统工程专业委员会成立后首次举办的学术活动。煤炭、冶金系统从事系统工程研究与应用的科技工作者共47名代表参会，共收到论文57篇。会议交流了近年来煤矿系统工程研究与应用的新成果与新经验，探讨了如何使煤矿系统工程这一软科学的研究与应用深入发展等问题。

8月20—22日 全国不稳定煤层水采技术研讨会在吉林省浑江市通化矿务局召开。学会秘书长潘惠正、副秘书长钮锦锡和东北内蒙古煤炭公司总工程师王友佳，以及有关煤矿、科研等18个单位的65名代表参加了会议。交流论文26篇。参观了通化矿务局八道江煤矿二井水采工作面，并对在不稳定煤层中应用水采技术现状和今后发展方向进行了研讨。

9月14—16日 全国能源管理与节能新技术学术讨论会在北京市召开，由中国科协主持，中国能源研究会牵头，中国煤炭学会、中国石油学会、中国电机工程学会、中国金属学会、中国有色金属学会、中国硅酸盐学会、中国化工学会、中国机械工程学会、中国工程热物理学会等10个全国性学会共同组织。来自全国各地区、各行业、国务院各部门和各学会的240余名代表参会。

9月18—23日 矿井防灭火及松散围岩的支护学术交流会在桂林市召开，由云、贵、川、渝、桂四省一市煤炭学会、岩石力学西南分会联合举办，广西煤炭学会承办。大会收到学术论文68篇，其中软岩方面32篇，防灭火方面28篇，其他方面8篇。来自四省一市煤炭系统的厅（局）、矿、科研、设计、院校等单位128名代表参会。

9月20—24日 全国厚煤层机械化采煤技术研讨会在靖远矿务局驻兰州办事处召开，由学会开采专业委员会与甘肃省煤炭学会联合举办。来自煤炭行业领导机关、局、矿、科研、设计、情报、院校、出版等 57 个单位的 88 名代表参会，交流论文报告 38 篇。会议交流了厚煤层机械化采煤技术的生产技术经验，探讨进一步改进厚煤层机械化采煤技术向前发展。

9 月 23 日　在中国科学技术协会成立 30 周年庆祝大会上，姚琪荣获"中国科协首届青年科技奖。全国有 94 名青年科技人员获得此项大奖。姚琪 1982 年毕业于江西冶金学院矿业系，同年考取阜新矿业学院地测系研究生，两年后获工学硕士学位留校任教。他于 1985 年撰写的《控制网观测值最优配值方法》，被国际测量工作者联合会 18 次大会评为唯一的青年科技工作者优秀论文。1987 年他被联邦德国汉诺威大学接受攻读博士学位。

10 月 1—3 日　煤矿开采技术研讨会在中国矿业大学召开。会议由开采专业委员会副主任张先尘教授主持，来自煤炭工业领导机关、有关矿务局、煤矿设计院、煤炭科学研究所、矿业院校的工程技术人员 52 人参会。会议探讨了我国煤炭工业科技现状和煤炭工业的若干技术政策问题，并提出了一些意见和建议。

10 月 22—27 日　应中国科协赴吕梁扶贫工作组和山西省吕梁市行署的邀请，学会组织煤炭科学研究院煤化所杨宗江、刘志刚、王国金，以及唐山分院张香亭四人赴吕梁进行技术咨询。咨询组的专家对吕梁地区煤炭加工利用情况进行调研，对八个生产厂进行有问必答式的现场技术咨询，为地区推荐了一些小型建设项目，提出了《关于发展吕梁地区煤加工利用工业的建议》。

10 月 29 日　中国煤炭学会召开第二届八次常务理事会议。

11 月 5—8 日　煤的研究方法及合理有效利用学术讨论会在无锡市召开。会议由学会煤化工专业委员会、地质学会煤田地质专业委员会联合举办。来自煤炭、地矿、冶金、化工、石油、情报等领域的科学工作者近 70 人参会。收到论文 76 篇，宣读 50 篇。分煤田地质与煤质、煤的加工利用以及煤岩学与煤结构三个专题，进行了小组宣读论文并展开讨论。

11 月 14—17 日 矿井建设前期准备工作及施工组织学术交流会在郑州市河南煤炭基建公司召开。会议由中国统配煤矿总公司基建部和学会矿井建设专业委员会联合举办，共 80 多人参会。副总经理范维唐、河南省煤炭厅厅长朱德沛等到会指导并讲话。会议交流论文49 篇，其中 22 篇在大会上进行了宣读。

12 月 27—29 日 多绳落地钢井架施工暂行规定编写座谈会在邯郸市煤炭部建安公司召开。会议由学会煤矿建筑工程专业委员会秘书长单位——邯邢煤矿设计院主持。专委会副主任委员、河北煤炭建工学院院长李斌参加了会议并作主题发言。邯邢设计院、河北煤炭建工学院代表介绍了国内外钢井架设计计算理论。会议代表参观了九龙口矿主井钢井架制作情况。

是年 根据中波两国学会之间的合作协议，接待了波方来访的矿井建设考察组 4 人和编辑出版考察组 5 人，同时我方派出学报编辑考察组 3 人、煤炭科技管理和技术培训考察组赴波进行考察交流。应我方邀请波兰采矿协会会长马腊拉和秘书长克利赫来访，通过协商签订了中波学会 1989 年的合作计划。

1989 年

1 月 31 日　中国煤炭学会第二届九次常务理事会在北京市召开。有 11 位常务理事出席了会议。会议主要审定了 1989 年学会工作会议及学术活动计划，审议了学会理事会换届的有关事宜。钮锡锦副秘书长汇报了学会 1989 年活动计划及《关于学会理事会换届问题的意见》，通报了 1988 年学会有关工作。

4 月 5—7 日　学会东北分会第二次会员代表会议在双鸭山矿务局举行。东煤公司所属基建局、设备制造公司，矿务局、科研设计部门、院校，吉林、黑龙江两省煤炭学会的会员代表共 100 多人参会。分会理事长翟东杰在会议中传达了学会第二届八次常务理事（扩大）会议精神，并代表分会第一届理事会作了工作报告。

同日　贵州省煤炭学会第三届会员代表大会在林东矿务局召开，共 70 余人参会。贵州省煤炭工业厅厅长顾乃绵到会并讲话。会议选出贵州省煤炭工业厅总工程师李绪中为第三届理事会理事长，方洁、况礼澄为副理事长，金启平为秘书长。

同日　学会煤矿运输专业委员会年会在淮南市召开，中国统配煤矿总公司煤矿铁路运输技术服务公司同期举办了技术交易会，共 50 多人参会。专业委员会副主任王为勤、王铮、梁恩吉出席并主持会议。王为勤副主任代表专业委员会对 1988 年学会工作做了简要回顾，并对 1989 年学会工作谈了设想，要以运输安全与提高效能为中心。

4 月 23 日　中国科协工程学会联合会成立大会在北京科学会堂

召开。会议由中国科协副主席高镇宁主持，中国科协主席钱学森出席大会并讲话。副主席张维、王大珩，书记处书记高潮也分别讲话。已有42个全国性工程学会加入，中国煤炭学会是其中之一。

本月 中国煤炭学会、煤炭部国际司在北京举办第二届国际煤炭技术交流展览会。

5月14—16日 青海省煤炭学会第三次会员代表大会召开。会议审议了第二届理事会工作报告，修改了青海学会章程，选举产生了第三届理事会。选出理事长姬振文，副理事长张志浩、孙敏伯，秘书长董正定。

6月3—5日 学会选煤专业委员会第四次会议在唐山市召开。会议由主任委员郝凤印主持，出席会议的委员21人，列席会议的专家21人。会议的主题是：在改革、开放、搞活的形势下，针对我国能源供应紧缺的情况研究发展战略。

7月20—22日 中国煤炭学会第三届理事会第一次全体会议在北京市召开，全国27个省（市、区）煤炭系统和有关兄弟学会的理事，二届常务理事和来宾共120人出席了会议。学会副理事长王志远主持了开幕式，学会副理事长，中国统配煤矿总公司副总经理范维唐致开幕词，学会秘书长潘惠正代表二届理事会向大会汇报学会第二届理事会的工作和对今后工作的建议。参加开幕式的领导有中国科协书记处书记高潮，中国统配煤矿总公司总经理于洪恩，副总经理张宝明、濮洪九。高潮、于洪恩在会上作了重要讲话。会议选出了中国煤炭学会第三届理事会理事长范维唐，副理事长魏同、陈明和、翟东杰、王志远、潘惠正秘书长潘惠正（兼），副秘书长纽锡锦、周公涛、张自劭。

7月20—23日 《矿区通信技术维护规程》研讨会在平庄矿务局召开。会议由学会东北分会举办，到会24人，会议收到文字材料20万字。依据《煤炭工业系统专用通信网技术体制、技术标准》，参考邮电、铁路、石油、军队等系统的通信维护规程、规则，结合煤炭系统通信工作具体情况和特点，提出审定意见。《矿区通信技术维护规程》共分为六个分册：一分册为人工交换；二分册为自动交换；三分册为通信电源；四分册为通信线路；五分册为微波、载波；六分册为矿井通信、无线电台。

7月23—26日 第四届苏、鲁、冀、晋、彭四省一市的煤炭加工利用学术交流会在蓬莱市召开。会议由山东省煤炭学会选煤专业委员会主办，52个单位共85名代表参会。会议共收到论文40篇，宣读交流了17篇。

8月28—29日 全国水采通风安全技术研讨会在北票矿务局召开。会议由学会水力采煤专业委员主办。会议共收到论文17篇，其中12篇在全体会议上宣读。

8月30日—9月1日 选煤学术会议在通化矿务局大湖煤矿召开。会议由学会东北分会选煤专业委员会、吉林省煤炭学会、东煤科技情报站和东煤选煤协会联合举办，38个单位共68名代表参会。

9月1—2日 学会东北分会秘书长会议在南票矿务局召开。会议由分会副理事长马鸣超主持，共29人参会。学会副秘书长纽锡锦到会进行了指导。

9月19—23日 苏、鲁、皖、冀、彭四省一市第五届建井技术学术交流会在安徽省安庆市召开，152名代表参会，共收到论文66篇。

9月21日—10月4日 根据学会与波兰采矿工程技术人员协会双方协议，由徐州矿务局陈引亮、铜川矿务局张伍峰、兖州矿务局刘玉彬、徐州矿务局三河尖矿王家林和煤炭科学研究总院梁石煌一行5人组成现代化矿井考察团赴波考察。

9月23—25日 全国采矿业防腐学术交流会在江苏省徐州市召开，由中国腐蚀与防护学会、中国煤炭学会联合举办，来自47个单位的 68 名代表参加了会议。

9 月 24—27 日 （科技）情报学术交流会在兰州市召开，由学会科学技术情报专业委员会与西北地区情报中心站联合主办，并召开了第一届委员会工作会议。到会代表 105 人，煤炭科学技术情报研究所所长芮素生在会上讲话。

10 月 12—16 日 第二届全国煤炭爆破学术讨论会在湖南省大庸市召开，会议由学会爆破专业委员会主办，65 名爆破专家和工程技术人员出席了会议。会上交流了 53 篇论文，对爆破技术现状和发展方向进行专题座谈。

10 月 21—24 日 冒顶事故防治学术研讨会在山东新汶矿务局召开，由学会岩石力学专业委员会主办，来自全国煤炭科研、院校、矿务局及东煤公司共 14 个单位的 53 名代表参加了会议。

10 月 25—28 日 建井科技成就学术交流会在昆明市召开，由学会矿井建设专业委员会、中国统配煤矿总公司基建局、云南省煤炭厅和云南省煤炭学会联合举办，共有 104 人参加了会议。中国统配煤矿总公司副总经理濮洪九到会并讲话。

10 月 26—30 日 全国矿井地质新技术新方法学术研讨会在河南省举办，由学会矿井地质专业委员会主办。会议介绍了近年来矿井地质方法、技术取得的最新成果，讨论了矿井地质的技术发展方向。会议收到论文 68 篇，编发摘要 62 篇。

11 月 3—12 日 煤炭科技工作会议在北京市召开。副总经理范维唐代表中国统配煤矿总公司作了《坚定不移地贯彻依靠科技进步的方针，推动煤炭工业持续稳定健康发展》的报告；煤炭科学研究总院邬廷芳同志对"八五"期间煤炭科技发展规划纲要（草案）作了说明；副总经理张宝明对总公司 1990 年一季度的工作作了部署。总经理于洪恩在闭幕式上作了总结报告。国务委员邹家华到会并作了重要讲话。

11 月 25—29 日　全国瓦斯地质研究工作会议在广西红茂矿务局召开，由瓦斯地质专业委员会和广西壮族自治区煤炭厅联合主办。会议由瓦斯地质专业委会主任杨力生主持，广西壮族自治区煤炭厅厅长陆育德、副厅长兼总工程师王同良出席会议并讲话。来自全国的 111 名代表出席了会议。会议分"瓦斯地质编图应用"和"瓦斯地质论文"两个组进行了研讨；对广西红茂矿务局更班矿斜井瓦斯突出预测进行了咨询服务；讨论了本专业委员会的换届问题。

是年　中国煤炭学会理事、山东省煤田地质勘探公司总工程师陆忠骥荣获我国地质界最高荣誉——李四光野外地质工作奖。

1990 年

1月19日 中国煤炭学会三届二次常务理事会在北京市召开。有21位常务理事参会，会议由理事长范维唐主持。副理事长兼秘书长潘惠正汇报了1989年学会工作情况和1990年学会工作要点及学会活动计划；常务理事、副秘书长钮锡锦汇报了开采、建井等13个专业委员会换届名单及煤矿安全等3个专业委员会换届中存在的问题，以及建立煤矿自动化专业委员会、上报《中国科技专家传略》人选的提案。会议通过了开采、矿井建设、岩石力学、水力采煤、露天开采、选煤、煤化学、煤田地质、泥煤、矿井地质、矿山测量、煤矿运输和煤矿机械化13个专业委员会的组成名单；原则同意成立煤矿自动化专业委员会；学会1990年年会会议主题是"科技进步和煤矿现代化建设——大力发展采掘机械化"；煤田地质专业委员会1990年学术活动改为"我国煤炭资源开发利用学术研讨会"，着重从资源角度进行探讨。

4月18—26日 中国煤炭学会在西安市分别召开了学会专业委员会学术秘书座谈会和各省（市、自治区）煤炭学会秘书长座谈会，副秘书长钮锡锦主持会议。座谈会共同的中心议题是交流提高学术活动质量的经验。专业委员会学术秘书座谈会侧重讨论了《中国煤炭学会专业委员会评估暂行办法》和《中国煤炭学会学术活动质量评估试行办法（草案）》。17名专业委员会学术秘书、省（市、自治区）煤炭学会32名秘书长和代表到会并发言。

4 月 24—27 日 煤田地质专业委员会换届与我国煤炭资源的合理开发与利用学术讨论会在西安市召开，由中国煤炭学会、中国地质学会联合举办。会议收到论文 20 篇，参加人数 50 人。

4 月 25—26 日 学会煤矿运输专业委员会学术年会在贵州省安顺市召开。专委会委员、学术秘书和《煤矿运输》学刊编委、论文作者共 78 名代表参会。

5 月 10—13 日 鲁、皖、彭（徐州）两省一市第四届开采专业学术交流会在宜兴小张墅煤矿召开。会议由江苏省主办，出席会议的有山东、安徽、徐州各局、矿的领导及工程技术人员近百人。

6 月 12—17 日 倾斜长壁开采学术研讨会在广西合山矿务局召开。会议由学会开采专业委员会、广西煤炭学会、广西合山矿务局、山西矿业学院采矿工程系联合举办。广西壮族自治区煤炭工业厅厅长兼总工程师、广西煤炭学会副理事长王同良为大会作学术报告。

8 月 25—28 日 中国煤炭学会第三届理事会第二次全体会议暨 1990 年学术年会在辽宁省兴城市召开。参加会议的有能源部、中国统配煤矿总公司、东北内蒙古煤炭工业联合公司的领导，以及学会理事和论文作者 120 余人。学会副理事长魏同主持开幕式，学术年会的主题是"科技进步和煤矿现代化建设——大力发展采掘机械化"。中国统配煤矿总公司副总经理、学会理事长范维唐致开幕词，东北内蒙古煤炭工业联合公司总工程师、学会常务理事王友佳代表东煤公司对大会表示祝贺。学会副理事长兼秘书长潘惠正向大会汇报了主要工作供理事会讨论。能源部煤炭总工程师、学会副理事长陈明和在闭幕式上讲话。

9 月 16—20 日 中国煤炭学会矿井地质专业委员会和中国煤炭工业劳保科技学会水害防治专业委员会、湖南省煤炭学会、涟邵矿务局科协联合召开全国煤矿水害防治技术方法交流会议。

10 月 23—27 日 高产高效工作面供电电压等级研讨会在桂林市

召开，由中国电工技术学会煤矿电工专业委员会和中国煤炭学会煤矿机械化专业委员会联合举办。会议由中国电工技术学会煤矿电工专委会主任委员汤德全主持，31个单位共50名代表参会。会议收到论文25篇，大会宣读20篇。内容涉及国内外综采工作面发展概况，工作面高电压供电技术发展、电压等级选择，高电压移动变电站，防爆开关，安全保护技术，采煤机电缆，高压采煤机电动机及隔爆开关，电牵引及其供电要求等方面。根据当前工作面1140伏供电电压已不能满足大功率采煤运输装备的需要，专家一致认为提高高产高效工作面供电电压等级势在必行，建议将工作面的供电电压提升到3300V。

10月29日—11月2日 第五届矿山系统工程学术会议在湖南省长沙市召开，由中国有色金属学会采矿学术委员会矿山系统工程专业委员会、中国煤炭学会煤矿系统工程专业委员会和中国金属学会采矿学会矿山系统工程学术委员会联合举办。出席这次学术会议的有冶金、有色金属、煤炭、化工、建材等行业从事矿山系统工程研究与应用的科技工作者共117人，会议共收到论文99篇，其中煤炭系统61篇。

11月20—24日 煤矿环境地质学术讨论会在西安市召开，由中国煤炭学会、中国地质学会煤田地质专业委员会主办。来自煤矿、矿务局、煤田地质勘探公司、勘探队、陕西省煤炭厅、地矿部、高等院校、科研设计单位的代表，还有部分煤田地质专业委员会委员，共计24个单位48名代表。会议收到论文26篇，涉及煤矿、矿区环境地质、酸性矿坑水、煤矿突水等内容。

11月27—30日 滚筒式采煤机防治漏油研讨会在浙江省萧山市召开，由学会煤矿机械化专业委员会主办。会议讨论了防止采煤机漏油的技术途径。

是年 中国煤炭学会发布"中国煤炭学会青年科技奖"试行条例。

是年 中国煤炭学会、中国统配煤矿总公司、国家能源部在北京共同举办第十四届世界采矿大会和展览会。

1991 年

1月21—22日 四川省煤炭学会第三届理事会第一次全体会议在成都市召开。选出由18人组成的常务理事会。常务理事会第一次会议确定了郝庆林为理事长，董志端、王立芬、高仕洁、朱裕全为副理事长，朱裕全兼秘书长。

4月9日 隆重纪念我国著名地质学家、新中国煤田地质工作的奠基人王竹泉同志100周年诞辰大会在北京召开，由中国统配煤矿总公司和中国煤炭学会联合举办。中国统配煤矿总公司总经理胡富国，副总经理陈钝、张宝明、范维唐、濮洪九，原煤炭部的领导钟子云、刘向三、李建平、任志恒、许在廉、邹桐、贾慧生、杨一夫、贾林放、范文彩、徐达本等同志出席了会议。全国政协常委、中科院地学部委员黄汲清，全国人大代表、中科院地学部委员陈国达，中国地质学会副秘书长张之一等同志到会并讲话。王竹泉先生的儿子王金岩也到会讲话致谢。

6月9—11日 中国煤炭学会第六次学会工作座谈会在昆明市召开。会议由学会副理事长、秘书长潘惠正主持；云南省科协党组书记叶萃天、云南省煤炭学会理事长陈训生到会并讲话。参会的有18个专业委员会和24个省区煤炭学会的秘书长，9个团体会员单位代表和中国煤炭学会秘书处、云南省煤炭厅、抚顺矿务局、淮南矿务局煤炭学会等，共计80余人。

6月21—24日 首届煤炭情报工作理论与实践研讨会在山东省

烟台市召开，学会科学技术情报专业委员会和煤炭科学技术情报研究所联合举办。收到论文 90 余篇，有 160 余人参会。原国家科委情报司司长、中国情报学会常务副理事长汪廷炯、副秘书长高庆生宣读论文。学会常务理事、煤炭科学技术情报研究所所长芮素生、情报专业委员会主任、情报所副所长张双聚分别在开、闭幕会上讲话。烟台市科委负责同志和中国煤炭经济学院的领导也到会并讲话。

7 月 2 日 民政部核准中国煤炭学会社团登记申请。根据中国科协和民政部的要求，学会办理了社团登记申请手续，于 5 月上旬通过了中国科协的初审，5 月下旬正式向民政部提出登记申请，民政部核准登记并颁发了登记证，登记证号为社证字第 0271 号，并于 7 月 31 日在《人民日报》第七版公告。

7 月 16—18 日 《中国煤炭工业百科全书》第一次编纂工作会议在北京市召开。会议由学会理事长范维唐主持，能源部副部长、中国统配煤矿总公司总经理胡富国到会并讲了话，学会常务理事、煤炭科学技术情报研究所所长芮素生报告了编纂工作筹备情况。中国统配煤矿总公司副总经理韩英、张宝明、范维唐、濮洪九会见了全体代表。会议确定《中国煤炭工业百科全书》由能源部副部长胡富国任编委会主任，统配煤矿总公司副总经理范维唐任常务副主任兼主编，副主任有：王裕佳、芮素生、陈明和、林开源、崔敬谦、彭世济、潘惠正。会议确定 1991 年底由编委会审定各卷条题表，1992 年初着手条目释文的编写工作。全书共分七卷约 900 多万字，要求 3 年内完成《中国煤炭工业百科全书》的编纂工作。

8 月 18—21 日 矿山坚硬岩体控制学术讨论会在大同矿务局召开，由中国岩石力学与工程学会大同分会和中国煤炭学会岩石力学专业委员会联合主办。来自全国各地的 93 位专家学者参加了讨论会。会上共交流学术论文 24 篇。会议还围绕大同矿区坚硬顶板控制中尚未解决的回采工作面漏冒顶、综采液压支架损坏、坚硬顶板无煤柱开采及放顶煤开采等工程问题进行了讨论。

8 月 28 日—9 月 1 日 江西省煤炭学会第三次会员代表大会在铅山县召开。选出韩子璋为理事长，王水亮、丁克、钱林芳为副理事长，赵凤鸣为顾问，王国良为秘书长。

9 月 6—9 日 全国矿井开拓巷道布置改革研讨会在龙口矿务局召开，由学会开采专业委员会、山东省煤炭学会，龙口矿务局联合主办。山东省煤炭学会理事长穆智宏同志、龙口矿务局局长李效省同志到会祝贺。山东煤管局副总工程师、山东煤炭学会开采专业委员会副主任傅琨伍到会祝贺并作学术报告。会议收到论文 61 篇，有 132 名代表参会。

9 月 11—15 日 巷道掘进施工与机械化研讨会在大同市召开，由矿井建设专业委员会、中国统配煤矿总公司基建局、大同矿务局基建局联合举办。会议收到论文 35 篇，28 篇论文在会上重点发言，到会代表共 96 人。

9 月 18—21 日 矿井可控循环风技术研讨会在福建省邵武煤矿召开，由中国统配煤矿总公司安全管理局和学会煤矿安全专业委员会联合举办。到会共 21 个单位，32 名代表。会上介绍了国内外矿井可控循环风技术研究、应用情况，听取了三个矿井准备采用可控循环风技术的研究试验方案。共宣读了 9 篇论文。

9 月 20—23 日 学会煤矿自动化专业委员会成立暨首届全国煤矿自动化学术交流会在天津市召开，参会代表共 99 人。煤炭学会副秘书长钮锡锦宣布了专业委员会的组成，对专业委员会的工作提出了希望和要求。学会常务理事汤德全根据国际高新技术发展对我国煤炭工业实现自动化提出设想和建议；中国自动化学会秘书长凌惟侯教授到会祝贺并介绍了国内外自动化发展的现状及趋势；情报所副所长方宝昌同志也到会祝贺。

9 月 24—29 日 学会瓦斯地质专业委员会第五届学术研讨会在

安徽省西山煤矿召开。会议由瓦斯地质专业委员会主任杨力生教授、副主任陆国桢教授主持。安徽省煤炭厅田维中处长代表省煤炭厅到会祝贺并讲话。会议收到学术论文 51 篇,来自全国 18 个省(区)煤炭的 102 名代表参会。

本月 中国煤炭学会、煤炭部国际司、中煤技术咨询开发公司在北京共同主办 91'国际煤炭技术交流设备展览会。

10 月 21—23 日 全国矿井地质学术研讨会暨 1991 年学术年会在淮南市召开,由中国煤炭学会矿井地质专业委员会与淮南矿业学院煤炭学会、淮南矿务局煤炭学会联合举办。有 160 余人参会。共收到论文 114 篇,包括地质构造、水文地质、勘探技术、井巷工程地质、综采地质,瓦斯地质、环境地质、煤岩研究、地质基础工作等内容。

10 月 22—24 日 水采生产矿井高产高效研讨会在杭州市召开,由学会水采专业委员会主办。有 43 人参会。会议收到论文 13 篇。

10 月 22—26 日 全国矿山测量学术会议在河北省唐山市召开,由学会矿山测量专业委员会、中国测绘学会矿山测量专业委员会、中国金属学会矿山测量学术委员会、学会岩石力学专业委员会和煤炭工业矿山测量情报中心站联合举办。来自全国 164 个单位的专家、教授、工程师和矿山测量科学技术人员共计 329 人参会。会议共收到论文 225 篇。学会矿山测量专业委员会主任周国铨致开幕词,学会副理事长兼秘书长潘惠正、唐山市人民政府副秘书长兼办公厅主任杨立功、煤科总院唐山分院副院长崔继宪分别致辞。煤科总院唐山分院党委书记刘林、唐山市科委副主任武英杰、唐山市科协主席李子文等同志到会祝贺。

11 月 1—5 日 中国煤炭学会第三届理事会第三次全体会议暨一九九一年学术年会在四川地方煤炭职工疗养院召开。学会理事长范维唐致开幕词并作会议总结讲话。参加这次会议的有理事 66 人、团体会员代表 24 人、煤炭开发战略研究项目编写组成员 23 人等,共 177 人。

11 月 5 日 中国煤炭学会三届四次常务理事会议审议了煤炭科学研究总院开采所张玉卓和山东矿业学院韩茂安两位同志的推荐材料和评审组意见，决定授予张玉卓和韩茂安"中国煤炭学会首届青年科技奖"，并在 1991 年学术年会上颁发证书和奖杯。

11 月 21 日 高产、高效采煤工作面供电电压升压汇报会议在北京市召开。会议由中国统配煤矿总公司副总经理范维唐主持。有 43 名代表参加了会议。煤科总院副院长胡省三汇报了高产高效采煤工作面供电电压升压前期工作；煤科总院上海分院副院长黄伯翔和抚顺分院张丙军分别就升压的必要性、国外升压情况、电压等级的选择、技术途径和升压安全措施等问题进行了汇报。会议决定将煤矿井下高产高效采煤工作面供电电压升级到 3000 伏级。

11 月 19—20 日 湖北省煤炭学会第三次会员代表大会在武昌市召开。选出刘志明为理事长，焦书印、李恩光、刘心敏为副理事长，董立淮为秘书长。

11 月 20—21 日 吉林省煤炭学会第四次会员代表大会在辽源市召开。选举产生第五届理事会。选出赵清雷为理事长，毋宗礼、张岐山、石金玉、刘凤祥、吴俊天为副理事长，聘任林伯森为秘书长。

12 月 10—11 日 黑龙江省煤炭学会四届一次理事会议召开。选出于占一为理事长，侯凤翔等 9 人为副理事长，蒋德福为秘书长。

本月 辅助运输设备研讨会在长沙市召开，由学会煤矿机械化专业委员会委托煤科总院常州科试中心组织。参会人员有统配煤矿总公司有关领导、煤炭学会专委会专家等 44 人。会议收到论文 40 篇。

是年 出台《中国煤炭学会优秀建议奖试行条例》。

1992 年

1月4日 中国煤炭学会理事、中国地质大学教授杨起，被选为中国科学院地学部委员；中国煤炭学会岩石力学专业委员会委员、山东矿业学院矿压研究所所长宋振骐教授被选为中国科学院技术科学部委员。

1月8—10日 学会青年工作委员会成立大会暨中国科协首届青年学术年会卫星会议——中国煤炭学会首届青年科技工作者学术讨论会在北京市召开。出席会议的领导有：中国科协书记处书记刘恕，中国科协常委、中国科协首届青年学术年会主席冯长根，中国科协首届青年学术年会秘书长沈爱民，中国科协学会部副部长马阐，中国煤炭学会理事长、中国统配煤矿副总经理范维唐，副理事长魏同、翟东杰、王志远、潘惠正志，能源部科技司司长何伯镛，中国煤炭教育协会副理事长、中国统配煤矿总公司教育局局长鲍恩荣，中国统配煤矿总公司干部局局长张维昌，煤炭科学研究总院院长芮素生，中国统配煤矿总公司财务司副司长杨今生，中国地方煤矿联合经营开发公司经理韩宗顺和中国矿业大学北京研究生部党委书记徐有恒等。中国人民广播电台、光明日报、科技日报、中国煤炭报派记者对会议进行了采访和报道。

1月28日 中国煤炭学会三届七次常务理事会会议在北京市召开。有16位常务理事参会。会议由副理事长魏同主持，副理事长兼秘书长潘惠正汇报了学会1991年工作情况、1992年工作要点和活动计划；常务理事、副秘书长钮锡锦汇报了爆破专业委员会组成情况和青年科技奖评选等有关议案。会议决定授予王国法、刘正林、孙继平、孙建明、陈湘生、吴耀焜、张跃、胡千庭、梁栋和鲁宝珠"中国煤炭学会第二届青年科技奖"。

2月29日 国家"七五"攻关项目MG344-PWD型薄煤层强力爬底板交流电牵引采煤机在大同通过中国统配煤矿总公司主持的技术鉴定。该机型由煤科总院上海分院与波兰考玛格采矿机械化中心联合研制。是一台大功率、爬底板、无链牵引薄煤层采煤机，也是我国的第一台电牵引采煤机。适用于厚0.9~1.6米，煤质较硬，煤层倾角小于35度的薄煤层开采。

3月10—14日 现代化煤矿计算机应用学术研讨会在山西平朔安太堡矿召开。由学会计算机应用专业委员会主办。收到论文14篇。会议认为：平朔安太堡矿是全国煤炭系统应用计算机最好的企业，计算机信息系统应用和管理方法都比较先进。

4月8—10日 煤转化工艺系统工程学术讨论会在南宁市召开，由学会煤化学专业委员会、煤炭科学研究总院北京煤化所和《煤气与热力》编辑部的共同举办。来自煤炭、化工、冶金、城建系统的30名代表参会。会议收到煤炭热解、焦炉加热系统、生产加工、煤炭液化及吸附等论文19篇。

4月25—28日 中国科协首届青年学术年会在北京人民大会堂召开。有来自全国的青年科技工作者及世界各地的留学生代表646名正式代表和港、澳、台青年学者，列席代表共3500人参加了大会。党和国家领导人温家宝、严济慈、雷洁琼、宋健出席了大会。青年学者冯长根代表年会执委会致开幕词，中国科协主席朱光亚在会上作了题为"科技增强国力，青年开创未来"的报告。工科共征文2800篇，共入选214篇。中国煤炭学会共向大会推荐论文15篇，有谢和平等11位同志的论文入选。

5月25—28日 煤矿运输专业委员会1992年年会暨学术研讨会在厦门市召开。东煤公司副总工程师、专委会副主任池凤山，中国统配煤矿总公司生产局铁运处副处长井泉利等41人参加了会议。专委会常务副主任王为勤、副主任梁恩吉出席并主持了会议，副主任梁恩吉作专业委员会1991年学会工作报告。

6月23—26日 学会选煤专业委员会三届二次会议在湖南省大庸市召开。参加会议代表32人。会议由副主任委员王祖瑞和于尔铁同志主持，选煤专业委员会主任、中国统配煤矿总公司副总工程师郝凤印就加快选煤工业发展问题提出了建设性意见。

9月3日 受兖州矿务局东滩煤矿委托，中国煤炭学会在北京市召开东滩煤矿采区合理合并及岩巷布置的改革技术论证会。会议由学会副理事长兼秘书长潘惠正主持，邀请中国科技大学采矿系，中国统配煤矿总公司生产局、技术发展局，煤炭科学研究总院，煤炭工业技术咨询委员会，北京煤炭设计研究院，山东省煤炭公司，兖州矿务局等单位的20多位专家参会。会议听取了东滩煤矿矿长王永斌同志的报告，并进行了讨论。

9月14—17日 高产高效综采技术国际研讨会在山西潞安矿务局召开。学会理事长、中国统配煤矿总公司副总经理范维唐主持开幕式；中国统配煤矿总公司总经理王森浩、山西省代省长胡富国在开幕式上讲话；能源部煤炭总工程师陈明和、中国统配煤矿总公司总工程师赵全福、国家科委工业司司长石定环、学会副理事长潘惠正等有关领导出席会议。有43名外国代表和192名中国代表参加学术研讨。会议期间，中外代表参观了潞安局的王庄、漳村、五阳等煤矿。

9月18—22日 学会煤矿建筑工程专业委员会92新建筑研讨会在厦门市召开。有27个单位的代表48人参会。会议宣读了20篇论文，介绍了16项工程的设计施工情况。

9月22—26日 云、贵、川、桂、渝煤炭学会1992年度煤炭学术交流会议在重庆天府矿务局召开。会议由重庆煤炭学会承办，参会代表 103 人。会议以提高企业的技术水平和经济效益为目的，以矿井机电设备的安全可靠及经济运行为中心议题，交流学术论文 62 篇。

9 月 26 日 中国工程学会联合会在北京市召开会议，对第一届委员会的工作进行了总结；修改了《中国科学技术协会工程学会联合会条例》；对今后工作进行了讨论和安排。会上选举了第二届委员会主席、执委、秘书长。选出范维唐、孙大涌、庄逢甘、吕其春为主席。

10 月 13—16 日 强黏结煤的性质、利用及资源保护研讨会在江西庐山召开，由学会煤化学专业委员会主办。共 13 个单位的 29 名代表参会。会议交流了学术论文 23 篇。

10 月 17—20 日 学会煤矿系统工程专业委员会 1992 年学术年会在山东矿业学院召开。学会副秘书长钮锡锦到会指导。来自煤炭系统的专家、工程技术人员共 48 人参会。大会收到论文 49 篇，有 26 位专家作了学术报告。

10 月 21—22 日 全国矿井水文工程地质学术交流会在泰安市召开，由学会矿井地质专业委员会、山东矿业学院特殊开采研究所、兖州矿务局联合主办。共 120 人参会。学会副秘书长钮锡锦和能源部煤炭司副司长冯天元到会讲话，山东矿业学院副院长李斌和煤田地质专家柴登榜在开幕式上讲话。会议收集 59 篇论文集结出版，由中国统配煤矿总公司副总经理范维唐作序。

10 月 27—29 日 河北省煤炭学会青年工作委员会成立大会暨首届青年学术讨论会在井陉矿务局召开。河北省煤炭学会副理事长张汉兴、秘书长陈长清，理事陈正信，井陉局总工程师李遇复，以及青年工作委员会委员、论文作者，共计 69 人参会。青年工作委员会是经河北省煤炭学会三届二次常务理事会议同意成立，主任张汉兴，副主任赵庆彪、陈宇、殷作如，学术秘书王凤贞、马占平，委员共 33 人。

11 月 4—7 日 首届煤炭医院信息管理和计算机应用研讨会在京

召开，由学会计算机应用专业委员会和统配煤矿总公司劳资司卫生处共同主办。到会代表 45 人。煤炭计算机应用专业委员会周俊松讲了会议目的，劳资司钟明讲了医院计算机应用取得的成绩及今后的要求，中国医疗信息学会秘书长任公越介绍了医疗信息学在国内、外交流的情况。

11 月 7—11 日　煤矿建设管理科学研讨会在松藻矿务局召开，由煤矿建设专业委员会与中国统配煤矿总公司基建局联合举办。会议重点探讨矿井建设中管理机制、管理科学化等方面的实践经验、研究成果和存在问题。会议收到 55 篇论文，有 72 位科技工作者参加了会议。

11 月 9—13 日　学会煤矿安全专业委员会 1992 年学术年会在昆明市召开。参加会议的有 30 人。中国统配煤矿总公司安全局副局长柴兆喜参加会议并作了重要讲话，云南省煤炭学会副理事长李胜丰对会议给予肯定的评价。本次学术年会的主题是放顶煤综采工作面的安全问题，交流了粉尘、火灾、瓦斯防治和监测系统等方面的 8 篇论文。

11 月 27—29 日　中国煤炭学会三届四次理事会暨 1992 年学术年会在郑州市召开。学会理事长范维唐就学会的改革提出了要求。会议就煤矿环境和治理进行了学术交流，同时初步形成一个向主管和决策部门对加强煤矿环境保护的建议。会议对第二届青年科技奖获得者进行了颁奖。

12 月 15—17 日　煤炭工业 1993—2000 年岩石力学发展规划学术研讨会在兖州矿务局东滩煤矿召开，由学会岩石力学专业委员会主办。学会副秘书长钮锡锦、兖州矿务局总工程师陆宗泽参加了会议。岩石力学专业委员会主任牛锡倬、副主任于学馥、平寿康主持了会议。来自煤炭系从事矿山岩石力学研究与工程应用的专家、教授、工程技术人员共 28 人参会。

12 月 28—30 日　浙江省煤炭学会第三届会员代表大会在杭州市

召开。选举产生由 23 名理事组成的第三届理事会，郑克成为理事长，胡江潮、陆允功、金精桦为副理事长，李世忠为秘书长。

是年 学会主办的《煤炭学报》在中国科协组织的优秀学术期刊评选中获二等奖。

1993 年

1 月 18 日 中国煤炭学会三届九次常务理事会会议（扩大）在北京市召开。范维唐理事长主持会议，有 23 位常务理事和特邀专家参会。副理事长兼秘书长潘惠正汇报了 1992 年学会工作和 1993 年工作任务。常务理事兼副秘书长钮锡锦汇报了中国科协秘书长工作会议精神和组建科技实体的有关事宜。会议讨论通过了学会 1992 年工作小结。

3 月 2—5 日 中国煤炭学会团体会员单位联络员座谈会议在无锡市召开。有 17 个团体会员单位的联络员和部分省煤炭学会的秘书长共 29 人参会。

3 月 21 日 经原能源部批准，中国科协审定，中国煤炭学会煤矿开采损害技术鉴定委员会正式成立。该委员会相当于学会下属工作委员会的职能。主要任务是：开展开采损害评价，受理矿山开采损害争议，为开采损害争议双方提供技术调研、测试、分析、鉴定及治理对策的咨询服务。委员会由 12 名专家组成，刘天泉任主任委员。2003 年 11 月，获最高人民法院批准为司法鉴定专业机构。

4 月 16—20 日 矿井电法勘探学术交流会在重庆市召开，由学会矿井地质专业委员会和煤科总院重庆分院联合举办。会议收到论文 38 篇，有 37 人参会。

5 月 15—19 日 全国采矿学术会议在南京市召开，由中国化工学会、中国煤炭学会、中国金属学会、中国有色金属学会、中国核学会、中国硅酸盐学会、中国地质学会、中国黄金学会、中国轻工协会联合举办。来自全国九个学会的采矿专家、教授和工程技术人员共计 260 余人参会。会议共收录 298 名科技人员撰写的论文 193 篇，并汇编出版了 170 余万字的《第四次全国采矿学术会议论文集（上、下册）》。

7 月 3—6 日　全国煤炭综采地质条件评价指标研讨会在大屯煤电公司驻上海招待所召开，由学会矿井地质专业委员会和大屯煤电公司煤炭学会联合举办。会议共收到论文 32 篇，来自全国煤炭系统矿务局、设计院、煤科总院、分院、煤炭院校、煤炭工业出版社等单位共 61 人参会。

9 月 21—26 日　学会露天开采专业委员会第四届会议在湖北省宜昌市召开，由学会露天开采专委会与全国露天煤炭第五届科技情报工作会议联合举办，出席会议代表共 61 人。第三届主任委员雷良惟作了工作总结并介绍了下一步工作安排和设想，进行了学术论文的交流。

10 月 7—9 日　第二届现代化矿务局计算机应用研讨会山东新汶矿务局召开，由学会计算机应用专业委员会主办。来自 28 个单位近 60 名代表参会。代表们参观了新汶矿务局的调度和生产指挥系统、信息中心。

10 月 8—10 日　12°以下倾角煤层开采技术研讨会在太原市召开，由学会开采专业委员会、太原西峪煤矿联合主办。来自全国煤炭系统 47 个单位的 91 名代表参会。会议收到论文 42 篇，主要包括开采新技术、新装备、新工艺等方面的科研成果。

10 月 8—11 日　学会瓦斯地质专业委员会换届暨学术研讨会议在焦作矿业学院召开，来自全国煤炭系统 27 个单位的 38 名代表出席了会议。学会副秘书长钮锡锦参加了会议并宣布了经学会第三届理事会理事长工作会议审议批准的第二届瓦斯地质专业委员会组成名单，新一届瓦斯地质专业委员会主任委员罗开顺代表新一届专委会作了讲话，副主任委员王同良作了题为"乘胜前进 开拓未来"的讲话。副主任委员陆国桢、王同良、陈名强主持了会议。会议共收到学术论文 30 篇，会议交流 19 篇。

10 月 13—15 日 "三下"采煤学术讨论会在江苏省无锡市召开。来自高等院校、科研和生产等单位科技工作者 52 人参会。会议收到论文 36 篇。开幕式由副主任委员桑光灿主持。副主任委员崔继宪致辞。共有 21 篇论文在大会上交流。闭幕式由副主任委员马启勋主持。主任委员周国铨作大会总结。

10 月 21—24 日 煤炭分类及分析方法研讨会在宁波市召开，由煤炭学会煤化学专委会和煤炭标准化委员会共同举办。有 16 人参会。会上交流了 11 篇学术报告。

10 月 18 日 根据孙越崎科技教育基金管委会委托，中国煤炭学会承办青年科技奖评审推荐，经申报—形式审查—初选—评审—投票评选出 15 名被推荐人。经孙越崎科技教育基金管委会评选确认，赵跃民、孙永联、葛世荣、赵大庆、孙继平、张玉卓、韩茂安、鲁宝珠、袁亮、谢昌纲十名同志获得孙越崎科技教育基金青年科技奖。

10 月 21—23 日 学会水力采煤专业委员会扩大会议在苏州市召开。面对市场经济的客观形势，会议的主题是提高水力采煤经济效益。会议交流了论文，听取了赴俄水采技术考察汇报。

11 月 中国煤炭学会和中国石油学会共同主办的中国煤层气勘探开发方向研讨会在唐山市召开。

是年 经中国煤炭学会三届九次常务理事会研究决定，以学会科普工作委员会办公室为依托力量组建北京光普科技服务中心，聘任王永江为总经理。中心已完成北京市工商行政管理局登记，办理了营业执照和开户许可证。

1994 年

1 月 11—12 日　云南省煤炭学会成立 30 周年煤经会成立 10 周年大会暨 1993 年年会在昆明市召开。参加会议有全体理事、会员代表等共计 121 人。云南省科协党组书记、副主席叶萃天，云南省民政厅社管处处长彭增光、正处级调研员方心涵，以及省矿业协会、省地质协会、省金属学会、省电机学会、省有色金属学会的代表应邀出席会议并讲话。云南省煤炭学会理事长陈训生、副理事长周明德分别作了《总结经验　继续前进》和《1993 年工作总结及 1994 年工作安排意见》的报告。

2 月 5 日　中国煤炭学会第三届常务理事会第十次会议（扩大）在北京市召开，到会的有常务理事 18 人、顾问 3 人和特邀代表共计 29 人。会议由理事长范维唐主持，秘书长潘惠正作了 1993 年工作总结和 1994 年工作计划的报告，副秘书长钮锡锦就学会换届问题作了具体说明。会上还推荐了参加第四届中国科协青年科技奖评选的两名候选人，分别是中国矿大的赵跃民教授和中国矿大北京研究生部的赵大庆教授。

3 月 11—12 日　中国洁净煤技术发展研讨会在北京市召开，由中国煤炭学会和中国能源研究会共同主办。国家计委副主任叶青，国家科委副主任黄齐陶、司长石定寰，国家经贸委处长王明威，中科院副院长王佛松，中国科协副主席高镇宁，原经贸部副部长周宣诚，煤炭部副部长、学会理事长范维唐等出席了会议并讲话。来自全国 40

多个单位共 80 人参会，会议收到论文 29 篇，有 26 位专家在大会上作了报告。会议由学会副理事长潘惠正致开幕词，中国能源研究会副理事长周凤起致闭幕词。

4 月 13—16 日　中俄第一届急倾斜煤层开采技术学术研讨会在乌鲁木齐市召开。由新疆煤炭学会、新疆煤炭科研所和俄罗斯联邦库兹涅茨克煤炭科研所联合举办。参加会议的有中国煤炭学会、新疆煤炭工业厅、新疆科委的领导，中俄专家和工程技术人员共 32 人。会上双方各宣读论文 5 篇，介绍了各自在解决急倾斜煤层机械化开采方面已经取得的成就。会议期间，代表们参观了乌鲁木齐矿务局六道湾煤矿的急倾斜特厚煤层水平分层放顶煤综采工作面。

5 月 20—22 日　学会煤矿安全专业委员会 1994 年学术年会与《中国煤炭工业百科全书》煤矿安全专业释文终审会在宿州市皖北矿务局召开。参加会议的有煤炭安全专家以及《中国煤炭工业百科全书》的主编、副主编和分支负责人等共 62 名。安徽省煤炭厅厅长聂广武同志，安徽省煤炭厅副厅长、安徽省煤炭学会理事长刘鸿生，安徽省煤炭学会副理事长、皖北矿务局局长马德久，煤炭工业出版社总编、《中国煤炭工业百科全书》大编委会秘书长吴志莲参加了会议并讲话。学术年会的主题是我国煤矿高产高效综采安全新技术。

5 月 25—28 日　"三下"采煤与矿山测量学科的建设与发展研讨会在安徽省淮南市召开。参加会议的有来自高等院校、科研和生产等单位的代表共 23 人。会议由学会矿山测量委员会主任委员周国铨致开幕词。

5 月 28 日　矿山测量专业发展方向研讨会在淮南矿务局召开，由学会矿山测量专业委员会主办。

9 月 10—14 日　学会爆破专业委员会第四届学术会议在烟台市召开。参加会议代表共计 63 人。会议收到论文 33 篇。山东矿业学院副院长李金良、刘波到会并讲话，四省一市建井学会秘书长教授级高工王传久、山东省煤矿培训中心经理刘仁昌等应邀出席了会议。

10 月 9—12 日 1994 年全国瓦斯地质学术年会在无锡市中国煤田地质职工疗养院召开。来自全国煤炭系统 38 个单位的 76 名代表参加了会议。学会瓦斯地质专业委员会主任委员罗开顺，副主任委员陆国桢、陈名强主持了会议。江苏省煤炭总公司副总工程师郎志军、河南省煤炭学会常务副理事长张奇铭到会并讲话。

10 月 27 日 中国煤炭学会第三次青年学术会议暨中国科协第二届青年学术年会卫星会议"〔1994〕科协青发字 008 号"在徐州市召开。会上颁发了第三届青年科技奖，分别是：李树志、李晓红、芮勇勤、陈立武、何学秋、张国鑫、胡振琪、徐精彩、蒋金泉、潘一山。

11 月 4—6 日 煤的非燃料利用学术研讨会在重庆市召开，由学会煤化学专业委员会主办。四川省煤管局有关领导到会指导，四川省煤田地质研究所为会议做了大量筹备工作。会议收到学术论文 19 篇，会上交流 11 篇。出席会议的代表共 30 人。

11 月 6—9 日 煤矿立井凿井技术研讨会在淮南矿务局召开，由矿井建设专业委员会与中煤建设开发总公司共同举办，到会 109 人。会议进行了学术交流、讨论了 1995 年学术活动计划，研究了第四届矿井建设专业委员会换届人选。会议收到论文 37 篇，大会交流 22 篇。会议针对普凿、特凿、治水、快速施工、反井钻进、检测技术、矿井设计等问题进行了研讨交流，对如何进一步研制换代型凿井装备，尤其是普凿装备的提高提出了方向。

11 月 9—11 日 第四届全国煤矿自动化学术会议在煤科总院重庆分院召开。会议收到学术论文 73 篇，选择 70 篇编入论文集。来自煤炭各领域的专家、教授、工程技术人员等共 69 人参会，有 30 位代表在大会及分组会上宣读了 35 篇论文。专业委员会主任委员许世范和谢桂林教授分别作自动化技术的发展及煤炭工业面临的挑战与机遇和现代交流调速技术的学术报告。

是年 全国地方科协学会部工作会议在江苏省苏州市召开。广西煤炭学会和云南煤炭学会获得了中国科协学会部对全国 119 个省级学会颁发的"学会之星"奖。

是年 范维唐、刘天泉当选为中国工程院院士。

是年 经中国科协四届十四次常委会审议通过，中国矿业大学赵跃民获第四届中国青年科技奖。

1995 年

1 月 13—14 日　《跨世纪煤炭工业新技术》编写意见审定会在北京市召开。根据煤炭部的要求,由学会组织编写。会议由副理事长兼秘书长潘惠正主持,副部长范维唐到会并讲话。各有关单位推荐的编写人员等共 20 人参会。该书是一本高层次的科技普及性读物,与国内外有关的新技术接轨,从煤炭工业可持续发展的战略高度,体现煤炭工业持续健康发展的方针。

1 月 17—18 日　可持续发展的中国煤炭工业研讨会在北京市召开,由学会主办。参加会议的有煤炭部政策法规司、规划司、科教司,中国矿大、煤科总院、煤炭部人才交流中心、中国煤田地质总局,《中国煤炭报》和《中国煤炭》杂志社等单位的领导、专家共 25 人。会议由副理事长兼秘书长潘惠正主持,学会副理事长陈明和到会并讲话。学会副理事长魏同作全面性发言。

1 月 19 日　中国煤炭学会第三届十一次常务理事会(扩大)在北京市召开。出席会议共 25 人,其中常务理事 14 人。会议由理事长范维唐主持。副理事长兼秘书长潘惠正就学会 1994 年工作总结和 1995 年工作计划要点作了汇报。副秘书长周公韬介绍了有关专业委员会换届、更名等事项。经会议审议,通过了矿井建设,水力采煤,露天开采和煤化学四个专业委员会换届的推荐委员名单;通过了计算机应用专业委员会更名为"计算机通讯专业委员会"的申请;原则上通过了王久明、陈明智等六位专家提出的关于筹建煤矿环境保护专业委员会的申请,并建议煤炭科学研究总院的领导牵头进行筹建工作。会议审议通过了聘任张自劭为学会副秘书长。

1月21—23日 煤矿井下专用设备机电一体化技术研讨会在上海市煤炭科学研究总院上海分院召开,由学会煤矿机械化专业委员会与中国电工技术学会煤矿电工专业委员会联合举办。有56位专家参会。会议由煤矿机械化专业委员会主任委员曹世佑主持,大会宣读了8篇论文。煤炭工业部科教司副司长胡省三,学会原副秘书长周公韬,潞安矿务局原副局长王成学分别讲话。

3月21—24日 1995年全国矿山测量学术会议在山西省太原市召开,由学会矿山测量专业委员会、中国测绘学会矿山测量专业委员会、中国金属学会矿山测量学术委员会、山西省测绘学会和山西省煤炭学会联合举办。有188人参会,收到论文126篇。中国测绘学会矿山测量专业委员会主任委员、中国矿业大学采矿系副主任郭达志致开幕词,山西省科协副主席吴庆山,山西省测绘局局长、山西省测绘学会理事长刘和平,山西省煤炭学会秘书长高正榕分别讲话。会议交流了开采沉陷理论及其应用的研究,"三下"采煤理论与技术的研究,卫星定位系统(GPS)、地理信息系统(GIS)、机助制图等方面的技术。

4月22—24日 学会第九次秘书长工作会议在北京市召开。会议传达了中国科协四届五次全委会会议精神,通报了学会1995年工作安排,交流工作经验,研讨深化学会工作改革的新路子。出席会议的代表共70余人。理事长范维唐出席了会议并讲话。副理事长兼秘书长潘惠正传达了中国科协有关会议精神。会议期间,大同矿务局科协、煤矿自动化专业委员会、云南省煤炭学会、开滦矿务局科协、水力采煤专业委员会、青年工作委员会和煤田地质专业委员会等七个单位在大会上介绍了工作经验。

5月17—18日 《煤炭工业可持续发展几个重要领域的研究》课题第一次会议在北京市召开,课题由中国煤炭学会牵头。全体课题组成员 18 人参加了会议，会议由学会副理事长潘惠正主持，课题总负责人魏同就课题的立项、基本思路、总体框架、安排与要求进行了说明与部署。

本月 中国工程院专函通知煤炭部，1995 年 5 月煤炭系统的陈清如、汤德全、钱鸣高、戚颖敏、韩德馨当选为中国工程院院士。

6 月 14—16 日 学会煤矿开采损害技术鉴定委员会全体委员会议在北京市召开。会议明确了工作方针与任务，确定了两年的工作计划。

6 月 30 日—7 月 2 日 中国煤炭学会第四次全国会员代表大会在北京市召开。出席会议的代表共 200 余人。大会主席团执行主席宋永津主持了开幕式，第三届理事会理事长范维唐致开幕词，中国科协高潮副主席莅临开幕式并作了重要讲话，煤炭工业部王森浩部长发表重要讲话，中国地质学会、中国石油学会、中国冶金学会、中国有色金属学会、中国铁道学会、中国电工学会等单位派代表出席了开幕式。

大会审议了副理事长兼秘书长潘惠正代表第三届理事会作的工作报告，选举产生了第四届理事、常务理事，理事长为范维唐，副理事长为陈明和、潘惠正、宋永津、郭玉光、朱德仁；秘书长为潘惠正，聘任了副秘书长张自劢、成福康、成玉琪。第四届理事会一致推选王森浩为名誉理事长。大会通过了关于第三届理事会工作报告和《中国煤炭学会章程》（修改稿）两个决议。学习贯彻落实煤炭部党组《关于加快实施科教兴煤战略的决定》和全国煤炭科教大会精神。

8 月 29—31 日 1995 年水力采煤学术研讨会暨学会水力采煤专业委员会换届会议在秦皇岛市召开，由学会水力采煤专业委员会主办。出席会议的有学会名誉理事周公韬、中煤建设开发总公司张文琐、交通部水运科学研究所陈宏勋，清华大学水利系费祥俊教授和韩文亮副教授，以及水力采煤专业委员会第三、四届委员等总计 28 个单位 54 人。会议共收到论文 18 篇并在会上交流。

9 月 9—14 日 1995 年开采新技术学术交流会暨优秀科技工作者

科技联谊活动在中国科协桂林科技活动中心举行。学会岩石力学专业委员会联合挂靠在煤科总院开采所的煤炭工业开采情报中心站、综采矿压情报分站及冲击地压情报分站共同活动。参会代表 38 人。会议期间还以"综采工作面顶板分类修正方案"为题召开了小型工作会议。会议研讨了徐州局庞庄矿、新汶局华丰矿代表介绍的深部开采中出现的冲击地压和巷道支护困难问题；兖州局代表介绍的综采放顶煤采煤方法煤炭损失的原因分析及提高回收率的技术等。

9 月 18—22 日 第四届全国煤岩学学术讨论会在桂林市召开，由学会煤田地质专业委员会煤岩和中国地质学会煤田地质专业委员会煤岩学组共同举办。来自全国煤炭、地质、石油、冶金系统的 60 名代表参会。会议共收到论文 47 篇，涉及煤岩学和有机岩石学各个领域。

9 月 20—24 日 1995 年全国瓦斯地质学术会暨庆祝中国煤炭学会瓦斯地质专业委员会成立十周年会议在福建省厦门市召开，由学会瓦斯地质专业委员会与福建省煤炭学会联合举办。来自 43 个单位的 83 名代表参加了会议。学会副秘书长张自劭出席了会议并讲话。煤炭部煤炭科学基金委员会、矿井地质专业委员会、通风安全专业委员会、江西省煤炭厅的专家参加了会议。会议由学会瓦斯地质专业委员会主任罗开顺，福建省煤炭学会副理事长黄声野及副秘书长林惠琴，瓦斯地质专委会副主任委员陆国桢、王同良、陈名强等主持。福建省煤炭学会副理事长黄声野作了重要讲话。会议收到学术论文 40 篇，大会交流 28 篇。

10 月 9—17 日 苏、鲁、皖、冀、彭（徐州）四省一市煤炭学会建井学术交流会在浙江省建德市新安江工人休养院召开，由江苏省、徐州市煤炭学会建井专业委员会和大屯煤电公司主办。到会代表 110 人，收到论文 49 篇并在会上交流。

10 月 17—20 日 全国难采煤层开采技术研讨会在云南省昆明市

召开。会议由中国煤炭学会开采专业委员会和云南省煤炭学会联合举办。会议收到论文 56 篇，大会交流 33 篇。来自煤炭系统 53 个单位的 77 名代表参加了会议。

11 月 7—11 日 煤炭洁净燃烧和利用技术研讨会在江西天河煤矿召开，由煤炭工业洁净煤工程技术研究中心和学会煤化学专业委员会共同举办。参加会议的有煤炭、冶金、机电、高校系统的代表 25 名。会议收到以洁净煤技术为主，涉及煤炭燃烧、气化、液化、焦化和脱硫等方面的论文 20 篇，会上宣读 16 篇。会议针对我国煤炭多元化终端用户的特点，根据经济发展与环境的需要，重点讨论了我国煤的高效燃烧和转化技术。

11 月 12—13 日 《煤炭工业可持续发展几个重要领域的研究》课题协调会议在泰安市的山东省煤田地质局召开。会议由学会副理事长潘惠正、课题组负责人魏同主持。会议决定由矿大（北京）研究生部王立杰负责日常工作联系，要求 1996 年 12 月结题。

11 月 12—14 日 地层冻结工作技术和应用学术研讨会在福州市召开，由学会矿井建设专业委员会、中煤建设开发总公司、北京煤炭学会、中国制冷学会第五专业委员会和福建省煤炭工业总公司共同举办。来自 53 个单位的 90 余人参会，会议还邀请了上海地铁公司等单位的专家。上一届专业委员会主任沈季良和老专家于公纯参加了会议，会议由煤炭工业部总工程师、学会副理事长、本届专业委员会主任委员陈明主持并讲话。会议交流了 84 篇论文共计 80 万字，编印了《地层冻结工程技术和应用》一书。

11 月 21—25 日 露天开采专业委员会四届一次全委会与《露天采煤技术》杂志第二届编委会工作会议在云南小龙潭煤矿召开。共 45 人参会。会议由露天开采专业委员会常务副主任兼杂志主编江智明主持，专委会主任王旭致开幕词。学会副理事长兼秘书长潘惠正宣读了露天开采专业委员会第四届委员会组成名单，副主任马兰英代表第三届委员会作了工作报告，张获思代表《露天采煤技术》编委会作报告。会议期间全体代表参观了小龙潭露天煤矿的连续开采工艺和可保露天煤矿单斗–汽车开采工艺，并与两个矿的工程技术人员进行了座谈。

11 月 25—27 日　学会矿井地质专业委员会第四届委员会第一次工作会议在泰安市山东矿业学院召开。有 39 人参会，学会名誉理事纽锡锦代表学会宣布第四届矿井地质专委会的组成名单，并向新一届的委员颁发了聘书。专委会主任委员唐修义传达了学会第四届代表大会的精神，副主任委员赵宗沛代表上一届专委会汇报了工作。学会矿井地质专业委员会名誉主任柴登榜以及依托单位淮南矿业学院科研处副处长周永申等到会指导。

1996 年

1月9—10日　广西煤炭学会四届二次理事（扩大）会暨学术年会在百色矿务局召开。出席会议的有广西壮族自治区煤炭厅副厅长郑兆安，广西煤炭学会副理事长、煤炭厅总工程师陈盛业，广西煤炭学会名誉理事长陆育德，广西煤炭学会顾问王同良、鲁令杰，以及学会理事、各专委会主任、各分会秘书长和论文作者等共60人。会议由副理事长陈盛业主持，并作会议总结；郑兆安作了重要讲话；百色地区行署副专员韩行鹏到会并讲话。大会由秘书长陈彦荣汇报了广西煤炭学会1995年工作总结及1996年工作安排。大会收到学术论文18篇并交流，同时进行了科技咨询以及科学普及等活动。

1月23日　中国煤炭学会第四届二次常务理事会（扩大）会议在北京市召开。出席会议的常务理事与列席人员共28人。会议由理事长范维唐主持，主要议程：①审议1995年工作总结与1996年工作要点；②审定工作委员会与专业委员会换届人选；③审定第五届中国青年科技奖候选人推荐人选。

1月24—26日　学会煤炭自动化专业委员会换届暨第六次全国煤矿自动化学术研讨会在山西潞安矿务局召开。出席会议的代表有70人，收到论文104篇，经审查录用89篇由《煤》杂志社编成会议论文集。会议由专业委员会副主任委员、原潞安矿务局副局长王成学主持，会上宣读了中国煤炭学会批准的第二届煤矿自动化专业委员会组成名单。专业委员会主任许世范代表第一届专业委员会作了工作总结报告。许世范、王成学及谭得健分别作了《煤矿机电一体化》《煤矿自动化的基础是机械化》《国内外煤矿机电一体化的现状与发展对策》的主题报告。

1月25—27日 福建省煤炭学会第四次会员代表大会在福州市召开。会议审议通过了第三届理事会工作报告和章程修改报告，选举产生了第四届理事会。理事共43名，常务理事15名，理事长为杜兴亚，副理事长为张省吾、王雄、李力平、阮文清、谭宗国，秘书长为黄建龙，副秘书长为林惠琴、李叶枝、陈三福和陈黎芳。推选郑松岩为名誉理事长，黄声野等8位同志为名誉理事。

1月29—30日 江西省煤炭学会第四次会员代表大会在南昌市召开。会议审议通过了第三届理事会工作报告和章程修改报告，选举产生了第四届理事会。理事共49名，常务理事15名，理事长为包尚贤，副理事长为韩子璋、王水亮、钱林芳，秘书长为王振建。推选张佩奇为名誉理事长，丁克等五位同志为名誉理事。

4月2—4日 学会第四届科普工作委员会工作会议在煤炭科学研究总院重庆分院召开。会议主要任务是传达全国科普工作会议精神；报告第三届科普工作委员会工作；交流工作经验；研讨促进行业科普工作。出席会议的代表共56人。会议由第四届科普委员会常务副主任窦庆峰主持。学会副理事长兼秘书长潘惠正宣布了第四届科普委员会成员名单。第四届科普委员会副主任王敦曾传达了全国科普工作会议精神及国家科委常务副主任朱丽兰作的工作报告。第三届科普委员会主任、第四届科普委员会名誉主任芮素生作了第三届科普委员会工作汇报。第四届科普委员会主任李锡林作了会议总结。

4月8—10日 学会环境保护专业委员会成立大会暨煤矿环境保护学术交流会在浙江省萧山市召开。学会副理事长兼秘书长潘惠正、名誉理事钮锡锦、副秘书长张自劭等莅临指导。会议由煤炭部环保办主任、专委会常务副主任王久明主持，潘惠正宣读了中国煤炭学会文件，宣布环境保护专业委员会第一届 37 名人员名单。其中行业专家有刘鸿亮、钱易两位工程院院士，国家土地管理局司长彭德福和国家环境保护局环境与经济政策研究中心研究员王汉臣。专委会日常工作机构挂靠在煤科总院环保研究所。

4月22—25日 学会煤矿安全专业委员会和中国煤炭工业劳动保护科学技术学会火灾防治专业委员会换届暨学术研讨会在煤炭科学研究总院重庆分院同时召开。会议由煤科总院抚顺分院、重庆分院主办。与会代表72人，中煤劳保学会副理事长李学庆、中煤劳保学会副秘书长郭松林、煤炭部安全司张淑兰莅临指导。会议由学会煤矿安全专委会和劳保学会火灾防治专委会主任委员戚颖敏、煤科总院重庆分院院长蒋时才、煤科总院抚顺分院副院长王震宇和阜新矿院安全工程研究所所长黄伯轩主持。戚颖敏宣读了中国煤炭学会、煤炭劳保学会有关两个专业委员会换届的批复文件，王震宇作了煤炭学会安全专委会第三届委员会的工作报告，戚颖敏作了煤炭劳保学会火灾防治专委会第二届委员会的工作报告。会议收到论文29篇，会上全部进行了交流。

5月8—10日 学会矿山测量专业委员会换届会议暨矿山测量仪器研讨会在无锡市召开。参会65人，收到论文39篇。学会矿山测量专业委员会主任、煤科总院唐山分院院长崔继宪作了第三届矿山测量专业委员会的工作总结报告以及第四届委员会工作的初步安排。此外，日本索佳株式会社在会议上介绍并展销了有关测绘仪器和设备，使代表们对国际先进测绘技术仪器有了进一步的认识。

6月18日 中国煤炭学会第四届常务理事会第三次会议在北京市召开。会议由理事长范维唐主持，到会常务理事共27人。会议主要任务是：传达贯彻中国科协"五大"文件精神。常务理事会认真讨论通过了"中国煤炭学会贯彻落实江泽民总书记重要讲话和中国科协'五大'精神的意见"。

6月27—29日　新疆煤炭学会会员代表大会召开。选举产生了第五届理事会，理事105名，常务理事24名。选出名誉理事长于继利，理事长关希臣，副理事长许治政、张仑、宋锐、李万疆，秘书长杨森，副秘书长郑绍来、唐梓林、马合木提·库尔班、刘群。

7月1—3日　高产高效矿井建设与采掘机械化发展研讨会暨第三届煤矿机械化专业委员会成立大会在上海市召开，由学会煤矿机械化专业委员会与煤炭工业部采掘机械化情报中心站联合举办。参加会议的代表来自30个单位共48位专家。会议由煤机械化专业委员会副主任李守国主持，煤矿机械化专委会主任曹世佑阐述了本次会议的目的，学会秘书处成福康宣读了关于第三届煤矿机械化专业委员会组成人员的批复，煤科总院上海分院院长黄伯翔致欢迎辞。大会交流论文13篇。代表们就建设高产高效矿井中的机械化问题、采掘装备的发展趋势、高产高效采煤装备关键技术等问题进行了探讨。学会煤矿机械化专委会主任、煤科总院上海分院副院长曹世佑作大会总结。

7月9—12日　中国煤炭学会第四届青年科技学术年会暨青年工作委员会换届会议在辽宁工程技术大学召开。出席会议的代表有77名，会议的主要任务是：传达贯彻中国科协"五大"文件精神；与会代表进行大会和分组学术交流；学会青年工作委员会第二届委员会换届工作。会议共进行了大会报告6个，分2个学科小组共交流论文25篇。副理事长兼秘书长潘惠正传达了江泽民总书记在中国科协"五大"上的重要讲话；煤炭部人事司处长张平远介绍了部人才工程的现状和规划；谢和平作了世界能源发展趋势的报告。张玉卓介绍了美国煤炭工业和科研的概况。中科院院士宋振骐、中国工程院院士韩德馨、全国"五一劳动奖章"获得者屠丽南分别讲话。

8月20—22日　第四届学会泥煤专业委员会换届暨学术会议在秦皇岛市开滦矿务局海滨休养中心召开。参加会议的代表有26人。煤炭部党组成员、学会理事长范维唐莅临会议为泥煤专业委员会委员颁发聘书并讲话。会议由学会泥煤专业委员会常务副主任刘英杰主持，学会副秘书长张自劢代表学会宣布第四届泥煤专业委员会的组成名单；泥煤专业委员会名誉主任委员韩德馨总结委员会的工作；国家经贸委资源节约综合利用司姚明宽参加了会议，传达了关于开展"综合利用，大有可为"系列宣传活动的通知。泥煤专业委员会依托单位中国煤炭综合利用节能开发总公司总经理、泥煤专业委员会主任委员李钟奇作了工作报告。会上，参加国际泥炭会议的委员介绍了第十届国际泥炭会议的情况。

8月31日—9月3日 水采四十周年技术研讨会在秦皇岛市鹤岗煤矿工人疗养院召开，由中国煤炭学会和煤炭部技术咨询委员会共同举办。有33个单位的71名代表参加了会议。煤炭部技术咨询委员会主任赵全福、规划发展司司长李学圣、生产协调司副司长成家钰、科技教育司助理巡视员刘修源作了技术报告，中国科学院院士宋振骐作了关于控制水采工作面矿山压力的学术报告。

9月11—17日 苏、鲁、皖、冀、彭四省一市煤炭建井学术交流会在山东省召开，由山东省煤炭学会建井专业委员会和兖州矿业（集团）有限责任公司主办。参会代表共计180名。

9月16日 中国煤炭学会第四届四次常务理事会在济宁市召开。会议理事长由范维唐主持，出席会议的常务理事和山东省煤管局、兖州矿业（集团）有限责任公司有关领导等共18人。会议主题是：审定"学会四届二次理事会暨1996年学术年会"的议程和有关事项；审议四届二次理事会工作报告（要点）；审议增补常务理事的建议；审定有关专业委员会换届推荐名单。

9月17—19日 中国煤炭学会四届二次理事会暨1996年学术年会在山东邹城市兖州矿业集团公司召开，由中国煤炭学会和兖州矿业（集团）有限责任公司共同组织。参会代表共163人，会议分别由陈明和、潘惠正、宋永津、郭育光和朱德仁五位副理事长主持。理事长范维唐致开幕词，兖州矿业（集团）有限责任公司书记王邦君致欢迎词。副理事长兼秘书长潘惠正作了题为"一年来工作回顾和贯彻中国科协'五大'精神的意见"的工作报告，并对学术年会的主题"煤炭工业可持续发展战略"作了介绍。大会听取了学会名誉理事魏同和其他八位专家关于"煤炭工业可持续发展的几个重要领域的研究"等十个专题报告。

9月25—27日 学会第四届选煤专业委员会第一次会议暨1996年学术研讨会在三河市华北矿业高等专科学校召开。出席会议的有34名委员和13名特邀代表。会议由常务副主任委员王祖瑞致开幕词。学会副秘书长张自劭宣布了第四届选煤专业委员会组成人员名单并讲话。名誉主任委员陈清如传达了中国煤炭学会1996年年会关于煤炭可持续发展战略问题的精神。主任郝凤印作《煤炭洗选可持续发展战略研究意见》、副主任吴式瑜作《我国选煤生产现状及发展》、副主任王敦曾作《近年选煤科研状况及发展》等学术报告；学术秘书李瑞和汇报了第三届委员会工作总结及第四届委员会工作安排。

10月7—11日 学会瓦斯地质专业委员会二届四次会议暨1996年全国瓦斯地质学术年会在成都市召开，由学会瓦斯地质专业委员会和四川省煤炭学会联合举办。来自煤炭系统的59名代表参加了会议。煤炭部基金委员会、河南省煤炭学会、煤炭工业出版社、煤炭工业部教材编辑室的代表也出席了会议。河南省煤炭学会对会议给予了资助。学会瓦斯地质专业委员会主任罗开顺，副主任陆国桢、陈名强，四川省煤炭工业局副总工程师习滋寰，四川省煤炭学会司秘书长徒尚冠联合主持了会议。罗开顺致开幕词，传达了中国煤炭学会四届二次理事会工作报告和贯彻中国科协"五大"精神的意见，介绍了煤炭工业可持续发展研究情况。河南省煤炭学会常务理事长张奇铭在大会上讲话。

10月7—13日 煤炭巷道施工技术研讨会在湖南省张家界市召

开，由学会矿井建设专业委员会主办。参会 70 人，交流论文 50 余篇。会议针对岩石巷道掘进技术落后的问题，提出加强掘进装备的研制、改进施工工艺等措施。

10 月 8—11 日　第五届全国采矿学术会议在四川省成都市召开，由中国硅酸盐学会牵头主办，中国金属学会、中国煤炭学会、中国有色金属学会、中国化工学会、中国黄金学会、中国核学会、中国地质学会及中国轻工协会联合主办。九个学会的领导及来自全国煤炭、金属、有色、化工、核工业、轻工、地质、黄金、硅酸盐等行业的专家、学者及管理人员 200 多人出席了会议。全国政协委员、中国硅酸盐学会理事长、原国家建材局局长主燕谋，四川省副省长李蒙，以及四川省和成都市有关部门的负责同志出席了会议开幕式。中国煤炭学会有 17 名代表参会，副理事长宋永津、常务理事芮素生、理事郝庆林、副秘书长张自劢参加了会议。会议开幕式由中国硅酸盐学会副秘书长李士章主持，中国硅酸盐学会理事长王燕谋致开幕词。收到论文 172 篇，其中煤炭学会提供 30 篇。由中国煤炭学会副理事长宋永津主持，宣读了 8 篇综合性论文，副秘书长张自劢宣读了常务理事胡省三的论文《我国煤炭科学技术的发展方向》。

10 月 9—13 日　学会计算机通讯专业委员会换届会议在安徽省岩寺淮南煤矿疗养院召开。考虑到原"计算机应用专业委员会"名称已不能满足现时工作需要，经学会同意并报民政部批准备案，更名为"中国煤炭学会计算机通讯专业委员会"。经中国煤炭学会理事会审批，第二届计算机通讯专业委员会由 46 人组成。此次参会代表 35 人。

10 月 16—18 日　第二届全国煤层气学术研讨会在北京市召开。会议由中国煤炭学会、中国石油学会、孙越崎科技教育基金会、煤炭煤层气信息中心联合举办。参加会议的代表共 120 多人，收到论文

62 篇，其中有 47 篇论文被编入会议论文集。大会的开幕式与孙越崎科技教育基金颁奖大会同时召开。出席颁奖大会的有政协副主席孙学凌、煤炭部副部长张宝明等领导同志。中国煤炭学会副理事长兼秘书长潘惠正致开幕词，中联煤层气董事长陈明和作总结讲话。会上宣读论文 16 篇。以本届学术研讨会的名义向国家计委、经委、科委、煤炭部、石油总公司、地质部等有关领导单位提出了"关于加快我国煤层气资源开发的建议"。

10 月 21—23 日　学会爆破专业委员会第五届学术会议暨第三届委员会换届会议在山东省威海市海军疗养院召开。参会代表 45 名，交流论文 21 篇。会议由第二届专业委员会副主任唐勃主持，主任刘清泉汇报了爆破专业委员会 1994—1996 年的工作总结，学会副秘书长周公韬宣读了关于第三届学会爆破专业委员会组成人员的批复。新任爆破专业委员会主任、山东矿院副院长李斌作了发言。王树仁、赵锦桥等 5 名同志任副主任，刘清泉等 4 名同志任名誉委员，张金泉任学术秘书，刁望印等 35 名同志任委员。

10 月 25—27 日　跨世纪的矿业科学与高新技术（第十四次青年科学家论坛）在北京市召开，由中国科协主办。中国科协书记处书记、组委会副主任张泽，组委会常务副主任马阳，秘书长周济，国家自然科学基金委员会何鸣湾，中组部知识分子办公室杨金鹏等到会并讲话。来自煤炭、冶金、石油、有色金属产业的 25 名青年教授、专家参加了论坛活动。活动由中国矿业大学谢和平教授、煤炭科学研究总院张玉卓教授、中南工业大学邱冠周教授担任执行主席。

12 月 17—18 日　吉林省煤炭学会第六次会员代表大会召开。会议传达了中国煤炭学会《关于贯彻落实江泽民总书记重要讲话和中国科协"五大"精神的意见》，传达了吉林省科协四届六次全会的有关文件精神，进行了学会理事会的换届工作。选举产生了第六届理事会，理事 61 人，常务理事 27 人。理事长为曹天元，副理事长为李再清、董玉堂、张印轩、陈宫礼、刘伟光，秘书长为朱国昭。

是年 中国煤炭学会推荐的邢台矿务局东庞煤矿总工程师陈立武和中国矿业大学校长助理葛世荣，获得由中组部、人事部、中国科协共同组织评选的第五届中国青年科技奖。

1997 年

1 月 20 日　中国煤炭学会的《发挥学会优势搞好技术咨询促进决策科学化和民主化》和《发挥学会优势促进青年科技人员的成长成才》两个材料，被选在"中国科协学会工作会议上"的发言交流。

1 月 23 日　中国煤炭学会四届五次常务理事（扩大）会议在北京市召开。会议由理事长范维唐主持，到会的常务理事和有关人员共26 人。会议议题：同意副理事长兼秘书长潘惠正汇报的 1996 年工作情况和 1997 年工作安排意见；1997 年要抓好重点学术活动，应联合石油学会等有关单位组织好固体可燃矿产制取液体燃料研讨会；可持续发展的研究课题选择矿区进行研究；小型煤矿技术改造课题重点应针对产量达 6 亿吨之多的小型乡镇煤矿进行研究；应注重难采煤层开采、煤矿安全、煤层气开发、煤炭液化等问题的研究并开展学术交流。

3 月 13—14 日　山东省煤炭学会第三届会员代表大会暨 1997 年学术年会在龙口矿务局召开。参加会议的代表共 120 人。大会通过选举产生了第三届理事会及常务理事会，交流论文 7 篇。新当选的理事长陈立良在大会上作了"认真贯彻中国科协第五次全国代表大会和学会第四次代表大会精神，扎扎实实地开展好山东煤炭学会各项工作"的重要讲话。大会选举产生了常务理事共 25 名，理事长为陈立良，副理事长为杨兴田、于仁运、任秀桂、李华平，秘书长为李华平（兼）；副秘书长为赵振海、杨中太、刘培宏。

3 月 14 日　《煤炭学报》第一届编辑委员会第二次会议在北京市召开。编委会委员 18 人（其中有 7 位院士）出席了会议，《煤炭学报》编辑部全体成员列席了会议，会议由编委会副主任、《煤炭学报》主编潘惠正主持，编委会主任范维唐出席会议并作了重要讲话。《煤炭学报》副主编廖灿平对《煤炭学报》1996 年度的工作进行了总结。与会编委对《煤炭学报》荣获 1996 年由中共中央宣传部、国家科委、新闻出版署联合组织的第二届全国优秀科技期刊评比一等奖表示祝贺。

4 月 17 日　发展动力配煤专家座谈会在京召开。会议由中国煤炭学会与煤炭工业洁净煤工程技术研究中心联合举办。理事长范维唐到会并作了重要讲话，汤德全、岑可法、陈清如、郑健超、钱绍钧和朱建士七位院士及煤炭部、内贸部等系统的有关专家共 60 余人参加了会议。会议由中国煤炭学会副理事长潘惠正和洁净煤中心副主任成玉琪主持。

6 月 3—6 日　学会煤矿机械化专业委员会三届二次工作会议在广东省东莞市召开。出席会议的代表有 18 人。会议由主任委员曹世佑主持，传达了学会四届五次常务理事会精神；副主任委员孙忠义宣读了煤矿机械化专业委员会增聘委员名单，学习了学会学术会议管理办法。与会委员对学会煤矿机械化专业委员会工作条例进行了认真讨论，并提出了修改意见。会议确定 1997 年专委会的工作重点是参与 1997 年国际采矿技术研讨会。

6 月 12—13 日　煤炭基建行业可持续发展学术研讨会在南昌市召开，由学会矿井建设专业委员会和北京煤炭学会共同举办。参加会议的主要是专业委员会委员和有关专家，江西省煤炭厅、企业、研究院所派代表参加了会议，共计 50 人。会议提出了"关于煤炭基建行业可持续发展的建议"。

8 月 7—9 日　泥炭与腐植酸学术交流会议在黑龙江省宁安市召

开，由学会泥煤专业委员会主办。来自 24 个单位的 31 人参加了会议。会议由专委会副主任王兴滨主持，常务副主任委员刘英杰作工作报告，学会副秘书长张自劭传达了学会常务理事会审议通过并报中国科协批准"泥煤专业委员会"改名为"泥炭与腐植酸专业委员会"的申请。会议交流学术论文 22 篇。

8 月 11—14 日 矿区大气污染防治技术研讨会在山东省泰安市召开，由环保专业委员会与煤炭部环保情报中心站、新汶矿务局联合举办。有 82 人参加了会议。山东煤管局科技处处长李华平代表总工程师陈立良和新汶矿务局副局长曹民清到会致辞。煤炭部环保办副主任张庆杰，科教司处长王敦曾、副处长张绍强，山东矿业学院院长曹书刚、副院长王春秋，新泰市环保局局长侯方桐到会并讲话。会议听取并审议了环保专业委员会主任委员卢鉴章和环保情报中心站站长陈明智作的工作报告。会议共收到论文 18 篇，交流了 12 篇。会议还特邀日本金泽大学教授作日本大气污染防治技术讲座。参观了新汶矿务局燃煤锅炉除尘脱硫四个示范点。

8 月 21 日 甘肃省煤炭学会换届及第六届理事会议暨学术年会在兰州市召开。参加会议的代表共 74 人。甘肃省煤炭局领导杨世龙、艾明出席了会议。甘肃省科学技术协会、民政厅有关部门领导到会祝贺。中国煤炭学会副秘书长成福康到会指导。会议由第五届理事会副理事长慕世忠主持，副理事长何生旺致开幕词。大会投票选举产生了第六届理事会理事，通过了常务理事、正副秘书长及各专业委员会成员和《甘肃煤炭》编委会成员名单。第六届理事会理事长为罗玉淳，副理事长为慕世忠、华竞群、何生旺，秘书长为袁茨，副秘书长为贾永立。

8 月 26—30 日 煤矿安全、火灾防治、瓦斯防治、矿井降温1997 年年会暨学术交流会在乌鲁木齐市召开，由学会安全专业委员会、中国煤炭工业劳动保护科学技术学会火灾防治专业委员会、瓦斯防治专业委员会和矿井降温专业委员会四个专业委员会联合举办。参加会议有 52 个单位的 95 位代表。出席会议的领导有中煤劳保学会原副理事长李学庆、副秘书长郭松林、新疆煤炭厅副厅长张伦等。会议收到 25 篇论文，大会交流 20 篇。代表们考察了新疆煤田火区，听取了新疆灭火工程处"煤田灭火技术"的介绍。

9 月 5—8 日 1997 年煤巷锚杆支护理论与应用新进展学术研讨会在山东省烟台市召开，由学会岩石力学与支护专业委员会、煤炭工业开采情报中心站及《煤矿开采》编辑部共同举办。来自全国的 67 名代表参加了会议。学会常务理事、煤炭科学研究总院总工程师、中国工程院院士刘天泉教授莅临会议。研讨会共收到论文 29 篇，会上交流了 26 篇。其中 22 篇论文内容涉及煤巷锚杆支护的机理、设计与监控、新型锚杆支护的试验研究、不同形式锚杆支护的实际应用、锚杆钻机具及配套装备研制的新技术等。

9 月 16—18 日 开发和应用动筛跳汰机经验交流会在辽宁省阜新市和抚顺矿务局召开，由煤炭部生产协调司与学会选煤专业委员会联合举办。参加会议的有科研、设计、机械制造以及选煤生产和管理部门的代表共 60 多人。会上宣读了 10 篇论文，内容包括动筛跳汰的理论研究、开发研制与现场应用的经验等。

9 月 17—19 日 学会矿山测量专业委员会第 14 届学术会议暨《煤矿测量规程》研讨会在湖南省张家界市召开。来自院校、科研、生产等单位的代表共 31 人，交流论文 11 篇。会议由主任委员、煤科总院唐山分院院长崔继宪致开幕词，副主任委员、煤科总院副院长李金柱讲话。会议认为已经在实际中应用的 GPS 控制测量、电子数据采集、微机数据处理和机助成图等新技术在规程中均没有体现，建议煤炭部生产司领导并组织这次规程的修改工作。

9 月 20—24 日 1997 年全国瓦斯地质学术研讨会在江西省庐山市召开，由瓦斯地质专业委员会与江西省煤炭学会联合举办。来自全国煤炭系统44个单位的80名代表参加了会议。江西省煤炭工业厅的领导，河南省煤炭学会、《煤炭学报》编辑部的专家出席了会议。专委会主任罗开顺、副主任陆国桢，江西省煤炭学会理事长包尚贤、秘书长王振建联合主持了会议。罗开顺致开幕词，江西省煤炭厅安监局副局长叶忠群、江西省煤炭学会秘书长王振建、河南省煤炭学会理事长张奇铭在大会上讲话。会议交流论文24篇，探讨了突出矿井瓦斯地质理论与防突技术；交流了俄罗斯瓦斯防治技术和赴美学习煤层气科技等内容。

9月21—25日 市场经济条件下煤矿开采技术与对策学术研讨会在张家界市中国煤炭职工疗养院召开。会议由学会开采专业委员会、湖南省煤炭学会、中国煤炭企协采掘机械化专业委员会和涟邵矿务局联合主办。来自煤炭系统47个单位的82名代表参加了会议。会议收到论文42篇，14篇在大会上报告交流。

10月3—6日 全国第六届矿山系统工程学术会议在郑州煤炭管理干部学院召开，由学会煤矿系统工程专业委员会主办，中国有色金属学会矿山系统工程专业委员会和中国金属学会矿山系统工程专业委员会联合举办。有36人参会，交流论文48篇。

10月21—23日 矿井地质专业委员会举办全国矿井采区地质探测技术研讨会。收到论文82篇，参会人数共计151人。

11月10—14日 煤炭企业信息系统研讨会在云南省昆明市召开，由学会计算机通讯专业委员会主办。参加会议的代表共105名。专业委员会常务副主任、部通讯信息中心副主任莫万强，副主任委员、四川煤炭厅厅长李洪棠，以及部分矿务局领导到会指导。会议由秘书长朱德林、王忠信主持，莫万强致辞，云南省煤炭厅副厅长邹立生讲话。收到学术论文89篇，大会报告16篇。在会议期间成立了以四川省煤炭厅厅长李洪棠为领导的计算机通信专业委员会西南地区学组。会议结束时莫万强作了全面系统的总结。

11 月 30 日—12 月 1 日　河北省煤炭学会第四次会员代表大会在河北煤田地质局招待所召开。参加大会的有河北省煤炭系统的领导及科技工作者 100 余人。省科协副主席刘秀华,科协学会部副部长张莉和冯辉莅临指导,学会副秘书长成福康亲临大会祝贺。河北省煤炭工业局总工程师陈正信致开幕词,局长张汉兴代表局党组、局领导向大会表示祝贺。会议听取审议并通过了理事长许世亮代表第三届理事会作的工作报告,审议并通过了学会会员章程。会议选举张汉兴同志为理事长,陈正信为常务副理事长,方承文、秦文昌、张文学、钟亚平、刘延安、郑存良、张复生为副理事长,于向东担任秘书长。全体代表听取了中国矿大(北京)研究生部教授魏同作的《煤炭工业可持续发展的系统分析》,煤炭部科教司处长王敦曾作的《科技成果转化及技术创新》,中国矿大教授庄寿强作的《创造学理论》等报告。

本月　北京建井研究所教授级高级工程师洪伯潜当选为中国工程院院士。

1998 年

1月5日 中国煤炭学会四届六次常务理事（扩大）会议在北京市召开，到会常务理事及有关负责同志共 28 人。会议由副理事长陈明和主持，理事长范维唐到会并作了总结讲话。会议的主要议题是：审议 1997 年工作总结和 1998 年工作安排；审议煤田地质专业委员会换届名单；审定 14 个单位加入团体会员的入会申请；审定第六届中国青年科技奖申报名单及材料。潘惠正副理事长报告了 1997 年工作要点和 1998 年工作安排意见。会议强调要继续抓好行业可持续发展研究和学术交流；建议开展科学技术方面的研究与交流；与波兰协会的合作可安排基本建设方面的交流。

4月21—23日 中国煤炭学会四届三次全体理事会暨 1998 年学术年会在徐州市中国矿业大学召开。大会的主要任务是回顾四届二次理事会以来的工作，贯彻党的十五大和全国九届人大精神，推进学会的工作。参会代表 172 人。理事长范维唐出席会议，陈明和、潘惠正、宋永津、郭育光、朱德仁五位副理事长均出席并分别主持了会议。韩德馨、钱鸣高、陈清如、戚颖敏、洪伯潜等六位中国工程院院士莅临大会。范维唐致开幕词，潘惠正代表常务理事会作了"两年来工作回顾和今后工作安排意见"的工作报告。学会副理事长、中国矿大校长郭育光介绍了中国矿大"211 工程"的建设情况。徐州市科协主席赵增芬，徐州矿务局副局长黄国民到会讲话并表示祝贺。学术年会的主题是"世纪之交的煤炭科学技术"，收到论文共 79 篇，以《煤炭学报》专刊形式出版了论文集。大会交流了 16 篇。

5 月 14—29 日 中国煤炭学会派出以成福康同志为团长，由新汶矿务局派员组成的 4 人团组，考察了波兰煤矿瓦斯抽放利用技术和"三下"采煤技术等。中国煤炭学会与波兰采矿工程师技术人员协会自 1996 年恢复双向交流合作关系以来，已接待波兰团组 7 个，共 58 人次（不含翻译），派出团组 6 个共 43 人次（含翻译）。

6 月 4—7 日 建筑结构计算机辅助设计研讨会在北京市召开，由学会煤矿建筑工程专业委员会和煤炭勘察设计协会共同主办。参加会议的有 11 个煤炭设计院、2 个院校、1 个矿务局设计院，以及原煤炭部基建管理中心，中国煤炭建设协会的负责同志等共 30 余人。副主任蒋蕴秋，委员邵一谋、郭福君、高宏全主持了会议。煤炭勘察设计协会秘书长刘毅讲话。会议报告论文 13 篇。同时在大会交流了各煤炭设计院建筑结构计算机辅助设计的经验。蒋蕴秋就煤矿建筑工程专业委员会受原煤炭部委托主编的《煤炭工业建筑抗震设计规范》作了说明。建筑研究院结构所 CAD 工程部主任陈岱林、研究员李云贵对所编制的 SATWE 和 PK. PM 软件作了介绍。

7 月 7—8 日 青年科学家论坛第 31 次活动暨首次"煤炭青年学者论坛"在北京市举行，会议由中国科协主办，主题为可持续发展与煤炭工业。来自全国的 23 位在煤炭科研与技术攻关中取得突出成绩的青年专家参加活动。中国科协书记处书记、论坛组委会副主任张泽，中国煤炭学会理事长、中国工程院院士范维唐，著名科学家王大珩院士，中国科协学会部副部长周济和中国煤炭学会副理事长兼秘书长潘惠正出席了活动并分别讲了话。论坛活动的执行主席是煤炭工业局谢和平教授、兖州矿业集团研究员张玉卓、中国矿业大学教授彭苏萍和煤炭科学研究总院研究员陈湘生。论坛围绕着煤炭工业可持续发展与资源环境、煤炭工业可持续发展的科学技术体系、煤炭工业可持续发展的战略对策等主题进行了广泛的学术交流。活动得到了王大珩、刘天泉、钱鸣高、宋振琪等院士和王金庄教授的指导。

7月20日 1998年全国煤炭青少年科技夏令营开营典礼在北京市举行。开营典礼由煤炭科技信息研究所所长、总营副营长李锡林同志主持，国家煤炭工业局副局长、总营营长王显政出席并讲话。中国煤矿地质工会主席张绍峰，科技部主任马方成，中国航空博物馆馆长韩文斌，原煤炭部谢和平、许传播、刘继文、潘惠正、辛镜敏、王士诚、窦庆峰及来自全国各矿区的110名营员及辅导员代表参加了北京总营的开营仪式。

8月14—16日 1998年《当代矿工》杂志宣传及表彰工作会议在山东省威海市召开。科普工作委员会常务副主任窦庆峰参加了会议并讲话。会议研究了办刊的新思路、新方法，并表彰了宣传工作先进单位和个人。参会代表共62人。

8月17—21日 第八届全国煤矿自动化学术会议在昆明市召开，由学会自动化专业委员会主办。出席会议的代表共49人，会议收到论文74篇，经审阅录用70篇，由《煤矿自动化》杂志正式出版《第八届全国煤矿自动化学术年会论文专辑》。开幕式由专业委员会副主任王成学主持，副主任谭得健致开幕词。云南煤炭厅原副厅长、云南省煤炭学会秘书长陈炳昌和昆明天马机械厂副厂长宋涛到会祝贺。主任许世范作了《信息化时代企业自动化的道路——计算机集成制造/生产系统（CIMS/CIPS）》的专题报告。华为技术有限公司专网部副总经理陈斌和工程师黄俪作了《矿用数字程控调度机》的技术报告。会议主题是计算机在煤矿自动化中应用。

8月24—31日 学会露天开采专业委员会1998年年会和专题研讨会在乌鲁木齐矿务局和哈密矿务局召开。参会代表共52人。会议开幕式由露天开采专委会副主任刘裕文主持，专委会委员、准格尔煤炭工业公司副总经理、总工程师吕廉致开幕词，新疆煤炭工业管理局副局长、总工程师张伦和中国煤炭学会副秘书长张自劭致辞；专委会委员、煤炭科学研究总院抚顺分院副院长王建国代表专委会作工作报告;《露天采煤技术》编委会副主任、平朔煤炭工业公司副总经理、安太堡露天煤矿总经理胡群同志代表《露天采煤技术》编委会汇报编委会工作总结和今后工作安排。会上有关领导向首届露天采煤青年科技奖获奖者颁发了证书、奖牌和奖金。

8 月 25—29 日　注浆堵水加固技术及其应用学术研讨会在安徽省黄山市召开,由学会矿井建设专业委员会主办。来自煤炭、冶金、铁道、市政等行业 30 个单位的专家、学者共 50 余人参会。会议由专委会秘书李树清主持,常务副主任安国梁致辞。会议交流了由煤炭工业出版社出版的 52 万字的《注浆堵水加固技术及其应用——中国注浆技术 43 年论文集》。学会副理事长、矿井建设专业委员会主任陈明和作了重要讲话。

9 月 10—12 日　学会环保专业委员会 1998 年年会暨学术研讨会在重庆市召开,有 31 名代表参加了会议。会议由专委会副主任陈明智主持。煤科总院重庆分院院长蒋时才致辞;原煤炭部生产司副司长杨永仁作了重要讲话,介绍了撤部改局后煤炭环保工作的管理及煤炭环保面临的主要问题。主任委员卢鉴章(煤科总院副院长,中煤科技集团公司总经理)向与会代表汇报了环保专业委员会 1997 年工作总结和今后的工作安排。会议收到学术论文 11 篇,其中 9 篇在会上进行了交流。

9 月 16—21 日　第十四届苏、鲁、皖、冀、彭煤炭建井学术会在河北省唐山市开滦矿务局召开,由河北省煤炭学会建井专委会和开滦矿务局科协主办。会议期间,组织代表参观了唐山市地震遗址,到企业考察。

9 月 19 日　"掌握科学技术,迎接新世纪"大型科普宣传日在北京市长安街上举办,由中国科协组办。学会科普工作委员会组织有关专家参加,8 点 30 分准时开始,11 点 30 分圆满结束。学会科普工作委员会邀请了洁净煤技术专家杜铭华博士，信息研究专家黄盛初研究员，煤化工专家张自勔教授级高工参加了活动。专家热情解答有关资源与环境、洁净煤技术等方面的问题 100 多个；向群众和青少年发放各种科普宣传品、科普杂志、科普书籍共 2000 余份（册）；布展了体现煤炭科技现代化的展板。

9 月 22—25 日 河北 1998 年测绘新技术交流会在承德市召开，由河北省测绘学会、河北省煤炭学会联合举办。来自省内各个行业的 47 名测绘科技人员参加了会议；收到学术论文 22 篇，经评审组评审，评出优秀论文 11 篇，并颁发了优秀论文证书。会议由河北省测绘学会副理事长谭作惠主持，河北省测绘局党委书记、测绘学会理事长宋思俊致开幕词，测绘学会秘书长曹立传达了"中国测绘学会贵州会议精神"。会议邀请中国测绘科学研究院张继贤博士作了《4D 技术及其应用》的学术报告；听取相关企业介绍和演示测绘新技术、新工艺、新设备；组织了 5 篇论文进行了交流。

9 月 22—26 日 晋、冀、苏、豫及焦作市（四省一市）通风安全学术交流会在洛阳市召开。参会代表 65 人，交流论文 44 篇，宣读论文 22 篇。会议高度总结介绍了在矿井通风，防治瓦斯、煤尘和防治煤尘自燃的技术工艺，对煤矿安全生产有很大的指导性意义。

9 月 23 日 张玉卓获第六届中国青年科技奖。该奖项由中组部、人事部、中国科协共同设立并组织实施。

10 月 8—10 日 1998 年全国瓦斯地质学术年会在河南省洛阳市召开，由学会瓦斯地质专业委员会、河南省煤炭学会联合举办。有 18 个单位的 30 名代表参加了会议。学会瓦斯地质专委会主任罗开顺，副主任陆国桢、陈名强，河南省煤炭学会常务副理事长张奇铭联合主持了会议。会议由罗开顺致开幕词；副秘书长张自勔在会上介绍了当前的煤炭发展形势和学会的要求。张奇铭强调了河南煤炭学会的主要职责和义务。会议收到论文 16 篇，会议交流 11 篇。

10 月 14—17 日 1998 年岩石力学与支护学术研讨会在福建省武夷山市召开，由学会岩石力学与支护专业委员会主办。有 24 个单位的 35 名代表参加了会议。会议收到论文 17 篇并在会上宣读交流。会议重点围绕提高煤炭采出率、提高生产效率、降低生产成本及岩石力学与支护对策等问题进行了研讨。

10 月 15 日—11 月 7 日 学会派出以刘万友为团长，由平朔煤炭工业公司等派员的 8 人团组，考察波兰露天矿开采新技术及经营管理。1998 年接待了波兰团组两个，分别参观访问了平朔煤炭工业公司、准格尔煤炭工业公司和大屯煤电公司。

10 月 22—27 日 1998 年煤田地质专业委员会学术年会在海口市召开。有 11 个单位的 24 名代表参会。学会秘书处许振先到会并讲话。会议由副主任谭永杰主持并致开幕词。会议收到论文 22 篇，内容涉及沉积与聚煤作用、煤的成生与煤岩、煤田构造规律、环境地质与环境保护、数学地质与信息分析等。

11 月 17—19 日 学会爆破专委会第六届学术交流会在福建省福州市召开。来自煤炭系统及军事院校的 33 名代表参加了会议。主任委员李斌，副主任委员王树仁、陶林，常务副主任委员赵锦桥分别主持了会议。会议交流论文 16 篇。会议邀请了煤科总院爆破研究所高级工程师唐勃、山东矿院教授胡峰、中国煤炭质量管理协会教授级高级工程师何尚礼、中国矿业大学教授王树仁作了专题报告。

11 月 24—26 日 1998 年泥炭与腐植酸新技术应用交流会在山西省太原市召开，由学会泥炭与腐植酸专业委员主办。有 29 位代表参加了会议。会议由专业委员会秘书马秀欣主持，专业委员会副主任刘英杰组织技术交流和专题讨论。专委会主任李钟奇（中国煤炭综合利用集团公司董事长、总经理）作了主旨报告。马秀欣代表学会宣读了泥炭与腐植酸专业委员会新增聘委员名单并颁发了聘书。会议收到论文 9 篇，其中在会上宣读 7 篇。

11 月 26—28 日　控制煤中硫污染技术研讨会暨煤化学专业委员会 1998 年年会在江苏省无锡市召开，由学会煤化学专业委员会主办。来自煤炭、冶金、化工等行业的专家学者 28 人参加了会议。收到论文 16 篇，会上交流 12 篇。会议认为二氧化硫污染是燃煤造成煤烟型污染的重大问题，也是洁净煤技术领域的主要课题。

12 月　在中国科协组织开展的"省级学会之星"评选活动中，重庆市煤炭学会、广西壮族自治区煤炭学会、云南省煤炭学会被评为"省级学会之星"。

1999 年

5 月 3—18 日　由中国煤炭学会组织大屯煤电集团公司为主的考察代表团对波兰的煤炭生产、技术以及经营管理等方面进行了实地考察访问。代表团团长为曹祖民，翻译为耿宪，团员有符小民、戴光明、胡传龙、郭从华、沈树根、井玉库、冯学武、吴继忠一行 10 人。在波期间的活动由波兰煤炭企业家协会卡托维茨分会负责接待，主要有卡托维茨分会秘书长、副会长，波兰工业协调部副部长以及有关矿务局、矿井、研究所等单位的领导人。波方安排中国代表团到亚山比亚矿务局和雷布尼克矿务局，包雷尼亚矿和索菲亚矿，建筑物下开采及建筑物抗变形研究所进行实地考察访问。代表团团长、大屯煤电集团公司总经理与波方领导互签了下个 3 年对等互访协议。

5 月 6 日　水力采煤技术研讨会在开滦矿务局吕家坨矿召开。会议由开滦矿务局副局长钟亚平主持，参加会议的有开滦矿务局局长杨中、总工程师殷作如、矿区工会主席王贵林、煤炭科学研究总院唐山分院院长崔继宪等 6 位专家，以及矿务局有关部门负责人和吕家坨矿领导及工程技术人员 60 余人。会上，吕家坨矿总工程师陈培华介绍了吕家坨矿水采生产现状和今后发展中存在的问题。

6 月 18—21 日　1999 年全国矿山测量学术会议在河北省承德市召开，由学会矿山测量专业委员会、中国测绘学会矿山测量专业委员会、中国金属学会矿山测量学术委员会联合举办。有 113 名代表参会，收到论文 135 篇，选取 101 篇汇集成册。专委会副主任委员虞万波致开幕词。会议进行了学术交流，并有 9 家国内外测绘仪器和测绘软件的公司展览和介绍了相关仪器和软件。中国测绘学会矿山测量专业委员会主任郭达志作了会议总结。

7 月 21—27 日　第十五届（1999 年度）全国青少年煤炭科技夏令营在云南省昆明市举行，由学会科普工作委员会主办。国家煤炭工业局副局长王显政担任总营长。国家煤炭工业局发文要求各省、基层企业单位要抓好青少年的科普教育，办好科技夏令营活动。来自全国各矿区的营员代表 70 余人汇集春城。参加开营仪式的领导有：学会科普工作委员会副主任孙旭东，云南省煤炭厅、省厅团委、省煤炭学会和中国煤矿工人昆明疗养院的各位领导。孙旭东代表总营长进行讲话。省厅团委聘请专家为营员们讲授有关爱护环境、保护自然的科普知识，以及云南省的风俗民情等。

8 月 6—9 日　1999 年全国瓦斯地质学术年会在云南省昆明市召开，由学会瓦斯地质专业委员会与云南省煤炭学会共同举办。来自全国管理、生产、科研、院校等 26 个单位的 54 名代表会议。瓦斯地质专业委员会主任罗开顺，副主任陆国桢、陈名强，云南省煤炭学会秘书长陈炳昌联合主持了会议。学会副秘书长张自劭莅临会议指导并讲话。会议由专委会主任罗开顺致开幕词、他向大会报告了一年来专委会的工作，并对今后的工作方向提出了意见。副秘书长张自劭在讲话中介绍了学会和专委会工作任务和要求，以及学术的活动计划和安排。云南省煤炭学会秘书长陈炳昌向大会致辞。本次会议共收到学术论文 18 篇，并在大会交流。

8 月 10—13 日　第七届全国矿山系统工程学术会议在内蒙古自治区包头市召开，由学会煤矿系统工程专业委员会、中国金属学会矿山系统工程专业委员会和中国有色金属学会矿山系统工程专业委员会联合主办。来自冶金、黄金、煤炭、有色金属工业部门的矿山、科研院所及高等院校与会代表 30 多人参加了会议。

8月12—15日 "九五"期间煤矿岩石力学与支护新技术研讨会暨气垛支架应用专题研讨会在山东省威海市召开，由学会岩石力学与支护专业委员会与中国煤炭工业开采情报中心站联合举办。有105人参会，收到论文45篇。会议由专委会副主任姚建国主持，北京开采所副所长康立军致开幕词。学会名誉理事牛锡倬作了题为"煤炭科学技术的现状及发展趋势"的专题报告。枣庄矿业集团公司总工程师庄玉伦介绍了公司与煤科总院开采所等单位联合开发的薄煤层气垛支架的应用情况。9位论文作者在大会作学术报告。

会议还围绕"'九五'期间煤矿岩石力学与支护新技术"和"薄煤层气垛支架的应用"两个主题分两个分会场进行了专题讨论。

8月17—20日 第三届河北煤炭青年科技工作年会在秦皇岛市河北煤矿职工休养院召开，由河北省煤炭学会主办。参加会议的有新当选的省煤炭学会青年工作委员会全体委员、第二届河北煤炭青年科技奖获得者及论文作者，共计60余人。省煤炭学会常务副理事长、河北省煤炭工业局总工程师陈正信，省煤炭学会副理事长、煤炭工业局副局长、学会青工委主任秦文昌，省煤炭学会秘书长于向东等参加了会议。会议分别由青工委副主任、峰峰矿务局副局长张汝海和青工委副主任、邢台矿业集团公司副总工程师赵庆彪主持。

8月17—21日 第九届全国煤矿自动化学术专委会会议在四川省成都市召开，由学会煤矿自动化专委会主办。出席会议的代表有45人。会议得到学会副主任委员徐希康、兖州矿业（集团）有限责任公司机械制造总厂电气分厂、东方公司和成都煤炭干部管理学院的支持和帮助。开幕式由学会委员会主任委员许世范主持，四川省煤炭学会秘书长和煤炭干部管理学院院长到会并祝贺。会议主题是"面向21世纪中国煤矿自动化发展和思考"。许世范作了"自动化是构筑现代采矿业的强大推力——对21世纪煤矿自动化发展的思考"的专题报告；永夏矿务局副局长刘亚伟作了《如何搞好学会工作的若干设想》的报告；湘潭工学院教授成继勋作了"煤矿多媒体通信网的现状和发展"的报告。

9月8—10日 泥炭与腐植酸学术交流会在云南省昆明市召开，由学会泥炭与腐植酸专业委员会主办。会议由常务副主任委员刘英杰主持，代理主任委员闫增祥作了工作报告，马秀欣秘书宣布了新增选的委员名单。与会委员和代表对工作报告进行了讨论，并对今后工作提出了建议。

9月14日 《中国科学技术专家传略》编写工作会议在北京市召开，由编委会主任编委范维唐主持，中国工程学会联合会秘书长朱钟杰介绍了《传略》编纂出版工作情况及要求，编委芮素生介绍了能源卷前期工作进展情况及编写要求。

9月16—24日 按照中波两会双向交流的协议，波兰采矿工程师和技术人员协会秘书长拉古斯一行11人来华，赴大屯煤电公司进行回访和交流，并与副理事长兼秘书长潘惠正共同签署了"中波两会合作协议补充纪要"，同时通过学会与有色金属学会取得联系，并洽谈签订了双向合作交流协议。

9月23—26日 煤矿运输专业委员会1999年度年会暨学术交流会在乌鲁木齐市召开，由学会煤矿运输专业委员会主办。出席会议的代表48人，收到论文21篇，大会交流报告13篇。

会议由专委会副主任王为勤主持并致辞，新疆煤炭厅副厅长张伦、新疆维吾尔自治区煤炭学会秘书长杨森到会祝贺。常务副主任梁恩吉代表专业委员会向大会作了学会煤矿运输专业委员会工作报告；煤炭工业协会刘峰代表主任乌荣康作了指导性讲话。

会上，准轨学组组长抚顺矿务局运输部主任杨连增、窄轨学组副组长山东兖州矿业集团生产处张介元、西安煤矿设计院总工程师暴枫、带式运输学组副组长煤科总院上海分院所长吴明龙、辅助运输学组组长常州科研试制中心主任姜汉军就学组工作做了座谈发言。

10 月 10—13 日　煤炭环保 1999 年年会暨学术研讨会在湖北省宜昌市召开，由学会环保专业委员会和煤炭环保情报中心站联合举办。有 26 位代表参加了会议。会议由环保专业委员会副主任陈明智主持，主任（煤科总院副院长）卢鉴章作了"环保专委会 1998 年工作总结和 1999 年、2000 年的工作安排"的报告。研讨会有 10 位专家交流了学术论文。

10 月 12—15 日　第六届全国采矿学术会议在山东省威海市中汇大厦召开，由中国黄金学会牵头，中国煤炭学会等 9 个全国性学会（协会）联合主办。各学会的专家、学者、论文作者和代表共计 208 人出席了会议。煤炭学会副理事长宋永津等 14 名同志参加了本届大会。会议正式出版了《第六届全国采矿学术会议论文集》，共征集学术论文 206 篇，煤炭学会共提供了 41 篇论文。开幕式上，中国矿业协会会长朱训作了题为"世纪之交的中国矿业"的学术报告，国家经贸委黄金管理局局长王德学作了题为"世纪之交的黄金采矿"的学术报告，中国煤炭学会副理事长宋永津作了题为"我国煤炭工业科技发展的现状与展望"的学术报告。会议分成矿床露天开采、岩体力学，矿床地下开采，采矿科学与新技术研究，生态矿业与环境保护 4 个专题组进行了学术交流。煤炭学会有王家臣等 8 名论文作者在各自的专题组进行了学术交流。根据各学会的推荐，组委会讨论一致通过 22 篇文章为本届学术会议的优秀论文，并颁发了荣誉证书。煤炭学会有 3 篇论文入选，共有 11 名作者被授予荣誉证书。

10 月 12—16 日　全国世纪之交煤矿地质学术交流会在煤科院西安分院召开，由学会煤田地质专业委员会和矿井地质专业委员会共同主办。来自全国 39 个单位 101 名代表参加了会议。学会常务理事、中国煤田地质总局副局长倪斌、陕西省煤炭工业局局长曹文甫出席了大会并讲话；西安分院院长赵学社出席会议并讲话。

10 月 12—17 日　苏、鲁、皖、冀、彭四省一市第十五届年会暨煤炭建井学术会在无锡市召开,由江苏省煤炭学会和徐州矿务集团公司联合,以徐州矿务集团公司为主组织筹备。煤炭系统的 99 名科技工作者参加了会议。本届年会交流的科技论文 57 篇,编辑出版了论文集。

10 月 13—15 日 煤炭转化、综合利用与环境保护研讨会及煤化学专业委员会 1999 年年会在重庆市组织召开,由学会煤化学专业委员会主办,来自全国 18 个单位的代表共 24 人参会。会议由委员会主任吴春来、副主任宋旗跃、金嘉璐主持,煤科总院北京煤化学所所长杜铭华、四川省及重庆市煤炭学会领导到会讲话并主持学术会议。会议收到论文 18 篇,会上交流 12 篇,内容涉及了煤质、选煤、动力配煤、煤炭液化、煤炭气化、煤炭焦化、燃煤固硫等煤炭转化与综合利用方面的技术领域。

10 月 16 日 第八届孙越崎科技教育基金各奖项颁奖大会在焦作工学院举行。全国政协副主席孙孚凌出席大会,孙越崎基金委员会副主任范维唐致开幕词。会议由孙越崎基金委员会秘书长邬廷芳主持,出席会议的有煤炭和石油系统有关领导、获奖者代表、焦作工学院师生共 400 余人。孙越崎青年科技奖获奖者代表聂雅玲、谭永杰和齐永安参加了颁奖大会。齐永安代表青年奖获奖者在会上发言。焦作工学院院长袁世鹰致闭幕词。

10 月 19—23 日 采煤机械化的回顾与展望学术年会在云南省昆明市召开,由学会煤矿机械化专业委员会主办。会议收到论文 35 篇,经专家审定录用 26 篇并汇编成论文集。来自煤炭科研院所、矿务局、制造单位等 24 位专家学者参加了会议,会上报告论文 6 篇。

10 月 25—27 日 学会露天开采专业委员会 1999 年年会暨专题学术研讨会在北京市召开。出席会议的有专委会委员,露天煤矿、设计、科研、院校的代表和 1999 年度"露天采煤青年科技奖"获得者及论文作者共 43 人。会议由常务副主任江智明主持,主任王旭、副院长卢鉴章分别致辞,院长王建国代表挂靠单位讲话。学会副秘书长张自邵传达了学会 1999 年秘书工作会议精神。专委会副主任张生善作了"学会露天开采专业委员会 1999 年工作总结和 2000 年工作要点"的报告。学术研讨会包括边坡稳定和露天矿卡车调度技术两个专题，共收到论文 40 篇刊登在《露天采煤技术》1999 年增刊上。会上，中国矿业大学教授王家臣和煤炭科学研究总院抚顺分院高级工程师冯建宏分别作了"露天矿边坡可靠性分析"和"露天矿卡车调度系统总体方案及关键技术研究"的专题报告。

10 月 26 日　召开露天开采专业委员会学术年会暨第二届露天采煤青年科技奖颁奖会议。经各单位推荐和专家评审委员会评审，决定授予沈秀臣等 12 人露天采煤青年科技奖，并在会上颁奖。

11 月 2—19 日　徐州矿务集团赴波兰、德国进行煤炭开采技术考察，考察团由学会根据与波兰采矿工程师及技术人员协会的协议和德国凤凰公司的邀请组团。考察团以蒋伟成为团长，由陈汝光、黄志室、王久位、杨卫东和翻译耿宪组成的一行 6 人，带着防治地温和地压的主要课题，于 1999 年 11 月 2—19 日赴波兰、德国进行访问考察。

12 月 15—16 日　江苏省煤炭学会会员代表大会在南京市召开，选举产生了江苏省煤炭学会第四届理事会，理事 69 人，常务理事 18 人；理事长吴先瑞，副理事长丁致中、刘雨忠、黄国民、葛世荣、傅挺宇，秘书长郎志军，副秘书长刘映明、张显清、尚庆华。

12 月 23—24 日　学会选煤专业委员会 1999 年选煤学术会议在北京市召开。会议由学会选煤专业委员会主办，主题是选煤专业发展战略及主要技术对策。邀请了能源、环保、加工利用、洁净煤、型煤、水煤浆技术、选煤书刊、出版等有关方面的专家共 53 人。会议由主任郝风印主持，中国煤炭加工利用协会理事长杨永仁，学会副理事长、中国煤炭工业协会副会长朱德仁，国家计委能源研究所经济战略研究中心副主任朱兴珊，国家煤炭局经济运行中心支同祥副主任，行业管理司处长崔岗等应邀参会并作重要讲话。

2000 年

1月21日 中国煤炭学会四届九次常务理事会扩大会议在京召开。会议由学会理事长范维唐主持，到会常务理事共26人。主要议程是：审定1999年工作总结和2000年工作安排；审议理事会换届意见，专业（工作）委员会换届意见；评定第二届先进集体和先进工作者；议定关于秘书长变更及增选常务理事等事宜。常务理事审议讨论了学会1999年工作总结和2000年工作计划，要求加强学会功能，科技进步奖的评审工作学会应积极申报，这项工作学会可以胜任，而且很有意义；学会要保持学术上的公正性，可以承担重大科技问题的论证评审；要培养人才继续搞好青年学术活动和年会；搞好对外的合作交流，如对波兰的合作应继续保持并扩大。

1月22日 《煤炭学报》第一届编委会第三次会议在北京市召开，会议由学会理事长、《煤炭学报》编辑委员会主任范维唐主持，出席会议的编委及特邀代表34人。学会胡省三秘书长宣布新增聘委员名单，学会副理事长、《煤炭学报》主编潘惠正因身体欠佳未能出席，副主编高雪梅作编辑部工作报告，并就《煤炭学报》荣获首届国家期刊奖及《煤炭学报》被国内外数据库收录情况进行了介绍。会议审议了编辑部工作报告并通过了《煤炭学报》将煤炭三大攻关项目（16个方面）作为宣传报道的重点。

1月28日 根据《关于第二届中国煤炭学会先进集体、先进工作者评选申报的通知》（99煤会字第29号）文件精神，经各单位推荐，学会秘书处组织初评，经四届九次常务理事会议审定，决定授予环境保护专业委员会等 9 个单位为第二届（1997—1999 年度）学会先进集体；授予杨信荣等 9 位同志为第二届（1997—1999 年度）学会先进工作者。

本月 评出 1999 年十大科技新闻。

4 月 25 日 中国煤炭学会向业界发出"关于西北煤炭资源开发的几个问题与建议"

4 月 25—28 日 学会 2000 年秘书长工作会议在贵阳市召开，在贵州省煤炭厅、贵州省煤炭学会的大力支持下由煤炭学会主办。参加会议的有刘鸿生等 8 位学会理事，工程院院士暨建筑工程专业委员会副主任洪泊潜等共 68 人。会议主要任务是传达贯彻中国科协五届五次全委会议精神，部署学会 2000 年主要工作，表彰先进集体和先进工作者，进行西部大开发专题研讨和学会工作经验交流。

经学会领导会同国家煤炭局领导和人事部门同意，经学会四届九次常务理事会议审议通过，潘惠正同志仍任学会副理事长，不再兼任秘书长，由常务理事胡省三接任秘书长职务。贵州省煤炭厅副厅长齐全林出席了会议并致词。贵州省科学技术协会学会部部长陈绪华出席会议并讲话。副秘书长成福康传达了中央书记处领导对科协工作讲话精神和中国科协五届五次全委会议精神。副秘书长张自劢报告了常务理事会审议通过的学会 1999 工作总结和 2000 年工作安排（要点）。秘书长胡省三宣读了"关于第二届中国煤炭 学会先进集体、先进工作者表彰的决定"，并请学会理事向 9 位先进集体代表和 9 名先进工作者颁发了奖状。

6 月 2 日 动力煤优质化工程及其技术、经济综合研究开题会在北京召开。根据范维唐理事长的提议，课题由中国煤炭学会、孙越崎基金会和洁净煤工程技术中心共同承担。会议由秘书长胡省三主持。

6 月 12—15 日 第 13 届国际氢能大会北京市国际会议中心召

开。会议由中国科协与国际氢能协会主办，电工、煤炭、太阳能、宇航等 8 个学会协办。开幕式由学会理事长范维唐主持。国家科学技术部副部长徐冠华和国际氢能协会主席 T. N. Veziroglu 致开幕词。参加会议的代表共有 320 余人，其中外宾有 160 余名，我学会组织了"煤气化制氢技术"等 3 篇论文参加了会议。会议对氢能理论技术的应用和发展前景进行了研讨与评估，会上德国奔驰汽车公司代表作了题为"国际 H 能燃料电池汽车"的报告。

6 月 20—24 日 学会煤矿安全专业委员会 2000 年年会暨学术交流会在青海省西宁市召开。会议由学会第四届理事会常务理事、平煤集团有限责任公司（原）总工程师黄国纲主持。学会副秘书长张自劭宣读了〔2000〕煤会字第 18 号文件，宣布现任煤矿安全专业委员会常务副主任、煤炭科学研究总院抚顺分院副院长王震宇接任第四届煤矿安全专业委员会主任，并传达了学会 1999 年工作总结和 2000 年工作计划要点；青海省（原）重工业厅安环处处长、现省经贸委企业机电处处长崔文德代表青海省经贸委对会议致欢迎词，并简要介绍了青海省煤矿生产概况；青海省煤炭学会副秘书长郝勋出席了会议；煤矿安全专业委员会主任、煤科总院抚顺分院副院长王震宇向各位委员和代表报告了 1999 年 7 月—2000 年 6 月的工作情况。他向大家汇报了学习范维唐理事长在 1999 年秘书长工作会议上的讲话精神。

6 月 24—26 日 第二次煤炭青年学者论坛在青海省西宁市召开，由中国煤炭学会主办，主题是"西部矿产资源开发利用战略与途径"。论坛是在国家人事部和国家煤炭工业局有关部门领导的直接参与和支持下举办的，并列入国家人事部"2000 年全国专业技术人员高级研修班"序列。来自煤炭行业高校、研究院所、矿山企业及有关管理部门的 22 位代表参加了论坛，围绕"可持续的西部矿产资源高效开发战略""西部矿产资源开发关键技术""西部矿山建设模式与生态环境保护""西部矿产资源开发利用的科技创新与人才政策"

4个分主题进行了广泛而又热烈的讨论。22篇学术论文以学报增刊的形式在《西安科技学院学报》（2000年增刊）出版。

7月24—28日　第十届全国煤矿自动化学术会议在黑龙江省宁安县召开，由学会煤矿自动化专业委员会主办。到会代表34人，到会委员19人。

会议由主任委员许世范主持，学会秘书长、煤矿自动化专业委员会副主任委员胡省三讲话，副主任委员、兖矿集团副总工程师徐希康，永城煤电集团公司副总经理刘亚伟、委员会委员沈祝平、郑均忠、谢立聪、叶桂森等也在会上讲话。专委会常务副主任谭得健同志汇报委员会的工作。会议共收到论文36篇，在大会上交流并作为《煤矿自动化》杂志专刊出版。

7月29—31日　第16届全国青少年煤炭科技夏令营在吉林省通化市中国煤矿工人长白山温泉疗养院举行。夏令营总营长国家煤炭工业局副局长王显政发来贺电，祝贺夏令营开营，希望青少年从小爱科学、学科学，并预祝夏令营圆满成功。来自全国各地的100余名营员参加开营活动。营员们瞻仰了抗日民族英雄杨靖宇将军的殉国地；参观了现代化的白龙湾水电站；走进大自然，实地考察了长白山森林植被情况，并登上了长白山天池。通过活动，营员们接受了爱国主义教育，更加热爱祖国壮丽的山河，增强了环境保护意识。

国际友人澳大利亚的珍妮女士携子女应邀参加了活动，并与营员进行了广泛的外语交流。

同时全国各矿区的5000余名营员参加了分营活动。各分营都认真组织了专家科普讲座，参观科技馆，走进矿山参观模拟巷道、游览祖国的大好河山，接受爱国主义教育等活动。

8月4日　《煤矿安全现代新技术》编写会在北京市召开，由学会牵头组织编写。在理事长范维唐、煤炭局有关司局领导下，秘书长胡省三主持了会议，编委会成员有中国矿业大学、煤炭科学研究总院、抚顺分院、重庆分院等高校和科研单位的教授、高级工程师，还有淮南、兖州、阳泉、平顶山、芙蓉及抚顺等局总工程师参加。

8月7日 千年湿地国际学术会议在加拿大魁北克召开，会期5天，来自世界78个国家的1768名从事湿地、泥炭地研究和开发利用的科学家、工程师和技术人员参加这次规模空前的盛会。我国参会代表27人，学会派出泥炭与腐植酸专业委员会3名委员参加了会议，他们是中煤综合利用集团公司马秀欣，长春地理研究所马学会、吕宪国，并提交论文2篇。

9月18—21日 2000年高效洁净开采与支护技术研讨会在江苏省苏州市召开，由学会岩石力学与支护专业委员会与煤炭工业开采信息中心站联合举办。与会企业、科研及高校共67人，论文32篇。

开幕式由学会岩石力学与支护专业委员会副主任委员兼秘书长、煤科总院北京开采所主任工程师姚建国主持，挂靠单位煤科总院北京开采所副所长李凤明致开幕词。专委会副主任委员、煤科总院副院长刘修源介绍了我国煤巷锚杆支护技术与装备的科研成果。大会交流了19篇论文，录用的论文拟在会后由《煤矿开采》杂志发表。

10月19—21日 井筒破坏治理技术研讨会在江苏省无锡市召开，由学会建井专业委员会和煤炭工业技术委员会矿山建设专业委员会联合举办。与会代表有施工现场、科研、设计、高校和来自管理部门的代表共计63人。会议交流了关于井筒破坏与治理技术的施工工艺与实践、理论、检测方法及井壁结构设计等方面的论文共计58篇。

交流会议由煤炭工业技术委员会矿山建设专业委员会主任陈湘生主持。中国工程院院士洪伯潜等11位代表宣讲了"钻井井壁局部破坏原因的结构分析""冻结立井井壁结构探讨"等11篇论文。

与会代表对1987年以来两淮、徐沛、兖州、永夏等矿区60多个用冻结法和钻井法掘砌的井筒井壁发生破坏的原因、防治方法等进行了分析讨论。

10 月 21—24 日 学会爆破专业委员会第七届学术交流会在云南省昆明市召开。来自全国的 35 名代表参加了会议。云南省煤炭厅王高生、云南省煤炭学会秘书长陈炳昌、云南省煤炭基建公司矿建处处长李祝华出席会议并讲话。主任山东科技大学副院长李斌、副主任淮北爆破研究所副所长陶林及常务副主任委员山东科技大学土木建筑学院党委书记赵锦桥出席并分别主持了会议。会议收到论文 17 篇，其中 12 篇论文在大会报告交流。

10 月 22—23 日 我国综合机械化采煤发展 30 周年学术研讨会在桂林市召开，由学会主办，煤矿机械化专业委员会协办。有 36 位专家参会。会议推荐了 36 篇论文，委托"煤矿机电"杂志社编辑出版了《中国煤矿综采机械化发展 30 周年学术研讨会论文专集》。会议由学会秘书长胡省三主持，学会理事长范维唐院士致开幕词。

10 月 25—27 日 学会煤矿开采损害技术鉴定委员会换届会议在桂林市召开，参加本次会议的委员共有 18 人，会议由副主任委员崔继宪主持。

11 月 5 日 2000 年度"煤炭青年科技奖"在北京市人民大会堂颁发。根据原煤炭工业部《关于设立"煤炭青年科技奖"的通知》（煤人字〔1996〕第 201 号），每两年评选一次"煤炭青年科技奖"，由国家煤炭工业局人事司和中国煤炭学会共同组织评选。经各单位推荐和专家评审委员会评审，并经国家煤炭工业局审批决定授予王军等 10 人"煤炭青年科技奖"，于 11 月 5 日举行的"第 12 届中国国际科学与和平周"开幕式上隆重颁奖。

11 月 16—24 日 以波兰矿业局副局长杨·师柴尔宾斯基为团长的一行 8 人，在北京和平顶山进行了访问交流。在京期间受理事长范维唐的委托，副理事长潘惠正与访问团成员进行了座谈。

受平顶山矿业集团公司的邀请，波兰客人参观访问了平顶山六矿、十二矿、田庄选煤厂、坑口电站、机修厂及矿务局医院，并就有关锚杆支护、瓦斯发电、瓦斯突出与防治、矿山安全管理办法和制度、矸石利用等方面进行了交流。平煤集团陈庆禄董事长、张铁岗等公司和矿领导及平顶山市市长、市科协、市科委主任、人才交流办公室主任等分别与访问团进行了座谈交流。在此基础上，平煤集团与波方签署了合作备忘录，确定明年回访波兰。

11月中旬 《中国综合机械化放顶煤开采技术》初稿审定会在上海市召开。综合机械化放顶煤开采是厚与特厚煤层的一种新的采煤工艺方法，此书是我国十几年来发展综合机械化放顶煤开采技术的总结。会议由学会胡省三秘书长主持，在上海经原煤炭工业部综采放顶煤及专家组的4位老总及有关同志审查，提出了修改意见。预计修改后在2001年上半年完成。

11月21日 第九届(2000年度)孙越崎青年科技奖颁奖仪式在浙江省绍兴县孙老家乡举行。大会由孙越崎科技教育基金会秘书长邬廷芳主持，参加大会的有全国政协副主席孙孚凌、中国科学技术发展基金会理事长高潮、孙越崎科技教育基金会副理事长范维唐、李天相(前石油部副部长)和当地市县级领导等。同时颁奖的有孙越崎科技大奖、优秀教师奖、优秀学生奖等。青年奖获得者代表闫少宏参加了大会。

11月30日 《煤炭科学技术回望》由学会开采专业委员会负责编写。该书是中国协科学会部和山东省出版总社联合组织编写一套《21世纪学科发展丛书》之一，煤炭学会已签订了协议并委托开采专业委员会汪理全等负责该书的编写，初定书名为《煤炭科学技术回望》，各章节提纲已初步确定，山东省科技出版社的王晋辉作为该书的责任编辑，计划2001年2月完成。

本月 《加入WTO对我国煤炭工业的影响与对策》的研究报告已提交。该报告是学会接受国家煤炭工业局规划发展司的委托，针对我国加入WTO以后将会对煤炭工业的生产、销售、出口贸易、行业健康发展进行研究的课题。课题组长由学会理事长范维唐亲自挂帅，秘书长胡省三任副组长，课题组成员有煤炭工业发展研究咨询中心的高级工程师杨谨娣、杨国栋；煤炭信息研究院高级经济师潘红樱；中国矿业大学（北京校区）副教授王越，学会秘书处教授级高工成福康等人。《加入 WTO 对我国煤炭工业的影响与对策》研究报告已于 10 月底提供给全国煤炭企业的领导，技术、经济决策人员，进出口相关人员。报告中包含了世界煤炭需求与国际贸易、我国煤炭工业发展现状与面临的挑战、加入 WTO 对我国煤炭工业的影响以及加入 WTO 后中国煤炭工业的应对策略与政策建议等。

12 月 6—8 日　学会选煤专业委员会 2000 年年会暨第八次全国选煤学术研讨会在河北省唐山市召开。出席会议的有专委会委员、特邀专家、论文作者及相关厂家代表共 100 人。会议由副主任委员王祖瑞、于尔铁主持，专委会主任郝凤印致开幕词；煤炭科学研究总院唐山分院党委书记辛万幸致欢迎词；学会副秘书长成玉琪报告了学会的工作；国华金融投资公司解建宁介绍了我国最大的洁净煤工程——神府煤炭液化项目的进展情况。大会共收到论文 47 篇，专家评选出优秀论文 9 篇。会上陈清如、郝凤印、成玉琪、叶大武、王郭曾、刘峰、李贤国和路迈西等专家作了各自专业的学术报告。

12 月 9—11 日　学会第六届青年科技研讨会在淮南市召开，由学会青年工作委员会主办、淮南矿业（集团）有限责任公司承办、淮南工学院协办。主题是依靠科技创新振兴煤炭工业，以煤矿城市生态环境控制与可持续发展、深部矿井开发的关键技术、新型机电一体化与高效采选技术、矿井安全与综合防灾新技术、洁净煤生产与利用的关键技术共 5 个分主题共收到论文 134 篇，经专家筛选有 93 篇进入论文集，并由煤炭工业出版社编辑出版。

来自煤炭高校、科研院所和生产单位的 100 余名代表参加了会议。会议指导委员会成员韩德馨、宋振骐、胡省三、解景全莅临指导，胡省三、宋振骐、张玉卓、袁亮、程桦、陈湘生分别作了主旨学术报告。

2001 年

1月8日　我国第一个整体煤气化联合循环（IGCC）发电项目——山东烟台整体煤气化联合循环发电示范工程在北京签字。它标志着列入国家"九五"计划和2010年发展纲要的这一国际最先进燃煤发电方式在我国进入正式实施阶段。

1月9日　中国煤炭学会第四届理事会第十次常务理事（扩大）会议在北京市召开，理事长范维唐，副理事长陈明和、潘惠正、郭育光、朱德仁等及常务理事共28人到会。会议由潘惠正副理事长主持。

理事长范维唐就关于学会增选副理事长、增聘副秘书长作了说明。经理事长办公会讨论，提出增补胡省三、张玉卓、谢和平、赵经彻、孙茂远5位同志为副理事长。胡省三同志兼秘书长；张玉卓（煤科总院院长）、谢和平（中国矿业大学校长）已是学会的常务理事，他们年轻、有活力；赵经彻（兖矿集团董事长）是著名的企业家，孙茂远（中联煤层气公司副总经理）在多个部门任过领导工作，增补他们为学会理事、常务理事、副理事长，增强了企业的领导力量，有利于学会工作的开展。理事长办公会上也讨论通过了增聘成玉琪同志为学会副秘书长。

副理事长兼秘书长胡省三报告了2000年学会的工作总结和2001年工作计划，从7个方面回顾了2000年的工作，提出了2001年8个方面的工作计划。

本月　中国煤炭学会评出2000年煤炭科技十大科技新闻。

2 月 13 日 中联煤层气有限责任公司公布，我国第一个大型煤层气田——沁水煤层气田在山西沁水盆地南部发现，已探明煤层气地质储量 402.19 亿立方米，可采储量 218.39 亿立方米。赋存于煤层中成分主要为甲烷，含量占 90% 以上，与常规天然气相同发热量 8000～8500 千卡/立方米。可以用作民用燃料、汽车动力燃料和重要的化工原料。经国土资源部石油天然气储量评审办公室评审通过的《沁水煤层气田新增煤层气探明储量报告》，是我国第一次提交的通过地面开发的煤层气储量，此次评审通过的是该气田枣园区和潘庄区，其 3 号和 15 号煤叠合含气面积为 164.2 平方千米，目前储量可以建成 10 亿立方米/年的生产能力。已钻完 29 口井单井最高日产气量达到了 16000 立方米。

4 月 3 日 燃油锅炉改烧水煤浆可行性座谈会在北京市召开，由中国煤炭学会主办。邀请中国工程院院士、浙江大学教授岑可法，中国矿业大学教授张荣曾，国家水煤浆中心原主任詹隆，北京煤矿设计院原副总工程师汪景武，学会副秘书长、煤炭工业洁净煤工程技术研究中心原常务副主任成玉琪等 8 位专家进行了座谈。学会副理事长兼秘书长胡省三主持会议。

5 月 28—30 日 学会矿井地质专业委员会换届暨煤矿安全高效开采地质保障技术体系学术研讨会在福建省平潭县召开，由矿井地质专业委员会与福建省平潭县联合主办。来自煤矿生产、地质勘探、科研院所和高等院校等单位的 75 位代表参加了会议。

9 月 19—20 日 在北京西郊宾馆召开了第五次全国会员代表大会，到会代表约 300 人，审议通过了第四届理事会工作报告和章程修订稿，选举产生了第五届理事会，理事共 189 人，常务理事 54 人，聘请范维唐为名誉理事长，聘请顾问 4 人，名誉理事 26 人。选举第五届理事会理事长濮洪九，副理事长钱鸣高、胡省三、朱德仁、张玉卓、谢和平、孙茂远、赵经彻，秘书长胡省三（兼），聘任副秘书长成玉琪、张自劬。召开了五届一次常务理事会，审议通过了"学术会议管理办法""会费管理办法"和"挂靠单位实施细则"。会议期间举办了以"21世纪中国煤炭工业"为主题的学术报告会，有5名院士和4名专家作了学术报告，并编辑出版了论文专集。

11月16日 中国煤炭学会与美国采矿工程师学会下属的美国采矿冶金勘探学会（SME）在北京签订了合作协议。

11月19—20日 发展洁净煤技术，提高煤炭企业竞争力学术研讨会在浙江省杭州市召开，由中国煤炭学会主办。到会的有从事煤炭洗选加工、煤化工和环境保护的院士、教授和各方面的专家学者120余人。学会理事长濮洪九参加了学术研讨会并作了"推进洁净煤技术产业化是适合国情的能源结构优化措施"的学术报告。院士岑可法和陈清如分别就若干洁净煤技术产业化和21世纪煤炭加工产业的发展作了学术报告。浙江能源总公司董事长胡江潮、煤炭开发公司总经理童亚辉就浙江省洁净煤技术产业化的发展作了专题报告。研讨会共安排了12个大会学术报告并分3个组进行了交流研讨。20日下午全体代表参观了杭州配煤场和杭联热电厂。

11月20日 在发展洁净煤技术，提高煤炭企业竞争力学术研讨会基础上，学会理事长濮洪九给中央副总理吴邦国、发展计划委员会主任曾培炎、经贸委副主任石万鹏并主任李荣融、科技部部长徐冠华、中国科协第一书记张玉台和书记冯长根写了《关于推进洁净煤技术产业化的建议》。主要建议：①明确洁净煤技术开发和产业化；②燃煤电厂洁净化；③加强水煤浆技术的示范推广和产业化的组织协调和统一规划工作，以代油燃烧为主要目标，采用"利益共享，风险共担"的市场机制；④火力发电厂建在煤矿区是发展方向；⑤常压固定床气化炉进行工艺改造，提高机械化和自动化水平；⑥促进循环流化床燃煤技术的发展和应用；⑦制定国家鼓励煤层气开发的配套政策。

是年 中国煤炭学会举办了21世纪高效、集约化矿井学术研讨会。

2002 年

1月14日 加快成立实施煤炭大型企业集团战略课题组，学会理事长濮洪九召集中国煤炭学会、兖州、西山、平顶山、开滦、徐州等部分大型煤炭企业的领导和专家，就组建煤炭大型企业集团的问题进行座谈。决定由中国煤炭学会牵头，由上述企业和煤炭信息研究院的专家组建合作开展煤炭工业实施大企业集团战略的研究工作。课题组先后对山西焦煤集团、兖矿集团进行了调查，并走访了主要产煤省的领导同志。在兖矿期间与摩根大通投资银行就"煤炭工业实施大集团战略"进行了学术交流。

1月18日 中国煤炭学会五届二次常务理事会扩大会议在北京市召开，会议由理事长濮洪九主持，副理事长钱鸣高、赵经彻、胡省三、朱德仁、张玉卓、孙茂远出席了会议，到会常务理事共37人。

会议主要任务是审议增补五届理事、常务理事的建议；审议学会2001年工作总结和2002年工作计划；审议专业（工作）委员会有关事项；研究学会的改革与发展。会议审议并一致通过了增补理事、常务理事的建议。增补煤炭信息研究院院长、学会理事窦庆峰、国家煤矿安全监察局人事培训司司长、学会理事黄玉治为第五届理事会常务理事；增补国家煤矿安全监察局信息与技术装备保障司司长杨富、国家煤矿安全监察局安全监察一司司长付建华、国家煤矿安全监察局安全监察二司司长梁嘉琨为学会第五届理事会理事、常务理事。会议审议通过了关于撤销规划设计专业委员会并入矿井建设专业委员会的建议，撤并后更名为"煤矿建设专业委员会"。审议通过了《煤炭学报》编委会换届意见和推荐名单。第二届编委会共 39 人，以在职人员为主，中青年编委占 2/3 以上。

3 月 23 日—4 月 6 日 中国煤炭学会组团赴美考察，根据中国煤炭学会与美国采矿冶金勘探学会（简称 SME）签订的技术合作协议，派出了 9 人代表团赴美访问，由学会理事、副秘书长成福康任团长，成员有湖南、山东与河北省厅领导、矿业公司经理、教授和高工等。

3 月 29—31 日 江西省煤炭学会 2002 年工作暨学术交流会在井冈山市召开，出席会议的有学会理事，各分会、专业委员会主任，秘书长共 90 余人。会上贺爱民理事长作学会工作报告。会上表彰了 2001 年度学会工作先进单位 10 个，先进会员 63 名，优秀论文 80 篇，交流论文 12 篇。

5 月 15—16 日 中国煤炭学会 2002 年工作会议在成都市召开，参加会议的人员有专业（工作）委员会主任、副主任、秘书长，省级学会理事长、秘书长，团体会员单位联络员等共 60 人。大会由副理事长兼秘书长胡省三主持，四川省煤炭学会理事长郝庆林出席会议并讲话。副秘书长成玉琪传达了主席周光召、书记张玉台在中国科协六届二次全委会议上的讲话；副秘书长张自劭传达了学会五届二次常务理事会议审议通过的有关事项和 2001 年、2002 年工作要点。会议分组进行了学术交流。

6 月 22—23 日 煤炭大企业主要领导座谈会在河北省开滦市召开。座谈会由学会理事长濮洪九主持，到会的大企业负责人有兖州矿业集团董事局主席赵经彻、开滦集团公司董事长杨中、山西焦煤集团董事长杜复新、淮南矿业集团董事长王金榕、平顶山煤业集团董事长陈庆录、大同矿业集团副总经理孙忠义和盘江煤电集团副书记张利兴等。中煤信托公司董事长王忠民、国家经贸委副司长吴吟和煤炭信息研究院院长窦庆峰也参加座谈。与会人员谈了煤炭工业实施大集团战略的必要性、紧迫性和对实施大集团战略的构想。企业家们达成了高度的共识：一是保障我国能源安全的需要；二是应对入世，参与国际竞争的需要；三是摆脱我国煤炭企业"小、散、穷"的落后现状，求得自身生存发展的需要。

7月19—21日 第十二届全国煤矿自动化学术会议暨第三届第二次煤矿自动化专业委员会议在北海市召开，由煤矿自动化专业委员会主办。与会代表40人，会议由副主任马小平主持。副主任委员、兖矿集团副总工程师兼技术研究院党委书记徐希康介绍了兖矿集团成立五大专业化公司和实施企业信息化的情况；西安科技大学教授马宪民介绍了电子商务在煤矿应用的情况和电子商务专业在高等院校发展的情况；中国矿业大学教授严德昆介绍了院士陈清如主持研究的流化床干法洗煤中自动化技术应用的情况；西安科技大学教授侯媛彬介绍了"多传感器融合技术的发展和在煤矿中的应用"。主任谭得健传达了2002年中国煤炭学会工作会议精神。

7月21—27日 2002年全国青少年煤炭科技夏令营活动在秦皇岛市开滦煤矿工人疗养院隆重举行，来自全国17个省（区）、矿区的180多名营员、辅导员来到美丽的渤海之滨，度过了为期一周的丰富多彩的夏令营生活。

8月5—10日 2002年全国瓦斯地质学术年会在四川省成都市召开，由学会瓦斯地质专业委员会主办。与会代表48名，征集论文18篇。专委会副主任王兆丰主持了会议，四川煤矿安全监察局副局长田逢泽应邀出席了会议并致词。瓦斯地质专业委员会主任委员、焦作工学院院长袁世鹰向大会作了工作报告；专委会副主任、中国矿业大学资源与地球科学学院院长曾勇作学术报告并主持了学术交流。

8月16—18日 全国第八届矿业系统工程学术会议在山东省泰安市召开，由学会煤矿系统工程专业委员会主办，中国金属学会矿山系统工程专业委员会和中国有色金属学会矿山系统工程专业委员会协办，山东科技大学承办。有26个单位的60位代表参加了会议。会议主题是新世纪矿业系统工程的发展与应用，包括：地质矿床建模与资源评价；矿山设计规划；矿业信息化与可视化技术；人工智能技术在矿业中的应用；矿山监测控制与管理信息系统；项目管理与管理信息系统；矿山通风与安全系统工程；矿山压力与边坡稳定分析与优化；矿业可持续发展与物流工程等。会议收到论文95篇，经会前专家认真评审，会议录用论文83篇，并由《中国矿业》专刊正式出版。

8月19—21日 加入WTO与矿区环境保护学术研讨会在山东省威海市召开，由环境保护专业委员会主办。与会代表37名，收到论文50篇，编辑出版了论文集。会议由环保专委会副主任委员高亮主持，主任委员卢鉴章作了题为"在新的形势下，开创煤炭环保工作新局面"的工作报告，一是汇报换届以来的工作；二是介绍了"加入WTO与矿区环境保护"的关系、意义和方法。副主任委员、开滦矿业集团总经理钟亚平结合矿业实际，谈了矿业环保工作的现状和如何搞好矿区环保工作。有10位代表作了专题报告，并进行了热烈的讨论。

8月26—29日 2002年矿山建设学术年会在河南省郑州市召开，由学会煤矿建设专业委员会与全国高校联合举办。出席会议的代表130人，征集论文190篇，正式出版《矿山建设学术会议论文选集》。

出席开幕式的领导有中国煤炭学会理事长濮洪九，河南省副省长张以祥，学会常务理事、中共中央企业工作委员会监事会主席路耀华，学会常务理事、中国工程院院士洪伯潜，河南省煤炭工业局及煤矿安全局局长李九成、李恩东、张国辉，原河南省煤炭厅厅长朱德沛，学会常务理事、河南煤炭学会理事长袁世鹰，全国高校矿山建设学术会秘书长崔云龙，学会理事、煤科总院建井研究所所长周兴旺等。开幕式由学会顾问、煤矿建设专业委员会主任陈明和主持。濮洪九、张以祥、路耀华、袁世鹰等领导同志在开幕式上发表了重要讲话，并与会议代表合影留念。副省长张以祥代表省政府向大会召开表示祝贺。理事长濮洪九讲话肯定了学会与高校的团结合作。赞成专家组及信息网两个机构的成立发挥了专家的作用，信息时代要加强信息交流。大会进行了论文交流。

9 月 2—3 日 湖南省煤炭学会第六次会议会员代表大会在长沙市召开。五届常务理事会副理事长兼秘书长李光明同志主持了开幕式；五届理事会副理事长陈文林致开幕词；省科协学会部部长谢鲁生、省民政厅民间组织管理局局长莅临开幕式并作了重要讲话，中国煤炭学会发了贺信。会议选出理事长为李联山，副理事长为冯涛、彭新其、姜舒、姚泽刚、赵斌、谭校祥、彭正奇、罗瑞锋，秘书长为姜舒（兼），副秘书长为刘镇坤。

9 月 5—9 日 中国科协 2002 年学术年会在四川省成都市召开。会议主题为"加入 WTO 和中国科学技术与可持续发展——挑战、机遇，责任与对策"。与会代表 6000 余人，有 19 个主会场，22 个分会场。学会承担了第十主会场的组织工作。学会副理事长兼秘书长胡省三参加了年会组委会并具体领导了第十主会场的组织工作。院士韩德馨、宋振骐和学会常务理事莫万强、刘修源、邵军、彭苏萍及来自行业内外的近 100 位代表参加了会议。

9 月 12—16 日 2002 年学会经济管理专业委员会年会暨第三届中国煤炭经济管理论坛在乌鲁木齐市召开，由学会经济管理专业委员会主办。到会共 89 人，提交论文 85 篇。论坛就我国能源工业管理体制、煤炭工业实施大集团战略，以及如何积极运用 WTO 中的有关规则，保护和促进我国煤炭工业发展等重大问题展开了讨论。

9 月 16—18 日 2002 年煤矿安全专委会换届暨学术交流会议在上海市召开，由学会煤矿安全专业委员会主办。主要任务是贯彻中国煤炭学会 2002 年学会工作会议精神，专业委员会换届，总结上届专业委员会的工作，落实新一届专业委员会工作计划，开展学术交流。

探讨我国煤矿安全工作新任务，研讨煤矿安全方面的有关问题及解决途径。第四届专业委员会主任王震宇，第五届专业委员会主任马丕梁以及第五届专业委员会委员等共 38 人参加了会议。中煤劳保学会瓦斯防治专业委员会原主任委员屠锡根也应邀参加了会议。名誉主任王震宇代表第四届专业委员会作工作报告和主任委员马丕梁作会议总结。

9 月 19—21 日　学会选煤专业委员会换届会暨学术研讨会在浙江省温州市召开。出席会议的有新老委员和选煤界代表 71 名。名誉主任委员陈清如院士发表了讲话。秘书长李学俊宣读了学会关于选煤专业委员会换届的文件。名誉主任委员郝凤印同志作了题为"开拓进取，全维创新，迎接 21 世纪对选煤科技的挑战"的第四届委员会工作报告。本届主任委员刘峰同志作了题为"继往开来，为选煤科学技术的新发展积极贡献"的工作报告。

9 月 22—24 日　开关磁阻电机学术研讨会在山西省潞安市召开，由学会自动化专业委员会和潞安矿业集团联合举办。学会副秘书长成福康，煤矿自动化专业委员会主任谭得健，副主任师文林、徐希康和潞安集团的王成学等 60 人参加研讨会。会上副秘书长成福康代表学会讲话。由于开关磁阻电机是 20 世纪 80 年代发展起来的一种新型调速装置，它兼有交、直流两种调速系统的优点。副总经理师文林做了"开关磁阻电动机调速系统在潞安的应用"学术报告。与会代表参观了长治防爆电机厂生产防爆开关磁阻电机的过程，王庄矿开关磁阻电机电牵引采煤机、樟村矿开关磁阻电机矸石山绞车、石圪节矿开关磁阻电机斜井绞车和 280 千瓦开关磁阻电机的运转情况。

9 月 25 日　平顶山市煤炭学会第四次会员代表大会召开，与会代表约 180 人。会议总结了第三届理事会的工作，修订了市煤炭学会章程，选举产生了第四届理事会，理事 177 名，常务理事 33 名。理事长：聂光国；副理事长：张铁岗（常务）、王廷、李广、邓晓阳、钟东虎；秘书长：杨从孝；常务副秘书长：刘刚华。

9 月 由学会组团，湖南、山东、河北等省的煤炭厅和煤炭集团公司派出的 9 人团组，赴美进行了访问交流。

10 月 17 日 国家科学技术奖励工作办公室公告（国科奖字第 07 号），为了贯彻《国家科学技术奖励条例》，鼓励社会力量支持发展我国的科学技术事业，加强对社会力量设立面向社会的科学技术奖的规范管理，根据 1999 年科技部三号令《社会力量设立科学技术奖管理办法》，经审定，准予"中国煤炭工业协会科学技术奖"等 34 项社会力量设立的科学技术奖办理登记。

11 月 11—13 日 由矿井地质专业委员会主办，安徽省委员单位共同协办的"纪念矿井地质专业委员会成立二十周年暨矿井地质发展战略学术研讨会"在云南省昆明市召开。会议认为我国矿井地质发展的重点是利用计算机技术使煤矿地测信息数字化，建设数字化矿山是发展方向之一。

11 月 26—29 日 第三届全国煤层气学术研讨会在云南省昆明市联合召开，由中国煤炭学会、中国石油学会和中联煤层气公司联合举办。来自煤炭、石油等系统的代表 121 人参加了会议。日本石油公司、美国英格索兰公司、荷兰德士古公司和加拿大计算机模拟软件集团公司均派员参会。中外专家共提交论文 120 多篇。在大会和分会场报告的有 40 篇论文并进行了交流。

2003 年

1月9日　学会煤化学专业委员会换届暨煤化技术研讨会在北京市煤炭科学研究总院召开。来自全国煤化学专业50余人出席了会议。会议由第五届煤化学专业委员会主任委员杜铭华主持，学会副秘书长张自勖宣读了中国煤炭学会文件及第五届煤化学专业委员会委员名单，介绍了中国煤炭学会的主要工作任务。第四届煤化学专业委员会主任委员吴春来作了工作总结报告。第五届煤化学专业委员会主任委员杜铭华作了下一步工作安排的报告。

1月14日　中国煤炭学会五届三次常务理事会议在北京市召开。会议由理事长濮洪九主持，名誉理事长范维唐出席会议并讲话。副理事长赵经彻、胡省三、朱德仁、孙茂远等出席了会议，到会常务理事共34人。会议任务是审议增补副理事长、常务理事、理事的建议；审议学会2002年工作总结和2003年工作计划，审定学会改革方案。会议审议并一致通过了增补副理事长、常务理事、理事的建议。会议听取并审议通过了副理事长胡省三所作的工作报告。报告从十二个方面总结回顾了2002年学会的工作，对2003年的工作提出了十个方面的安排意见。

本月　中国煤炭学会推选出2002年煤炭科技十大新闻。

3月16日　安徽省煤炭学会第五次会员代表大会在安徽省合肥市召开。出席大会的代表78人。副理事长、安徽煤矿安全监察局副局长李忠同志主持会议。省科协副主席程荣朝、学会部副部长田万龙应邀出席大会。副主席程荣朝在大会讲话，为学会的今后工作指出了方向。安徽煤矿安全监察局党组副书记王贞燮同志到会祝贺。中国煤炭学会发来贺电。选举产生了第五届理事会，理事共 120 人，常务理事 47 人。理事长：刘鸿生；副理事长：李忠等 12 人；秘书长：王维斌；聘任了副秘书长：杨锡松、聂士奎。

7 月 30—31 日　中国煤炭学会 2003 年工作会议在桂林市召开。理事长濮洪九出席会议并作重要讲话，广西煤矿安全监察局局长郑兆安致欢迎词并介绍了广西煤炭工业现状和改革发展的情况。出席会议的还有刘修源、何佐德、胡省三、莫万强、尉茂河等常务理事，有 24 个专业（工作）委员会和《当代矿工》编委会的主任委员、秘书长，10 个省级学会理事长、秘书长，22 个团体会员单位科协（学会）主席、联络员等共 72 人。大会由副理事长兼秘书长胡省三主持。

8 月 9—11 日　现代露天开采技术学术研讨会在乌鲁木齐市召开，由露天开采专业委员主办。与会代表 41 名，征集论文 27 篇并编辑成集。会议由露天开采专业委员会秘书长李克民主持，常务副主任委员、中国矿业大学能源学院院长才庆祥介绍了会议的筹备和准备工作情况。主任委员、中国中煤能源集团公司副总经理洪宇致开幕词。与会代表就我国加入 WTO、市场经济体制改革深入发展的形势、提高企业自身活力与市场竞争力、露天开采与技术领域里亟待解决的问题等进行了广泛的讨论。

8 月 12—15 日　2003 年全国矿山建设学术年会暨立井快速建井综合技术学术研讨会在辽宁省大连市召开，由学会煤矿建设专业委员会和全国高等学校矿山建设专业学术会联合主办，由辽宁工程技术大学承办，铁法煤业集团和锦工建设集团协办。与会代表 168 人，收到论文 240 篇，经专家评审收录了 180 篇由东北大学出版社正式出版论文集。会议由主任陈明和致开幕词；辽宁工程技术大学副校长邵良杉致欢迎词。中国矿业大学教授杨维好、中煤一公司总工程师邓维国、安徽理工大学土木系主任汪仁和、淮南矿业集团汪吉先、中煤特殊工程公司总经理高可均等代表在大会上就目前关注的深厚表土积压煤层的开发、立井快速建井综合技术、冻结法设计与施工、巷道联合支护、钻井法施工工艺等问题作了大会报告。

8月24—27日 学会矿井地质专业委员会 2003 年学术研讨会在山西省太原市召开。会议主题是：煤矿岩溶陷落柱的成因、分布、对生产的影响及其防治技术。共 75 人出席会议，收到论文 70 篇，会后由太原理工大学以《太原理工大学学报》增刊形式出版论文集。16 位专家作了专题报告。会上，太原理工大学和一些煤矿的代表围绕煤矿陷落柱的特征、探查技术、形成机理、与构造的关系，以及陷落柱的危害与处理等内容，进行了较系统的探讨。

9月13—16日 中国科协 2003 年学术年会在辽宁省沈阳市召开。中国科协副主席、党组书记、书记处第一书记张玉台主持大会，中国科协主席周光召致开幕词，国务委员陈至立代表国务院到会祝贺并作重要讲话。全国人大常委会副委员长路甬祥、韩启德，著名物理学家、诺贝尔奖奖金获得者杨振宁、辽宁省委书记闻世震等领导出席了会议。到会代表 4000 余人，出席院士 142 人。除主会场外，有 40 个分会场，其中学会为 14 分会场由煤矿机电一体化专业委员会具体承办。主题是"煤矿机电一体化新技术及装备"，到会代表 70 人。学会副理事长兼秘书长胡省三，常务理事刘修源、何敬德等参加并作学术报告。教授陈奇、谭得健、姚建国等共宣读 15 篇论文，编辑出版了论文集（论文 39 篇）。会议期间召开了学会煤矿机电一体化专业委员会换届会议，学会常务理事、煤科总院上海分院院长何敬德担任主任委员。

9月28—30日 学会爆破专业委员会换届暨第八次学术会议在山东省青岛市召开。有 60 名代表参加了会议。特邀中国工程院院士钱七虎和王树仁分别作了题为"爆破地震效应和爆破技术的研究与进展"的专题报告。大会宣读了学会爆破专业委员会第四届委员会组成人员名单的批复文件。第三届主任委员、山东科技大学原副校长李斌对第三届专业委员会的工作进行了全面的总结，并对新一届委员会的工作提出了期望。第四届主任委员山东科技大学副校长黄琦教授对专业委员会日常工作和今后发展提出了建议和设想。会议共收到论文 47 篇，其中在中文核心期刊《爆破》杂志发表了 43 篇。

10 月 13—16 日　学会安全专业委员会、中国煤炭工业劳动保护科学技术学会瓦斯防治专业委员会学术年会在云南省景洪市联合召开。出席会议的共 74 人。会议首先由中国煤炭工业劳动保护科学技术学会领导张志康讲话，重点介绍了全煤行业的当前安全生产状况及存在的问题。主任委员马丕梁研究员作了专业委员会的年度工作报告，会议中心议题是：紧紧围绕防治瓦斯这个煤矿的要害问题，交流煤矿治理瓦斯工作经验，按照"先抽后采、监测监控、以风定产"的方针，遏制煤矿特大瓦斯事故的发生。会议收到论文 30 篇，宣读论文 12 篇。

10 月 16 日　云南省煤炭学会第七届省煤炭经济研究会暨第五届云南省煤炭工业协会首届会员代表大会在昆明市召开。会议选举产生了云南省煤炭学会第七届理事会。会议选出理事长为周世贵，副理事长兼秘书长为陈训生，副秘书长为陈炳昌、董昭如、张治。

10 月 16—19 日　学会第四届煤矿运输专业委员会工作会议在海南省海口市召开，到会代表 75 人。会议由副主任委员兼秘书长刘峰主持并传达了学会 2003 年工作会议精神；主任委员乌荣康代表第三届煤矿运输专业委员会作了《与时俱进、全面发展，努力开创学会专业委员会工作的新局面》的工作报告；副主任委员姜汉军代表换届筹备组作了说明；副主任委员罗庆吉宣布了学会（2003）中煤会字第 35 号文件《关于第四届煤矿运输专业委员会组成人员的批复》；第四届煤矿运输专业委员会主任委员李昃充分肯定上届的工作，对本届工作提出了明确要求：要求必须紧紧把握"安全、高效、洁净、结构优化"这个煤炭工业发展的方向，加强学术交流建立稳固的生存和发展平台。会议进行了学术交流。

10月18—23日 2003年全国瓦斯地质学术年会在上海市召开，共67名代表出席了会议。常务副主任张子敏主持了开幕式，并传达了学会2003年工作会议精神，学会常务理事、瓦斯地质专委会主任委员袁世鹰作了重要讲话，分析了当前我国煤炭工业的发展形势、瓦斯地质研究面临的任务。袁世鹰主任提出要增强责任意识和紧迫感，积极探索新形势下专委会工作的新思路、新方法、新途径。专委会委员荆建德、康习勤，秘书长张子戌分别主持了会议的学术交流。会议编辑出版了《瓦斯地质研究与应用》论文集（煤炭工业出版社出版），收录学术论文48篇。有16篇学术论文在会议上进行了交流。

10月21—22日 学会短壁机械化开采专业委员会成立大会在山西省忻州市召开，80代表参加了会议。会议由副主任委员师文林主持，太原分院党委书记张彦禄致欢迎词。副主任委员宫一棣宣读了学会短壁机械化专业委员会组成人员批复文件。主任委员王虹介绍了太原分院短壁机械化开采技术与装备研究现状与展望。依靠技术创新，研发生产制造技术含量高、性能优良、质量可靠的短壁机械化开采设备，对安全、高效、高煤炭资源回收率的开发利用具有十分重要的意义。会议收到论文45篇，出版了"短壁机械化开采新技术及装备"论文专集。

10月28日—11月1日 2003煤矿高效、安全、洁净开采护技术新进展学术研讨会在浙江省宁波市召开，由学会岩石力学与支护专委会发起，联合中国煤炭工业开采信息中心站、冲击地压信息分站、综采矿压信息分站、《煤矿开采》编辑部共同主办。来自全国煤炭和金属矿山企业、科研院所及高校的代表共75人参加了会议。会议收到52篇论文，大会交流18篇。会议录用的论文拟会后在《煤矿开采》杂志发表。学会常务理事、岩石力学与支护专业委员会副主任委员刘修源在会上作了主旨报告，全面论述了新世纪对煤炭工业的要求及高效、安全、洁净开采与支护技术新进展。中国国际工程咨询公司采煤沉陷区综合治理专家组组长、开采所副所长李凤明研究员作了题为资源枯竭型矿区综合治理与可持续发展的特邀报告。学会常务理事、专委会副主任袁亮委托祝经康教授宣读了他的论文《淮南矿区煤巷稳定性分类及工程对策》。来自开滦、淮南、潞安、新汶、大同、徐州、金川有色集团公司、北京科技大学、中国矿大、山东科技大学、开采所的 18 位代表在大会作学术报告。会议认为煤矿安全、高效开采应重视采掘运支装备的重型化、高功效、高可靠性、高性能参数。要有可持续发展及环保意识，注重安全、清洁、高效开发利用技术创新。会议期间举行了学会岩石力学与支护专委会与《煤矿开采》编委会联合工作会议。岩石力学与支护专委会副主任委员兼秘书长姚建国传达了学会理事长濮洪九、副理事长兼秘书长胡省三在 2003 年中国煤炭学会秘书长工作会议上的讲话。副主编邹正立报告了编委会工作。

11 月 8—10 日　学会第五届开采专业委员会工作会议暨采矿新技术研讨会在福建省武夷山市召开。共 48 位专家参加了会议，收到论文 32 篇。第五届开采专业委员会常务副主任汪理全宣读了学会关于第五届开采专业委员会组成人员的批文，作了第四、五届开采专业委员会的工作报告。

11 月 27 日　《人民法院报》公告：经最高人民法院审核批准，学会煤矿开采损害技术鉴定委员会列入人民法院司法鉴定机构（法39009）。

12 月 11 日　学会科普工作委员会第五届工作会议在福建省厦门市召开，与会 40 余人。学会理事长、科普工作委员会名誉主任濮洪九做了重要讲话。福建省煤炭工业（集团）有限责任公司总经理许炜华致欢迎词。煤炭信息研究院院长、科普工作委员会主任窦庆峰作工作报告。副理事长兼秘书长胡省三主持大会并作了题为"建设高效、安全、洁净、结构优化的煤炭工业"的专题报告。科普委员会秘书长何国家作科普夏令营工作汇报。科普工作先进单位平顶山煤业集团公司、开滦集团公司、淮南矿业集团公司、大同煤矿集团公司、兖州集团公司、福建省煤炭工业（集团）有限责任公司作了经验介绍。

12月22日 江苏省煤炭学会第五次会员代表大会在江苏省南京市召开，选举产生了江苏省煤炭学会第五届理事会理事136人；常务理事33人；理事长为江苏煤矿安全监察局符小民，副理事长为中国矿业大学葛世荣、徐州矿务集团公司朱亚平、大屯煤电集团公司刘雨忠、中煤第五建设公司沈慰安、江苏煤炭地质局潘树仁，秘书长为江苏煤矿安全监察局技术装备处张显清。

2004 年

1 月 由中国煤炭学会和中国煤炭报社共同组织数十位院士、专家投票，评选出 2003 年煤炭科技十大新闻。

2 月 27 日 中国煤炭学会五届四次常务理事会议在北京市召开，会议由理事长濮洪九主持，并提议热烈祝贺由学会推荐的张铁岗、谢克昌两位教授、学会常务理事当选为工程院院士。名誉理事长范维唐出席会议并讲话，他充分肯定了学会的工作并介绍了有关国家 973 项目的情况，强调煤炭要加强基础研究等工作。副理事长钱鸣高、胡省三、朱德仁、孙茂远出席了会议，到会常务理事共 36 人。根据单位的推荐和副秘书长成玉琪的介绍，经会议审议通过了人选变更、增补的建议。聘请赵经彻为顾问，兖矿集团董事局主席耿加怀为副理事长；增补中国矿大校长王悦汉为常务理事，中国矿大（北京）校长乔建永为常务理事，辽宁工程技术大学校长石金峰为常务理事；变更、增补其他有关单位及民营企业理事、名誉理事等共 17 人。会议审议通过了副理事长兼秘书长胡省三所作的工作报告。提出努力开展好"1248 品牌工程"活动。

3 月 29—31 日 学会水力采煤专业委员会 2004 年年会暨技术研讨会在昆明市召开，共 20 人参加了会议。大家听取了辽宁省北票矿务局煤泥水实施达标排放的经验介绍；还就黑龙江省双鸭山矿业集团东荣三矿水采生产如何提高单产水平进行了专题研究，对该矿在生产布局、巷道布置与支护、生产与技术管理等方面提出建议。

　　4月14—15日　中国煤炭学会2004年工作会议在云南省昆明市召开。会议主要任务是传达贯彻中国科协六届四次全委会议精神,贯彻落实学会五届四次常务理事会会议审议通过的2003年工作总结和2004年工作安排,交流工作经验,研讨学会创品牌活动等工作。出席会议的66个单位共93人,大会由副理事长兼秘书长胡省三主持,学会理事、云南省煤炭工业局局长李芳林致欢迎词,云南煤矿安全监察局党组书记、云南省煤炭学会理事长周世贵讲话;云南省科协副主席赖永良讲话。按照会议议程,副秘书长张自勋传达了中国科协六届四次全委会议精神和概况;副秘书长成玉琪传达了学会五届四次常务理事会议审议通过的2003年八个方面的工作回顾和2004年八个方面的工作要点,以及2004年开展"1248品牌工程活动"的要点。

　　4月14—15日　首届煤炭工业信息化论坛在昆明市举行,由中国煤炭学会主办,全国企业信息化领导小组协办,学会计算机通信专委会承办。参会代表60个单位140余人。学会副会长兼秘书长胡省三,全国企业信息化领导小组副组长陈立波出席了会议并作了重要讲话。会议征集论文70篇,选出30篇较为优秀的论文,由"煤炭企业管理"杂志社出了一期增刊。

　　5月7—9日　学会煤矿开采损害技术鉴定委员会2004年工作会议在北京市召开,有18名委员及代表共30人参加了会议。会议是在委员会已被最高人民法院认定为煤矿开采损害的司法鉴定机构后,为更好地开展司法(技术)鉴定工作,完善鉴定工作制度,保证鉴定公正性的情况下召开的。会议由常务副主任仲惟林主持,秘书长张华兴传达了学会关于委员会人事变动文件;主任刘修源就鉴定资格的申报向与会委员作了专门的介绍。与会委员就鉴定工作的细则进行了详细的讨论,对加强司法鉴定报告的审查提出了意见,并就开展鉴定工作中存在的问题、资料的收集、应注意的事项等进行了研究。会议认为,随着鉴定工作的司法化,有必要增强委员会的力量,但考虑到鉴定工作的复杂性、技术性、实践性，为保证鉴定工作的质量和鉴定的权威性，不宜扩张过快，并就增补委员成员进行了提名。会议提出要尽快修改完善鉴定工作细则，制定司法鉴定审查办法报学会批复，作为今后鉴定工作的依据。

6 月 25 日 2004 年中国煤炭工业协会科学技术奖评审在山西省太原市进行。经国家奖励办公室批准，由中国煤炭工业协会和中国煤炭学会共同设立的中国煤炭工业协会科学技术奖每年评审一次。2004 年共收到申报项目 247 项，经形式审查后，提供给专家评审的有 224 项。煤炭科学技术奖励办公室从中国煤炭工业协会和中国煤炭学会的专家库中遴选聘请了 64 位煤炭各主要专业的专家，分十个专业组进行了评审。评审工作坚持公开、公正、公平的原则，由受聘专家严格按评审程序独立进行，不受任何外界干扰。经过小组初评和综合评审已初评出获一、二、三等奖的候选项目，将通过答辩最后提请煤炭科学技术奖评审委员会审定。

6 月 27 日 中共中央组织部、人事部、中国科协于 2004 年 6 月 27 日作出"关于表彰第八届中国青年科技奖获奖者的决定"。获得第八届中国青年科技奖的 98 名同志中包括煤炭系统的朱真才、陈昊、胡振琪、罗海珠。

6 月 27 日—7 月 1 日 按照中国科协的要求，学会与煤科总院煤化工分院协商派杜万斗参加了 2004 年的"全国科普日"暨中国科协第三届吕梁科技资讯周活动。6 月 28 日下午随咨询组赴孝义市有关部门领导进行技术座谈，在孝义历时 3 天，作了两场专题报告，受到当地政府和企业的一致好评。活动结束后，杜万斗和王宝律提交中国科协一篇《对孝义市焦炭产业发展的思考和建议》。

7 月 18—22 日 2004 年全国煤矿自动化学术会议和煤矿自动化专业委员会会议在山东省青岛市召开。到会代表 70 人，会议由副主任委员徐希康主持。主任委员谭得健在会上总结了过去一年专委会的工作，他指出过去一年专委会主要抓了两项工作：一是对煤矿综合自动化进行了较为深入的研究，推动我国煤矿自动化技术的发展；二是发展了七名新委员。谭得健指出要关注自动化技术发展，关注信息时代网络环境下自动化技术的发展。会议征集论文 50 余篇，并出版了论文集。

7 月 20—26 日　第 19 届全国青少年煤炭科技夏令营开营仪式在淮南煤矿宾馆会堂举行，来自全国各矿区的 150 多名青少年、辅导员汇集淮南，参加由中国煤炭学会、煤炭信息研究院、淮南矿业集团联合举办。学会理事长、夏令营总营长濮洪九；学会副理事长兼秘书长、夏令营副总营长胡省三；煤炭信息研究院党委书记、学会科普工作委员会主任、夏令营副总营长窦庆峰；淮南矿业集团董事长、党委书记、夏令营副总营长王源；煤炭信息研究院副院长、学会科普工作委员会秘书长、夏令营副总营长兼总领队何国家；淮南矿业集团总经理孔祥喜；淮南矿业集团党委副书记王吉平；淮南矿业集团常务副总经理、总工程师、夏令营副总营长袁亮等领导出席了开营仪式。开营仪式上理事长濮洪九发表了讲话，并向夏令营授营旗；董事长王源致欢迎词，并介绍了淮南矿业集团的基本情况；开营仪式由主任窦庆峰主持。总营长濮洪九在讲话中指出：开展煤炭科技夏令营活动对青少年的健康成长是非常有益的。通过活动，让青少年受到爱国主义教育；通过煤炭科普教育，让青少年更加热爱煤炭事业，树立科技兴煤的雄心大志。

8 月 6—10 日　2004 年全国矿山建设学术会在安徽省黄山市召开，由学会煤矿建设与岩土工程专业委员会和全国高等学校矿山建设专业学术会联合主办，由淮北矿业（集团）有限责任公司承办，由国投新集能源股份有限公司协办。有 64 个单位的 167 个代表参会。收到论文 240 余篇，经评审收录 189 篇正式出版论文集。大会由学会顾问、学会煤矿建设与岩土工程专业委员会主任陈明和主持，中国工程院院士洪伯潜和淮北矿业（集团）总工程师李伟、中国煤炭建设协会副会长安和人、中国矿业大学副校长王建平等专家出席了会议。会上安徽建筑工业学院院长程桦、院士洪伯潜、副会长安和人、副所长李功洲和所长杨维好等作了专题学术报告。

8月11—13日 由山东科技大学、山东煤田地质局联合兖州、淄博等矿务局共同承办矿井地质学术研讨会，出版《矿井地质与资源环境论文集》。

8月17—18日 全国煤炭青年科技奖、孙越崎青年科技奖获得者成果交流会暨第三届青年工作委员会换届会议在潞安矿业集团公司路安会堂隆重开幕。来自煤炭行业的青年科技工作者共60余人参加了会议。会议由学会青年工作委员会主办，中国矿业大学及潞安矿业集团公司承办。开幕式由学会常务理事、青年工作委员会主任、中国矿大北京研究生院院长彭苏萍主持。学会副理事长、中国工程院院士、四川大学校长、学会青年工作委员会名誉主任谢和平为大会发来了贺信。副理事长兼秘书长胡省三代表学会，对广大青年煤炭科技工作者为推动煤炭事业发展所做出的贡献表示感谢。院士钱鸣高在讲话中对青年科技工作者提出了要认真学习，勤于思考，勤于总结，勤于实践，不断创新，争当煤炭科技界的先锋希望。

会议进行了高层论坛讲座。院士范维唐、钱鸣高，秘书长胡省三及名誉主任张玉卓分别以公共安全科技问题研究、煤矿绿色开采技术、走新型工业化道路，建立高效、安全、洁净、结构优化的煤炭工业新体系和中国煤代油工业现状及发展前景为主题学术报告。

8月21—24日 学会煤矿安全专业委员会2004年学术年会在海南省三亚市召开，由煤炭科学研究总院重庆分院承办，《矿业安全与环保》杂志社协办。参会人员近40人。会议由安全专业委员会秘书长费国云主持，安全专业委员会副主任、煤科总院重庆分院副院长胡千庭作了题为"瓦斯灾害防治的新动向"的学术报告。会议期间有13篇论文进行了宣读交流。会议收到论文 73 篇，并编辑出版了论文集。

9 月 6—10 日　2004 年学会科普工作会议在乌鲁木齐市召开，来自煤炭系统的企业、科研、院校 40 名代表出席了会议。科普工作委员会秘书长何国家同志主持，新疆煤炭工业局王永柱副局长致欢迎词；国家安全生产监督管理局机关党委书记田淮俊同志作了重要讲话；科普工作委员会主任窦庆峰作了科普工作报告；副理事长兼秘书长胡省三作了"煤炭工业走新型工业化道路"的重要学术报告；科普工作委员会秘书长、《当代矿工》杂志主编何国家同志作了杂志的工作报告；平顶山煤业集团公司、开滦集团公司的代表交流了科普工作先进经验。

9 月 16 日　中国煤炭资源现状与勘探开发利用技术进展及环境保护 2004 学术年会在陕西省西安市召开，由中国地质学会、中国煤炭学会煤田地质专业委员会主办。有 82 人出席会议。会上，主任委员张群对专委会近几年在学术交流、人才举荐、科技咨询组织建设等方面所做的工作做了小结，提出专委会 2005 年的工作思路。会上，专家就我国在煤炭资源、物探技术、矿井水害、矿区环境、煤矿信息管理系统、煤层气勘探技术等方面作了 7 个专题报告。会议收到论文 76 篇，甄选 62 篇编撰成集以《煤田地质与勘探》增刊的形式正式出版。

9 月 20—23 日　煤矿固体废弃物处置与利用技术学术研讨会在浙江省宁波市召开，共有 28 位委员参加会议。会议由常务副主任委员高亮主持，并代表主任委员卢鉴章作了"重视矿区环境保护，搞好矿区生态环境建设"的报告，传达了学会 2004 年工作会议精神，8 位论文作者进行会议报告。主要内容是煤矸石山自燃防灭火技术、煤矸石的处置与综合利用技术、生活垃圾的无害化处理技术、固体废物中有害元素的监测技术、生态环境保护与矿区绿化技术等。

9 月 23—25 日　学会煤化学专业委员会 2004 年年会暨新型煤化

工技术研讨会在江西省庐山市召开。会议由煤化学专业委员会常务副主任李文华主持，来自全国的 15 名委员出席了会议。常务副主任委员李文华主持了新型煤化工技术交流研讨会，七位专家作了专题学术报告。中国科学院山西煤化所煤转化国家重点实验室主任刘振宇作了题为"煤与催化裂化油浆共处理制备优质道路沥青改性剂"的报告。报告中指出：国家重点实验室发明的煤和催化裂化油浆共处理工艺所得到的沥青改性剂，其制备过程简单，成本低廉，经济效益好，不仅减少国家对进口产品的依赖，还可提高路面寿命，大大降低公路建设的成本，开辟了一条煤加工利用的新途径。煤炭科学研究总院北京煤化工研究分院教授吴春来作了题为对煤直接液化产业化过程中若干问题的探讨的报告。

10 月 13—15 日 学会环境保护专业委员会 2003 年学术研讨会在福建省武夷山市召开。研讨会主题是：煤矿环境保护技术交流。共收到论文 32 篇，有 21 篇编入《煤矿环境保护技术论文集》。

10 月 16—20 日 学会煤矿运输专业委员会 2004 年学术年会在四川省成都市召开，到会代表 71 人。会议由副主任委员、常州科研试制中心有限公司董事长兼总经理姜汉军主持。副主任委员、煤科总院上海分院党委书记、副院长罗庆吉传达学会 2004 年工作会议精神；准轨运输学组在会议上进行了换届工作。会议收到论文 60 篇，会上进行了交流。煤矿运输专业委员会主任、抚顺矿业集团公司李旻作了大会总结讲话。

10 月 20 日 第十三届孙越崎科技教育基金颁奖大会在中国石油勘探开发研究院梦溪宾馆召开，会议由基金会副主任范维唐主持。出席会议的有全国政协原副主席孙孚凌，全国政协常委、民革中央副主席朱培康，国家煤矿安全监察局、中国石油天然气集团公司、神华集团公司等单位领导和获奖者代表 100 余人。煤炭孙越崎能源大奖获得者：彭苏萍；孙越崎青年科技奖获奖者：王恩元、邓军、代世峰、伊茂森，辛新平，张俊英、张炳福、赵英利、郝世俊、符东旭。

11 月 2—4 日 煤矿机电一体化 2004 年学术年会在浙江省杭州市召开，由学会煤矿机电一体化专委会和中国电工技术学会煤矿电工专业委员会共同主办。会议主题是"控制和传动技术在采掘运装备的应用与发展"。有 27 家单位、39 名专家学者参会。会议由煤矿机电一体化专委会副主任、煤科总院上海分院副所长陈同宝主持。学会常务理事、煤矿机电一体化专委会主任，国家电工技术学会理事、煤矿电工专委会主任、煤科总院上海分院院长何敬德讲话，他说煤科总院上海分院作为两个专委会秘书处的挂靠单位将继续利用"东方煤炭网站"和《煤矿机电》杂志的资源优势为各委员单位做好服务工作。相信研讨会对我国煤炭采、掘、运 装备的进一步发展能起到积极的推动作用。会议收到论文 50 余篇，经专家评审，39 篇由《煤矿机电》杂志第五期出版专集。学会副秘书长成玉琪在会上详述了学会的组织机构和历史沿革，并作《集约化是煤矿现代化的发展趋势》学术报告；中国煤炭工业协会行业协调部副主任陈奇介绍了 2004 年 1—9 月我国煤炭工业经济运行状况。

11 月 26—28 日 煤矿建筑工程专业委员会 2004 年年会暨矿业建筑工程论坛在河南省郑州市召开，由学会煤矿建筑工程专业委员会主办。有 35 人参加了会议，院士洪伯潜出席了会议并作学术报告，主任委员陈进介绍了第三届煤矿建筑工程专业委员会三年来的工作，并传达了学会 2004 年工作会议精神。中煤国际工程集团武汉设计研究院吴嘉林院长参加了会议，并作企业文化建设研究的专题报告。收到论文 21 篇，有 12 人在会上做了学术报告。

12 月 3—7 日 数字矿山与测量新技术学术会议在海南省海口市召开，由学会矿山测量专业委员会主办。来自全国各地的 58 人参会。大会由学会矿山测量专业委员会秘书长滕永海主持，专委会副主任委员武文波致开幕词，煤炭科学研究总院科研处处长申宝宏讲了话，专委会主任黄乐亭作了总结讲话。会上有 10 篇论文进行了大会交流。会议期间还召开了专委会工作会议。进行了《矿山测量》杂志编委会换届工作。大会收到论文 42 篇，并编辑出版了论文集。

12 月 16 日 福建省煤炭学会第六次会员代表大会在福州市召开，出席会议代表 132 人，会议选举产生了第六届理事会，名誉理事长为许炜华，理事长为姜初奕，副理事长为黄建龙（常务）、李叶枝、卞春文、俞建辉、周必信，秘书长为黄建龙（兼），副秘书长为聂远勤、林孝跃、王晓方、刘豪发、黄明寿。

12 月 30 日 陕西省煤炭学会第六次会员代表大会在西安科技大学召开，有 31 个会员单位共 67 人出席了会议。会议选举产生了第六届理事会，理事 99 名，常务理事 44 名；理事长为高新民，副理事长 20 名，秘书长为赵生茂。

2005 年

1 月 由中国煤炭学会和中国煤炭报社共同组织数十位院士、专家投票，评选出 2004 年煤炭科技十大新闻。

2 月 28 日 中国煤炭学会五届五次常务理事会议在北京市召开，会议由理事长濮洪九主持，副理事长钱鸣高、胡省三、张玉卓、孙茂远，各位常务理事等共 46 人出席。会议主要任务是传达贯彻中国科协六届五次全委会议精神，审定增补常务理事、副秘书长等的建议，审议学会 2004 年工作总结和 2005 年工作计划，审定 2003—2004 年度评选推荐的优秀论文、先进集体和优秀工作者等事项，进行学术交流。

4 月 15—16 日 中国煤炭学会 2005 年工作会议在浙江省宁波市召开。会议主要任务是传达贯彻中国科协六届五次全委会议精神，贯彻落实学会五届五次常务理事会议审议通过的 2004 年工作总结和 2005 年工作安排，表彰奖励 2003—2004 年度先进集体、优秀工作者和优秀论文作者，交流工作经验，研讨学会的改革与发展。出席会议的 56 个单位共 75 人，大会由副理事长兼秘书长胡省三主持。学会理事、浙江省煤炭学会名誉理事长、浙江省煤炭行业协会常务副会长许建华首先致辞；副秘书长张自劲传达了中国科协六届五次全委会议精神和会议概况。副秘书长成玉琪传达了学会五届五次常务理事会议审议通过的 2004 年八个方面的工作回顾和 2005 年六个方面的工作要点。常务副秘书长刘修源宣读了关于表彰文件，并对袁亮等 14 篇优秀论文作者进行了颁奖。

4 月　淮南矿业（集团）公司煤炭学会理事会换届会议在淮南市召开。会议选举产生了第二届理事会，理事长为袁亮，副理事长为赵干、章立清、方良才、桂和荣、杨凤怀，秘书长为杨凤怀（兼），副秘书长为殷平富。

6 月 20—22 日　学会环境保护专业委员会 2005 年年会暨学术研讨会在杭州市召开，来自煤炭系统 23 位代表参加会议。会议由专委会常务副主任委员高亮主持，主任委员卢鉴章作了题为"重视环境保护与循环经济，促进矿区可持续发展"的报告。会上传达了学会 2005 年工作会议精神。会议收到论文 34 篇，遴选 22 篇编入论文集。学术研讨会的主题是：矿区环境保护与循环经济，会议围绕主题展开了研讨。

7 月 20—22 日　煤矿机电设备油-磨屑（铁谱）监测技术研讨会在福建省厦门市召开，由学会煤矿机电一体化专业委员会和中国矿业大学纳米科技研究所联合举办。来自煤炭系统的 11 家单位、14 名代表参加了会议。会议由煤矿机电一体化专委会秘书长陈爱珠主持，神华集团公司油-磨屑分析实验室主管李运作了《铁谱分析技术在神东矿区设备工况监测和故障诊断中的应用》报告。该项研究主要是利用对润滑油的使用降低磨损提高装备的开机率。

7 月 29 日—8 月 2 日　2005 年全国青少年煤炭科技夏令营活动在山西省隆重举行。学会理事长濮洪九任 2005 年全国青少年煤炭科技夏令营总营长，学会副理事长胡省三，山西焦煤集团董事长杜复新，中国煤炭科普委员会主任、院党委书记窦庆峰任夏令副总营长，中国煤炭科普委员会秘书长、副院长何国家，山西焦煤集团西山煤矿总公司党委副书记姜贵良，山西焦煤集团西山煤矿总公司工会主席刘志安任总领队。副总营长胡省三在开幕仪式上代表总营长濮洪九讲话，副总营长窦庆峰主持开幕仪式，总领队何国家在闭幕式上作了总结讲话。

山西焦煤集团公司作为本次夏令营的承办单位,在人力、物力等方面给予了大力支持。集团公司董事长、夏令营副总营长杜复新在开营仪式上发表了热情洋溢的欢迎词。来自全国10余个省(自治区、直辖市)的110余名青少年及辅导员汇集山西参加了这一活动。营员们参观了中国煤炭博物馆;焦煤集团公司现代化矿井;举世闻名的鹳雀楼、平遥古城等地。胡省三、窦庆峰,何国家等全程参加了2005年全国青少年煤炭科技夏令营活动。

7月31日—8月5日 全国开采沉陷规律与"三下"采煤学术会议在乌鲁木齐市召开,由学会矿山测量专业委员会主办。来自全国高校、科研和生产单位的73名代表参加了会议。会议由专业委员会秘书长滕永海主持,中国测绘学会矿山测量专业委员会主任委员郭达志致开幕词,学会矿山测量专业委员会主任黄乐亭作了总结讲话。会上有10多篇论文进行了大会交流。会议收到论文48篇,编辑出版了论文集。

8月6—8日 2005年全国矿山建设学术年会在乌鲁木齐市召开,由学会煤矿建设与岩土工程专业委员会和全国高校矿山建设专业学术会主办,中国矿业大学建筑工程学院承办。从事矿山建设的设计、施工、科研人员及高校的156人参加了会议。大会由煤矿建设与岩土工程专业委员会常务副主任周兴旺致开幕词。学会理事长、中国煤炭工业协会第一副会长濮洪九亲临大会,并做了重要讲话。

新疆维吾尔自治区政府副秘书长俞贞贵到会祝贺;新疆维吾尔自治区煤炭管理局、煤矿安全监察局党组书记杜鲁坤向与会代表介绍了新疆的煤炭生产开发情况。为解决运输问题,煤变油、煤变气、煤变电将成为重要的技术方向。会议共收到论文326篇,其中的229篇收入论文集由中国矿业大学出版社正式出版。

8月7—10日 煤炭资源高效开采工艺与设备配套暨第十三届矿压理论与实践研讨会在吉林通化矿务局召开,由学会开采专业委员会、煤炭工业矿山压力情报中心站和吉林通化矿务局联合举办。有90 位代表参会，收到论文 80 篇。开采专业委员会主任、中国矿业大学校长王悦汉教授传达了 2005 年全国煤炭工作会议精神，介绍了开采专业委员会一年来的工作和下一步的计划；吉林煤炭工业管理局副局长袁玉清介绍了吉林省煤炭工业的发展和对会议召开的祝贺。参会的 16 位专家、教授在会上作了专题报告。与会代表对绿色开采技术是实现煤炭循环经济的技术途径、在采场围岩控制理论与实践、综放开采、深井开采巷道支护、矿井冲击地压的防治等热点问题进行了讨论。

8 月 10 日 2005 年全国煤矿自动化学术会议在云南省昆明市召开，参加会议代表共 50 余人，收到论文 83 篇，论文集录用 79 篇。会议由专业委员会常务副主任马小平主持，中国矿业大学信电学院院长王崇林在会上致欢迎词。主任委员谭得健在会上传达了 2005 年学会工作会议精神和专业委员会工作情况。副主任委员马小平在会上宣读了 2004 年优秀论文名单。

8 月 11—12 日 2005 年全国瓦斯地质学术年会在海南省海口市召开，由学会瓦斯地质专业委员会主办。包括德国 AAA 国际矿业公司代表有 61 人参加了会议。开幕式由秘书长张子戒主持，主任袁世鹰发表了讲话。会议精选收录了学术论文 54 篇，出版了《瓦斯地质理论与实践》论文集。

8 月 13—14 日 现代化露天开采与可持续发展学术研讨会在云南省昆明市召开，由学会露天开采专业委员会、中煤劳保学会露天矿安全专业委员会及《露天采矿技术》杂志编委会联合举办，云南省监狱管理局、云南省先锋煤业开发有限公司及云南省昆明煤炭设计研究院承办。与会代表 91 名，征集论文 37 篇。会议由学会露天开采专业委员会秘书长李克民主持，中国矿业大学能源学院党委书记才庆祥，中煤劳保学会露天矿安全专业委员会主任、露天开采专业委员会副主任、神华准格尔能源有限公司董事长马军，露天开采专业委员会主任、中国中煤能源集团公司副总经理洪宇，《露天采矿技术》杂志主编、中国煤矿科学院抚顺分院院长王建国分别作了学术报告。云南省煤炭工业局、云南省煤矿安全监察局、云南省监狱管理局等领导分别讲话。部分委员、会员单位代表、论文作者及特邀代表作了学术报告。

8月17—18日 安全高效采煤地质保障学术研讨会在陕西省西安市召开，由学会矿井地质专业委员会与中国煤炭工业劳动保护科学技术学会水防治专业委员会联合主办，煤科总院西安分院承办。有77人出席了会议，会议收到论文79篇。矿井地质专业委员会主任程桦主持会议，煤科总院西安分院院长赵学社、挂靠单位安徽理工大学副校长颜事龙出席会议并讲话。水害防治专业委员会副主任虎维岳、矿井地质专业委员会秘书长刘盛东分别作了题为"新时期煤矿水害防治技术所面临的基本问题"和"矿井地质构造预测预报"的专题报告。另有7位代表就"三维地震资料精细处理与动态解释""煤矿突水灾害的预警原理及其应用""华北岩溶陷落柱突涌水预测"等专题进行了学术交流。

8月20—23日 中国科协2005年学术年会煤炭分会场在乌鲁木齐市召开，由学会短壁机械化开采专业委员会承办，有60余人参加了会议。会议由学会副理事长兼秘书长胡省三、学会常务理事王虹主持。会上，学会副秘书长成玉琪、煤炭科学研究总院太原分院院长王虹、神华集团副总工程师宫一棣、潞安矿业集团副总经理师文林、阳泉煤业集团总工程师李宝玉等作了学术报告。

9月6日 2005年学会科普工作会议暨《当代矿工》杂志宣传工作会议在银川市召开。学会副理事长兼秘书长胡省三、煤炭信息研究院党委书记窦庆峰，煤炭信息研究院副院长何国家，宁夏煤业集团党委副书记赵长清，宁夏煤业集团工会主席陈毅等领导同志出席了会议。有80多人参加会议。会议由何国家主持，赵长清同志首先代表宁夏煤业集团向与会代表致欢迎词，并介绍了宁夏煤业集团的基本情况。胡省三同志作了题为"21 世纪前期我国煤炭科技发展重点领域研究"的演讲。窦庆峰同志在学会科普工作委员会工作报告中，充分肯定了煤炭行业各级科普组织在推动行业科普工作健康发展过程中付出的辛勤劳动，在提高矿区职工群众的科学文化素质、实现科教兴煤战略和可持续发展战略等方面起到重要作用。

9 月 15—16 日 学会水力采煤专业委员会 2005 年年会在秦皇岛市召开。有 32 人参加了会议。会议介绍了高压水射流防治煤与瓦斯突出技术的经验，就高压水射流的防突机理、工艺参数及防突效果进行了讨论。

9 月 29 日 湖北省煤炭学会第五次会员代表大会在武汉市召开，到会 51 人，。选举产生理事 15 人，常务理事 5 人，理事长为叶宗明，秘书长为张帆。

10 月 4—7 日 学会煤矿开采损害技术鉴定委员会 2005 年工作会议和委员会换届筹备会议在北京市召开，主任委员刘修源、常务副主任仲惟林、副主任王金庄和崔继宪出席了会议，有 22 名委员参加了会议。会议由主任刘修源、常务副主任仲惟林和秘书长张华兴分别主持。首先由副主任委员仲惟林传达了 2005 年学会工作会议的精神及相关文件，由秘书长张华兴汇报了 1 年来鉴定委员会的工作情况。对开采沉陷中水的影响及鉴定中的处理方式进行了专题讨论。最后就委员会的换届改选进行了提名，并就委员会的发展进行了讨论。

最后委员会提议尽快申请其他资质以扩大委员会的影响，并加强对司法鉴定工作的管理。建议为加强委员会的管理与日常工作增设副秘书长。

10 月 12—15 日 学会史志工作委员会 2005 年年会在四川省成都市召开，有 40 人出席了会议。会议由副主任委员窦庆峰同志主持。主任吴晓煜在会议上作"克服困难、扎实工作，把煤炭史志工作推向新阶段"的主题报告。还提出了《中国煤炭史志丛书》《中国煤炭史志著作总目提要》《煤炭史志工作大事记》等中长期工作的规划。秘书长王捷帆向大会汇报了工作，并就一些具体事项作了说明。会议原则通过了《中国煤炭学会史志工作委员会简则》，会后将提交给学会，待批准后正式实施。

10月13—14日　学会煤层气专业委员会成立暨学术会议在山西省晋城市召开，由中国煤炭学会煤层气专业委员会主办，中联煤层气有限责任公司、晋城煤业集团承办，奥瑞安能源国际有限公司、中国石油大学（北京）协办。会议特别邀请了学会名誉理事长、煤炭工业协会会长、中国工程院院士范维唐、中国工程院院士翟光明，中联公司老领导、专家陈明和先生和王慎言先生亲临大会指导。参加会议的有全国煤炭、石油以及国土资源等行业以及外国公司等共计49个单位64人。

煤层气专业委员会名誉委员、中联煤层气有限责任公司总经理孙茂远致开幕词，介绍了中联公司发展历程，目前煤层气勘探开发利用状况和中联公司发展目标。范维唐院士和翟光明院士分别作了重要讲话。煤层气专业委员会主任冯三利作了《我国煤层气开发利用现状及产业发展机遇》的专题报告，副主任委员贺天才作了《晋城煤层气开发利用综述》的专题报告。

代表们参观了国家级沁南煤层气开发示范工程潘河煤层气先导性试验项目的压缩气站、燃气发电站、监控中心、集气站、阀组站、煤层气井排采井场、空气钻井现场。参观了寺河煤矿煤层气抽放利用示范项目的瓦斯抽放泵站、燃气发电厂。

10月19—21日　2005全国煤矿高效、安全、洁净开采与支护技术新进展研讨会在湖北省宜昌市召开，由学会岩石力学与支护专业委员会主办，来自全国煤炭系统的67名代表参加了会议。煤科总院北京开采所副所长李凤明代表挂靠单位致欢迎词；介绍了学会理事长濮洪九在全国能源高峰论坛上《落实科学发展观，促进煤炭工业可持续发展》的报告精神；传达了学会 2005 年工作会议（宁波）精神及学会副理事长兼秘书长胡省三在工作会议上的讲话；专委会副主任兼秘书长姚建国宣讲了学会由胡省三、成玉琪负责完成的《21 世纪前期我国煤炭科技重点发展领域研究》成果。会议录用论文 27 篇，有 13 位代表在大会上作了学术报告。

10 月 19—21 日　学会煤矿建筑工程专业委员会 2005 年年会在湖北省武汉市召开，有 55 位科技工作者参会。会议由委员会主任委员陈进主持，挂靠单位中煤国际工程集团武汉设计研究院吴嘉林院长到会祝贺；中国煤炭建设协会，勘察设计委员会副秘书长刘毅到会讲话。陈进传达了学会 2005 年工作会议精神及建筑工程专业委员会 2005 年的主要工作。这次会议共收到论文 19 篇。北京工业大学教授袁耀明、太原煤矿设计研究院副总董继斌、邯郸煤矿设计研究院副总王宗祥、太原煤矿设计研究院勘察大师王步云等作了学术报告。

10 月 19—21 日　中国煤炭新型工业化——安全、高效的集约化生产技术与装备学术会议在浙江省温州市召开，由学会煤矿机电一体化专业委员会、中国电工技术学会煤矿电工专业委员会及《煤矿机电》杂志共同主办。有 41 个单位的 54 名代表参加了会议。会议收到论文 52 篇，经专家评审录用了 39 篇，在《煤矿机电》杂志第五期出版。委员会副主任陈同宝主持了会议，主任委员何敬德致开幕词，学会副理事长兼秘书长胡省三作了题为"展望 21 世纪前期我国煤炭科学发展的重要领域"的学术报告，中国电工技术学会组织部主任奚大华致贺词并宣布了第五届煤矿电工专委会主任委员、副主任委员、秘书长名单。

大会有中国煤炭工业协会行业协调部副主任陈奇、南京晨光股份公司总经理朱昊等 8 位代表，分别作了《新时期煤炭工业经济运行暨高产高效矿井建设》《振动截割在掘进机上的应用研究》等学术报告。

10 月 25 日 第六届中国煤炭经济管理论坛暨 2005 年学会经济研究专业委员会年会在湖北省宜昌市召开。来自煤炭经济管理界 76 个单位的 110 人参会。专委会常务副主任委员兼秘书长张文山作经济研究专业委员会 2004 年 10 月至 2005 年 10 月工作总结及 2006 年学术活动安排意见的报告。

第六届中国煤炭经济管理论坛主要议题是煤炭企业结构和企业管理创新实践。论坛共收到 35 个单位撰写的 330 篇论文,组织专家进行了评审,评出优秀论文 131 篇。义马煤业集团董事长付永水、四川华蓥山广能集团总经理刘万波、重庆松藻煤电公司总经理龙建明、平顶山煤业集团副总经理梁铁山、徐矿集团投资管理中心茅聪俊、淮北矿业集团融资部部长王声辰、福建煤电公司赖晓东、宁夏煤业集团副总裁张学智、山东科技大学经济管理学院院长王新华等作了主题演讲。

11 月 14 日 由中国煤炭工业协会和中国煤炭学会联合召开的第六次全国煤炭工业科学技术大会在京召开。

11 月 24—27 日 2005 年湘、赣、闽、院、苏等多省(市)煤炭学会学术交流暨湖南省煤炭科技论坛在湖南省张家界市隆重召开,会议主题:落实科学发展观,发展先进生产力,促进煤炭新型工业化建设。来自全国 8 个省(市、区)煤炭学会、煤炭行业管理部门、煤矿安全监察、监管部门、煤炭企业的专家、学者、科技工作者 180 人参加了大会。

学会理事长、中国煤炭工业协会第一副会长濮洪九为大会的论文集作序。湖南省煤炭工业局党组书记、局长,湖南省煤炭学会理事长李联山致开幕词。张家界市副市长余开家向大会致欢迎词,开幕式由湖南省煤炭学会副理事长兼秘书长姜舒主持,颁发了各省市煤炭学会 103 篇优秀论文 166 位作者的获奖证书。论坛由学会理事、湖南科技大学副校长冯涛主持。中国工程院院士张铁岗,中国矿业大学资源与安全工程学院院长、博士生导师周心权，湘潭平安电气集团公司董事长陈重新，重庆煤科院专家刘林分别作了专题学术报告。会议发送了由湖南省煤炭学会组织编写，煤炭工业出版社编辑出版的《落实科学发展观促进煤炭新型工业化建设》——2005 年湘赣闽皖苏等多省（市）煤炭学会学术交流暨湖南省煤炭科技论坛论文集。

2006 年

1月11日 第七次全国采矿学术会议筹备会在中国有色金属学会办公楼 806 会议室召开，参加会议的有学会副秘书长张自劢、中国核学会副秘书长刘长欣和学术部主任、中国黄金协会副秘书长段会林、中国硅酸盐学会副秘书长谭抚、中国地质学会副秘书长郝梓国、中国矿业联合会副秘书长史京玺、中国金属学会秘书长助理倪伟明和中国有色金属学会副秘书长杨焕文、秘书长助理崔雅秋和学术部主任郭经茂。杨焕文主持了会议。

本月 中国煤炭学会评出 2005 年煤炭科技十大新闻。

3月3—4日 学会五届六次常务理事会议暨学术论坛在山西省太原市召开。会议由理事长濮洪九主持，副理事长钱鸣高、胡省三、朱德仁、张玉卓、孙茂远等，常务理事及与会专家共 89 人出席了会议。会议主要任务是传达中央书记处对科协工作的指示精神，审议学会 2005 年工作总结和 2006 年工作计划。开展学术交流，理事长濮洪九，张铁岗和王虹、周兴旺、刘峰、俞珠峰等作学术报告。

3月4日 中国煤炭学会五届六次常务理事会议审议通过增补煤科总院原建井研究所党委书记兼副所长岳燕京为学会理事、并任副秘书长；批准朱亚平等 13 人为学会第 8 批资深会员。

4月7日 江西省煤炭学会第六届会员代表大会在庐山市召开。大会选举出 95 人组成的江西省煤炭学会第六届理事会，选举贺爱民为理事长，张赣萍、余刚、李金平、彭志祥、万火金、张春晓、辛忠诚为副理事长，王国琴为秘书长。理事会聘请包尚贤、易光景、朱毅为名誉理事长。

4 月 18—19 日　中国煤炭学会和湖南省煤炭学会共同主办的 2006 年工作会议在湖南省长沙市召开，会议主题是"全面落实科学发展观，促进煤炭工业健康发展"。湖南省人民政府副省长许云昭发表重要讲话，理事长濮洪九作了《落实科学发展观，转变经济增长方式，促进煤炭工业健康发展》的主题报告。学会副理事长兼秘书长胡省三主持大会，来自全国各省、区、市煤炭学会和学会各专业（工作）委员会的有关领导、专家等 178 人参加了会议。

4 月 19 日　中国煤炭学会在 2006 年工作会议上制定发布"煤炭科技工作者职业道德规范"。

5 月 14 日　经济研究专业委员会在昆明市举办了第二次现代煤炭企业管理前沿问题——组织结构和管理制度研讨班。来自全国煤炭管理部门、企业、高校和科研单位 85 名专家学者和代表到会，研讨解决现代企业管理前沿问题。

5 月 22 日　发出《中共中央组织部、人力资源社会保障部、中国科协关于表彰第九届中国青年科技奖获奖者的通知》，经学会推荐，卞正富获得本届中国青年科技奖。

5 月 23—26 日　中国科学技术协会第七次全国代表大会在北京市召开。大会开幕式在人民大会堂举行。胡锦涛、温家宝、曾庆红、吴官正、李长春、罗干等党和国家领导人出席。政治局常委、国家副主席曾庆红代表中共中央发表了题为《立足科学发展　着力自主创新　为建设创新型国家建功立业》的重要讲话。会议选举产生了中国科协第七届全国委员会，学会常务理事谢克昌当选为中国科协副主席，副理事长谢和平、张玉卓当选并连任中国科协第七届全国委员会委员。

5 月 26 日上午　中国科学技术协会第七次全国代表大会在北京

市人民大会堂闭幕。会上颁发了第九届中国青年科技奖，学会推荐的中国矿业大学卞正富和张农荣获中国青年科技奖。

7月11日 批复中国煤炭学会第三届煤矿开采损害技术鉴定委员会组织机构，主任委员刘修源，副主任委员崔继宪、张华兴、邓喀中，秘书长张华兴（兼），副秘书长徐乃中、戴华阳。

同日 批复学会第三届环境保护专业委员会组织机构，主任委员高亮，副主任委员张怀新、张瑞玺、韩宝平，秘书长杨信荣；挂靠单位煤炭科学研究总院杭州环保研究所。

7月16—19日 由国际矿山测量协会秘书处、学会矿山测量专业委员会、中国测绘学会矿山测量专业委员会、中国金属学会矿山测量专业委员会联合组织的"数字矿业城市、数字矿山"建设信息技术学术研讨会在山东省泰安市召开。来自国内外的120余名教授、专家和学者参加了大会。山东省副省长王军民、国际矿山测量协会（ISM）第一副主席俞痕兴出席会议并致辞，中国科学院院士宋振骐教授作了学术报告，大会交流论文20篇。

8月14—15日 学会计算机通信专业委员会在吉林省延吉市召开了"无线技术在煤矿安全生产中的应用专题研讨会"。国家煤矿安全监察局副司长赵震海到会并发言，会上有18位代表作了学术报告。

8月17—18日 2006年全国矿山建设学术年会在云南省昆明市召开，由煤矿建设与岩土工程专业委员会主办，淮南矿业（集团）有限责任公司承办，安徽理工大学协办。与会代表涉及煤炭建设、施工、设计科研、高等院校等单位，共计190人。国家安全生产监督管理总局副局长王显政到会作了重要讲话，学会副理事长兼秘书长胡省三主持大会。本届年会论文集分上、下册共205万字，收录论文268篇，其中评选出优秀论文26篇。

8月24—26日 由中国金属学会矿业系统工程专业委员会、中国煤炭学会煤矿系统工程专业委员会和中国有色金属学会矿业系统工程专业委员会主办，西安建筑科技大学和金属矿山杂志社承办的第十届全国矿业系统工程学术会议在陕西省西安市召开，会议主题是"全球经济下的矿业系统工程"。会议征集论文 240 余篇，其中 109 篇收入会议出版的论文集，煤炭系统的 30 篇第一作者论文收入论文集中。

9 月 11 日 首届"全国煤炭工业生产一线优秀科技工作者技术创新交流活动"在兖矿集团举办，由学会主办，科普工作委员会组织，兖矿集团公司承办。来自全国重点煤炭企业的 150 余名生产一线的优秀科技工作者（35 岁以下）参加了活动。兖矿集团公司董事会主席、学会副理事长耿家怀致欢迎词，学会理事长濮洪九就全国煤炭工业发展形势作了重要讲话。此次活动进行了深入的创新技术交流，组织青年代表到兴隆庄煤矿、济三煤矿参观了高产高效工作面和现代化的地面设施。

9 月 12—14 日 煤矿运输专业委员会在乌鲁木齐市召开了 2006 年学术年会，69 人出席会议。会议听取了《我国煤矿带式输送机现状与发展》等 3 个特邀报告，交流了 6 篇学术论文，组织专家对 81 篇论文进行了评审。

9 月 17 日 按照 2006 中国科协年会总体安排，中国煤炭学会承办了单元会场的学术活动。该活动共编审录用了 26 篇论文，选择了陈清如、张玉卓、刘峰、杜铭华、刘炯天等 8 位知名学科带头人作专题报告；有 52 名煤炭行业代表参加了年会开幕式和分会场的活动，80 余位科技工作者听取单元会场的专题报告。

9 月 17—19 日 中国煤炭学会派遣杨春来、闫莫明等 3 位专家参加了"2006 年全国科普日暨中国科协—吕梁市科技咨询周"活动，专家组分别在吕梁市、柳林县和中阳县举行了三场煤矿安全技术科普讲座，市县机关干部、基层科技人员和煤矿经营管理人员约 500 人听取了专家报告。

9月18—20日　学会选煤专业委员会在陕西省西安市召开了第二届全国选煤年评学术报告会。本届选煤年评共征集论文20篇，有12位专家宣读了年评报告，就选煤行业最新研究成果、目前的形势和发展趋势作了发言。

9月20—22日　由学会岩石力学与支护专业委员会主办的2006全国煤矿高效、安全、洁净开采与支护技术新进展学术研讨会在浙江省温州市举行。会议安排了5个特邀报告，交流了18篇优质论文；根据煤矿现场要求，专门安排了一场"软岩巷道支护难题技术会诊"；组织与会代表参观了具有代表性的"温州经济模式"的两个民营企业。

9月21—23日　煤层气专业委员会主办的2006年煤层气学术研讨会在山东省威海市举行。中国科学院院士、著名地球物理学家刘光鼎先生到会做了题为"中国大地构造格架及演化史"的专题报告；学会副理事长孙茂远为大会致开幕词，并作了题为"当前我国煤层气开发中存在的问题和对策"的报告。30位专家代表作了会议报告，正式出版的论文集中收录论文52篇。本次会议参会单位85个，到会代表256人。

10月16日　孙越崎科技教育基金会第十五届颁奖大会在北京市召开。全国人大常委会副委员长、基金会主任何鲁丽同志，全国政协原副主席孙孚凌同志出席会议，并作了重要讲话。中国神华集团董事长、基金会副主任陈必亭，中国煤炭工业协会会长、基金会副主任范维唐，学会副理事长、基金会秘书长胡省三，中国石油天然气集团公司科技部副主任、基金会副秘书长孙宁向获奖者颁奖。本届共评出孙越崎能源大奖4人，孙越崎青年科技奖20人，孙越崎家乡教育奖8人，孙越崎优秀学生奖121人。煤炭行业张喜武、葛世荣获得孙越崎能源大奖，吕恒林等10人获得孙越崎青年科技奖。

10月19—22日　由学会煤矿机电一体化专业委员会、中国电工技术学会煤矿电工专业委员会主办的 2006 年度学术年会在湖北省宜昌市召开。年会的主题是"煤矿安全与机械化——采、掘、运装备",会议共收到论文 43 篇,由专委会评审录用了 35 篇,出版论文集。

本月 江苏省煤炭学会主办了苏赣皖闽湘五省煤炭学会联合学术交流会暨江苏煤炭科技论坛,会议在苏州市召开。五省煤炭学会的理事长、秘书长及煤炭科技工作者约 250 人出席了会议。江苏省科协学会部部长刘福在到会并作重要讲话,大会邀请中国工程院院士钱鸣高就《深部岩层控制的几个问题》作专题报告。大会共征集论文 186 篇,遴选出 100 篇在《能源技术与管理》增刊上刊登。

11 月 8 日 2006 年西南五省(区、市)煤炭学会学术年会在云南省昆明市举办,来自四川、重庆、贵州、广西和云南的 84 名科技工作者参会。会议编辑了论文集,遴选论文 60 篇,内容包括煤炭生产、洗选加工、环境治理、安全生产技术及安全管理。

11 月 16—19 日 学会开采专业委员会和浙江省安全生产监督管理局联合组织召开的"煤炭采矿新理论与新技术"学术研讨会在杭州市召开。中国矿业大学汪理全、林在康、赵景礼、刘长友,西安科技大学余学义等分别就"煤矿事故分析的基本理论和方法"作了专题报告。与会代表对煤炭安全高效开采与矿压理论发展等形成了 5 点共识。会议收到论文 90 余篇,出版了论文集。

11 月 21—23 日 由学会青年工作委员会、中国地球物理学会技术委员会、学会煤田地质专业委员会等 7 家单位共同举办的"煤矿安全与地球物理"学术与实用新技术研讨会,在北海市召开。会议共交流学术论文 40 余篇,选出 39 篇在《煤炭学报》以专刊形式发表。

11 月 28 日 全国煤炭工业表彰大会在北京人民大会堂召开,全国政协副主席阿不来提阿卜都热西提,中国科协副主席、书记处第一书记邓楠,国家发展改革委副主任欧新黔,国家安全监督管理总局副局长王显政,中国煤炭工业协会会长范维唐,国家发展改革委能源局局长徐锭明出席了表彰大会并为获奖代表颁发了奖状证书。学会理事长濮洪九主持会议。会上，对 2006 年中国煤炭工业协会科学技术奖获奖项目和个人，2006 年（第九届）煤炭青年科学技术奖等奖项进行了表彰和颁奖。经学会评选，柏建彪等 10 位优秀青年获得煤炭青年科学技术奖。

  是年 开采、露天开采、煤化学、测量等专业委员会，湖南省、青海省煤炭学会，开滦矿业集团科协、淮南矿业集团煤炭学会、平煤集团组织发展或重新登记个人专业会员工作，报学会备案的会员总数9213 人，资深会员数 302 人。

2007 年

1月26日 学会秘书处征询了数十位业内院士、知名专家的意见，并经投票评选出 2006 年度煤炭科技十大新闻。

2月 学会主编并出版了《煤矿信息化技术》一书，这是第 5 本学会科技系列丛书，介绍了煤矿信息化的内涵和关键技术及其推广应用。

4月9日 经学会五届七次常务理事会通过，表彰 2005—2006 年度中国煤炭学会先进集体单位 16 个，优秀工作者 18 名；2005—2006 年度全国煤炭科技优秀论文 20 篇。

4月10—11日 中国煤炭学会第六次全国会员代表大会暨学术论坛在北京开幕。中国科学技术协会书记处书记冯长根，国家安全生产监督管理总局副局长、中国煤炭工业协会会长王显政、学会理事长濮洪九等出席会议并作了重要讲话。煤炭行业知名专家钱鸣高、宋振骐、周世宁、洪伯潜、谢和平、张铁岗、陈清如等出席会议。中国能源研究会、中国矿业联合会、中国铁道学会、中国金属学会、中国石油学会等十余家学会的领导或代表到会祝贺。到会正式代表 225 人，列席 40 人，听取了副理事长胡省三作的第五届理事会工作报告。会议由副理事长谢和平、张玉卓主持。会议期间组织了学术论坛，洪伯潜、彭苏萍、袁亮等 8 位专家作了学术报告。选出第六届理事会理事 198 人，第六届常务理事会常务理事 61 人。推选名誉理事长范维唐、钱鸣高，选举理事长濮洪九，副理事长王信、孙茂远、张玉卓、张铁岗、胡省三（常务）、袁亮、谢和平，秘书长胡省三（兼），副秘书长刘修源（常务）、成玉琪、岳燕京。

大会审议通过了学会第五届理事会工作报告和学会新的章程，六届一次常务理事会审议通过了《中国煤炭学会专业（工作）委员会组成人员实施细则》（修订稿）、《中国煤炭学会专业（工作）委员会挂靠单位实施细则》（修订稿）、《中国煤炭学会会费管理办法》等文件，会议讨论通过了《科技工作者道德规范（试行）》。

4月15日 经济研究专业委员会在海南省海口市召开了第一届企业管理信息化创新经验交流会暨第三次现代企业管理前沿问题研讨会。全国企业信息化领导小组办公室副主任陈立波出席会议并解读"关于加强中央企业信息化工作的指导意见"。中煤能源集团信息中心主任黄林川等10位同志作了专题报告。

5月8日 计算机通信专委会在湖南省长沙市召开了安全生产应急平台及企业应急管理与处置突发事件信息保障技术研讨会，150位代表到会。会议邀请中国工程院院士、清华大学公共安全研究中心主任范维澄作了"国家应急平台体系及关键技术"的研究报告；国家安全生产应急救援指挥中心常务副主任兼总工程师李万疆对"国家安全生产应急平台救援体系总体方案"做了重点讲述；国家安全生产监督管理总局通信信息中心副主任张瑞新针对"安全生产应急管理与救援指挥信息技术"作了主题报告。

5月12—13日 露天开采专业委员会在云南省丽江市召开了五届四次工作会议，与会代表65人。主任委员洪宇总结了本届委员会工作情况，肯定了成绩，提出进一步做好工作的思路。才庆祥常务副主任委员对申报国家"十一五"科技支撑计划项目的情况作了说明。

8月3—5日 煤矿开采损害技术鉴定委员会在山东黄岛召开了2007年工作会议。秘书长张华兴汇报了1年来鉴定委员会的工作情况，会议就开采沉陷中"充填采煤技术理论和现状"进行了专题讨论和交流。

8月6—7日 瓦斯地质专业委员会主办的 2007 年全国瓦斯地质学术年会在武夷山市召开。瓦斯地质专委会主任、河南理工大学原校长袁世鹰发表了讲话，唐修义、王兆丰等 11 位专家进行了大会交流。本次年会编辑出版了论文集，收录论文 74 篇。

8月14日 2007 年学会科普工作会议暨《当代矿工》杂志宣传工作会议在贵阳市召开。主任委员窦庆峰作了科普工作委员会工作报告，部署了今后的工作任务；《当代矿工》杂志副主编丁言伟总结了《当代矿工》杂志的工作。会议表彰了开滦集团等 6 个科普工作先进单位、淮北矿业集团等 11 个《当代矿工》杂志优秀宣传单位，听取了代表的工作建议。

同日 第十七届全国煤矿自动化学术会议在厦门市召开，到会代表 60 余人，共收到论文 77 篇，论文集录用 74 篇。围绕煤矿综合自动化系统网络平台的建设，6 位专家做了学术报告。

8月21—23日 第六届岩石力学与支护专业委员会在乌鲁木齐市举行了换届工作会议，同时召开了"2007 全国煤矿高效、安全、洁净开采与支护技术新进展学术会议"。15 位代表作了学术发言，其中国际岩石力学学会副主席、中国科学院武汉岩土所冯夏庭教授作了题为"矿山地质灾害风险估计与调控的智能方法"的报告。会议期间还召开了煤科总院开采分院承担的国家 973 项目"预防煤矿瓦斯动力灾害的基础研究""采动裂隙场时空演化与瓦斯流动场耦合效应"中期汇报研讨会。

8月28日 煤田地质专业委员会和中国煤炭工业劳动保护科学技术学会水害防治专业委员会在乌鲁木齐市联合召开了 2007 年学术研讨会。大会的主题是"煤矿安全高效开采的地质保障技术"，共有 81 名代表参加了本次会议。15 名专家在大会上作了交流发言，正式出版了《安全高效煤矿地质保障技术及应用》的论文汇编。

9月8日 批复中国煤炭学会第二届经济研究专业委员会组织机构，主任委员范宝营，副主任委员申明新、刘延龙、吴志刚、周敏、郝贵，秘书长张文山；专委会挂靠单位煤炭科学研究总院经济与信息研究分院。

9月8—11日 开采专业委员会2007年学术年会暨煤炭开采新理论与新技术学术研讨会在山西省大同市举行，270人参加了会议。山西省科协副主席关原成、山西省煤炭学会理事长李成先、同煤集团副总邸学勤和开采专业委员会主任王悦汉分别讲话。刘长友等8位教授作了专题发言。与会代表围绕煤炭开采中复杂条件下的开采技术、采场岩层控制、锚杆支护新理论与技术、煤炭开采中瓦斯治理、高温矿井热害治理技术等进行了研讨和充分交流。

9月14日 由福建省煤炭学会承办的2007年闽赣皖湘苏五省煤炭学会联合学术交流会在厦门市召开。福建省科学技术协会副主席柯少愚到会讲话；福州大学教授、福建省安全生产技术专家沈斐敏在会上作题为"矿山水害现状及防治"的专题讲座，18位同志代表论文作者在会上进行了交流。本次会议收到论文147篇，展示了近年来五省煤炭技术人员的科研成果。

9月17—18日 2007全国矿山建设学术年会在湖北省宜昌市召开。会议邀请了三峡建设总公司原总经理、中国工程院院士陆佑楣做了《依靠高新技术建设三峡大坝》的学术报告。洪伯潜、程桦等6位专家作了专题报告。会议出版论文集一册，共收集论文180篇。

9月17—18日 学会煤矿运输专业委员会在北海市召开了2007年学术年会。会议围绕"坚持科学创新、管理创新，推进煤矿运输生产发展"主题进行了深入探讨，交流学术论文39篇。会议期间，准轨运输、辅助运输、矿井运输三个学组代表进行了分组讨论。专业委员会主任委员李昃提出了"立足科技创新，打造学术交流品牌""立足学会建设，发挥联合协作优势""立足改革发展，提升委员会工作水平"三个要求。

9 月 20—24 日 全国煤层气学术年会在浙江省宁波市召开。中国工程院院士、中国石油学会石油地质专业委员会主任翟光明到会作主旨报告；23 位专家进行了学术报告交流，内容涉及我国煤层气产业发展总体情况、煤层气勘探潜力分析、地质储层评价、钻井压裂增产技术等各个方面，集中反映了近年来我国煤层气快速发展过程中所取得的丰硕成果。出版了会议论文集。

10 月 10 日 批复学会第六届矿井地质专业委员会组织机构，主任委员张明旭，副主任委员彭苏萍、李恒堂、魏振岱、赵伟，秘书长赵志根、吴基文；挂靠单位安徽理工大学。

10 月 16 日 由孙越崎科技教育基金委员会委托学会组织专家评审，经委员会审定，评选出第十六届孙越崎科技教育基金"能源大奖""优秀青年科技奖""优秀学生奖""家乡教育奖"获奖者共 169 名。煤炭行业康红普、卫修君获得孙越崎能源大奖，毕银丽等 10 人获得孙越崎优秀青年科技奖。

10 月 25—27 日 煤矿瓦斯治理国家工程研究中心、中国煤炭学会、中国矿业大学、淮南矿业集团和国外研究机构共同主办了"2007 中国（淮南）煤矿瓦斯治理技术国际会议"，学会常务理事周世宁、张铁岗等来自国内外近 150 位瓦斯治理领域的专家聚会淮南，共商瓦斯治理大计。国家发改委"煤矿瓦斯防治部际协调领导小组"办公室主任吴吟到会作了重要讲话；副理事长袁亮等中国专家和来自澳大利亚、德国、日本的同行研究交流世界最新、最前沿的瓦斯治理技术，探讨了瓦斯治理的新趋势，共同分享了煤矿瓦斯治理与利用的最新成果。

11 月 7—9 日 由中国煤炭学会矿山测量专业委员会、中国测绘学会矿山测量专业委员会、中国金属学会矿山测量专业委员会联合组织的第七届全国矿山测量学术会议在福建省厦门市召开，116 名专家学者和代表到会交流。本次会议共收到论文 70 篇，11 篇论文进行了大会交流。会议期间，《矿山测量》编辑部召开了 2007 年工作会议，听取 20 余名编委的工作建议。

11 月 15—17 日 煤矿建筑工程专业委员会 2007 年年会与学术交流会于在南宁市召开。副主任蒋纯秋作了"工程咨询设计贯彻节约资源基本国策的思考"演讲，王志杰等 6 位专家作了学术报告。

12 月 26 日 云南省煤炭学会在昆明市召开第八次代表大会，云南省煤监局副局长王祥、省民政厅领导出席会议并讲话。会议选举了云南省煤炭学会第八届理事会，理事长刁登才、副理事长李超胜、王文忠、沈陇、黄初超、王高生、陈炳昌（兼秘书长）。

12 月 28 日 中国青年科技奖 20 周年暨第十届中国青年科技奖颁奖大会在北京人民大会堂举行。党和国家领导人王兆国、李源潮、韩启德、陈至立，中国工程院院长徐匡迪，中国科协名誉主席周光召等为获奖者颁奖，中组部部长李源潮发表讲话。学会副理事长，四川大学校长谢和平代表往届获奖代表发言。学会往届获奖代表陈立武、胡振琪和本届获奖代表代世峰出席了颁奖大会。

是年 学会与平顶山煤业集团共同承担并完成了中国科协"煤炭工业技术政策研究与修改建议"；学会承担了中国煤炭工业协会《煤炭信息化技术发展研究》项目；与国投新集能源股份公司共同开展了"高速、高效建设刘庄矿井综合研究"的课题，均取得了较好效果。

2008 年

2 月 2 日 由中国煤炭学会主持，煤层气专业委员会组织有关专家对"陕西韩城煤层气合作项目综合研究"项目成果进行了技术鉴定。

3 月 26 日 由中国煤炭学会青年工作委员会、中国地球物理学会、煤炭资源与安全开采国家重点实验室联合主办，淮南矿业集团公司承办的煤矿安全与地球物理研讨会在淮南市举行。中国科学院院士滕吉文、中国工程院院士彭苏萍参加了会议。

4 月 11 日 中国煤炭学会六届二次常务理事会暨学术论坛在北京市召开。参加会议的有学会理事长、副理事长 8 人，常务理事 36 人，学术论坛报告人、主管刊物负责人等列席代表 8 人。上午的会议由濮洪九理事长主持，传达贯彻了中央书记处对科协学会工作的意见和中国科协有关工作要求；审议讨论了学会 2007 年工作总结和 2008 年工作计划；审议有关专业委员会换届建议名单和第 14 批资深会员名单。下午举办了覆盖多个专业的学术论坛，理事长濮洪九作了题为"关于我国雨雪冰冻时期电煤供应紧张的思考和建议"的报告，提出有分量的科学建议；学会副理事长袁亮针对广为关注的"低透气性煤层群无煤柱煤和瓦斯共采关键技术"的研究作了发言；副理事长张玉卓讲述了从高碳能源到低碳能源——煤炭清洁转化的前景。

4 月 16 日 中国煤炭学会 2008 年工作会议在海南省海口市召开。各专业（工作）委员会、省区市煤炭学会负责人，团体会员单位的代表和有关企业技术中心主任 85 人出席了会议。会议的主要内容有：传达中国科协有关会议精神；报告煤炭学会 2007 年工作总结及 2008 年工作要点；进行经验交流，讨论学会继续创建"1248 品牌工程"的建议和体会。

5 月 6 日 批复学会第六届煤矿建设与岩土工程专业委员会组织机构，主任委员周兴旺，副主任委员张振义、张开顺、周国庆、郑高升，秘书长王长生，副秘书长张洁；挂靠单位北京中煤矿山工程公司。

同日 批复学会第六届选煤专业委员会组织机构，主任委员刘峰（唐山院），副主任委员刘炯天、周少雷、梁金钢，秘书长杨俊利；挂靠单位煤科总院唐山研究院。

5 月 15 日 学会秘书处工作人员踊跃为汶川地震灾区捐款，其中正、副秘书长捐款都在千元以上，学会理事长捐款超过 6000 元。

5 月 25 日 由中国煤炭学会、煤矿瓦斯治理国家工程研究中心共同举办的"低透气性煤层群无煤柱煤与瓦斯共采关键技术"现场推广会在安徽淮南矿业集团举行。两院院士常印佛、钱鸣高、周世宁、宋振骐、张铁岗，国家发改委、国家煤矿安全监察局、中国煤炭工业协会、安徽煤矿安全监察局、安徽省发改委、淮南市政府等有关部门领导及淮南矿业集团有关领导出席了会议。来自全国企事业单位代表近 200 人参加了推广会，学会常务副理事长兼秘书长胡省三主持了会议。煤矿瓦斯治理国家工程研究中心主任，淮南矿业集团常务副总经理、总工程师袁亮详细介绍了低透气性煤层群无煤柱煤与瓦斯共采关键技术，代表、专家们下井实地进行了考察。

6 月 26—27 日 由煤炭科学研究总院和神华集团公司主办，煤化学专业委员会参与承办的"煤炭直接液化技术国际研讨会"在北京召开。参加会议的有 973 计划项目"大规模煤炭直接液化的基础研究"科技部咨询责任专家和项目组专家，973 项目各课题组成员和神华集团领导和技术人员共 70 余人，美国、法国、日本等从事煤炭直接液化技术研究和工程开发的 10 位国外专家出席了会议。

7 月 16 日　批复第五届煤矿运输专业委员会组织机构，主任委员李旻，副主任委员刘峰（中煤工业协会）、肖兴明、罗庆吉、姜汉军、曹再富，秘书长刘峰（兼），副秘书长韩英利；挂靠单位辽宁抚顺矿业集团。

7 月 20 日　批复中国煤炭学会第六届露天开采专业委员会组织机构，主任委员洪宇，副主任委员才庆祥（常务），马军、王冲、王建国、李东，秘书长李克民，副秘书长解连江；专委会挂靠单位，中国矿业大学、煤炭科学研究总院重庆研究院。

7 月 25—27 日　2008 年露天采矿学术会议在辽宁省大连市召开，103 名代表出席了会议。会议进行了学术交流，企业代表介绍了新技术在露天矿的应用情况。

8 月 11 日　批复中国煤炭学会第四届煤矿自动化专业委员会组织机构，主任委员孙继平，副主任委员于励民、马小平（常务）、刘建功、胡省三、胡穗延，秘书长李明、兰西柱；挂靠单位中国矿业大学（北京）。

同日　批复学会第五届爆破专业委员会组织机构，主任委员陈维健，副主任委员王来、马芹永、孙守仁、杨小林、高全臣，秘书长张金泉，副秘书长陈士海；挂靠单位山东科技大学。

8 月 27—28 日　由学会矿山测量专业委员会、煤矿开采损害技术鉴定委员会联合组织的"三下"采煤学术会议在长春市召开，来自全国高校、科研和生产单位的 120 余名代表参加了会议。其间，同时召开了开采损害技术鉴定委员会 2008 年工作会议。14 篇论文进行了大会交流，会议共收到论文 70 余篇，其中采用 58 篇论文，编辑出版了论文集，内容包括开采沉陷与"三下"采煤、土地复垦与环境保护、矿山测量与新技术等方面。

8 月 27—28 日　2008 年全国选煤技术交流会在乌鲁木齐市召开。会上，18 位代表宣读了论文，就选煤工业与节能减排，当前最新研究课题及选煤新工艺新技术的应用，选煤厂的科学管理等方面进行了深入的交流。

8月28日 学会科普工作会议暨《当代矿工》杂志宣传工作会议在西安市召开。科普工作委员会秘书长何国家作了题为"努力进取再创科普工作新局面"的科普工作报告，丁言伟副主编介绍了一年来《当代矿工》杂志的发展情况。会议对学会科普工作先进单位、《当代矿工》杂志宣传工作先进单位进行了表彰。

9月5日 第三届全国煤炭工业生产一线青年技术创新论坛在大同煤业集团举办。理事长濮洪九在论坛上就煤炭科技进步和人才培养发表了讲话，常务副理事长胡省三作了题为"近期我国煤炭科技发展几个问题的探讨"的报告，9位一线青年代表作大会创新技术交流。本届会议评出优秀青年科技工作者20名，优秀论文100篇，并编辑出版了论文集。会议为这些平时很少参加跨地区学术活动的35岁以下一线青年科技人员搭建了开展学术交流、展示科技成果的平台。

9月7日 批复学会第六届开采专业委员会组织机构，名誉主任委员钱鸣高、宋振骐，主任委员王悦汉，副主任委员金太、张能虎、刘长友（常务）、李新宝、翟德元，秘书长刘长友（兼）；挂靠单位中国矿业大学。

同日 第十届中国科协年会在郑州市国际会展中心开幕。包括100余位两院院士在内的10000多名来自全国各地、各学科领域的科技工作者参加了开幕式。学会副理事长张铁岗参加了此次年会，并向河南省政府建言献策。

9月20日 第九届煤炭经济管理论坛暨2008年学会经济管理专业委员会年会在威海市召开。论坛主题是：企业全面风险管理与控制。中国煤炭工业协会副会长杨化彭代替会长王显政作了主题报告："加强企业风险管理提高行业整体竞争力"。7位教授、专家作了专题报告，论坛共收到75个单位撰写的450篇论文，遴选出优秀论文案例编辑成册。

9 月 22 日 青海省煤炭学会第六次会员代表大会在西宁市召开。会议选举产生了青海省煤炭学会第六届理事会，研究安排了新一届理事会的工作。大会选举产生了 28 名常务理事和 68 名理事，理事长由青海煤业集团公司董事长陈德明担任，副理事长刘天绩、霍建洲、单玉昆、马生贵、赵少普、祁瑞清，秘书长郝勋。

9 月 22—24 日 计算机通信专委会主办的矿井综合自动化与信息化建设模式及相关技术专题研讨会在江苏省昆山市召开。各煤炭企事业单位的代表 160 余人出席了会议。国家煤矿安全监察局副司长李维敏和煤炭工业通信信息中心副主任卞长弘到会并讲话。西安科技大学副校长卢建军等作了专题报告，全面概述了目前矿井综合自动化与信息化建设模式及相关技术的发展与现状；3 家煤炭企业分享了矿井综合自动化与信息化建设方面的情况和经验；会议邀请到西门子（中国）有限公司、方正科技集团股份有限公司等几家 IT 企业在会上作了专题发言。会后组织代表参观了上海宝钢公司。

9 月 23—25 日 学会煤矿自动化专业委员会换届大会暨第 18 届全国煤矿自动化与信息化学术会议在杭州市召开。6 位专家作了学术报告，会议共收到论文 149 篇，录用 145 篇，收入《第 18 届全国煤矿自动化与信息化学术会议论文集》。会议期间，代表们参观了杭州华三通信技术有限公司。

9 月 24—26 日 煤层气学术研讨会在江西省井冈山市召开。参加会议的领导、专家、学者和技术人员共 258 人，"煤层气技术和装备成果展览"也如期举办。大会进行了三个主题报告，23 位专家学者作了大会发言，报告集中反映了近年来我国煤层气快速发展过程中所取得的丰硕成果和技术探索。2 家外国公司介绍了新产品在煤层气勘探开发中的应用。会议交流论文 62 篇，出版了论文集，编制了《2008 年煤层气勘探开发形势图》，发布了准确权威的全国煤层气产业统计数据。

10月16日　孙越崎科技教育基金第十七届颁奖大会在江苏省徐州市中国矿业大学举行。孙越崎科技教育基金会顾问、全国政协原副主席孙孚凌，孙越崎科技教育基金会副主任、学会理事长濮洪九，全国人大常委、民革中央教科文卫体委员会副主任、中国安全生产科学院总工程师张兴凯，江苏省政协副秘书长唐立鸣等领导到会。煤炭系统刘炯天、刘建功获能源大奖，20人获青年科技奖，8人获家乡教育奖，147人获优秀学生奖。会上还举行了中国矿业大学孙越崎学院揭牌仪式和煤炭系统历届能源大奖获奖代表学术报告会，钱鸣高、彭苏萍、袁亮、康红普等4人作了学术报告。

11月8日　批复学会第六届煤矿安全专业委员会组织机构，名誉主任委员周世宁、张铁岗，主任委员王建国，副主任委员马丕梁、王德明、李伟、罗海珠、黄声树，秘书长霍中刚，岳超平。

12月1日　由中国煤炭学会推荐的中国矿业大学（北京）毕银丽获得第五届中国青年女科学家提名奖，为煤炭系统唯一获奖者。中国青年女科学家奖旨在表彰奖励在科学领域取得重大、创新性科技成果的女性青年科技工作者，该奖每年评选一次，每次不超过5名，同时设立提名奖，每次不超过5名，要求获奖者在基础科学领域中取得创新性科研成果或产生显著的社会效益和经济效益。

是年　中国煤炭学会主办的《煤炭学报》，由美国工程索引"Ei"外围数据库正式进入"Ei Compendex（核心数据库）"，并基本实现了每期100%的检索率，各项评价指标均位于矿业类核心期刊首位。组织评选了第十届全国煤炭青年科技奖，神华万利公司雷亚军等10人获此荣誉。

是年　中国煤炭学会新发展个人会员2320人，其中资深会员51人（总数418人）。

2009 年

2 月 22 日 中国煤炭学会六届三次常务理事会暨学术论坛在北京西郊宾馆召开。参加会议的有学会理事长、副理事长 8 人，常务理事 41 人，学术论坛报告人、主管刊物负责人等列席代表 14 人。学会理事长濮洪九主持学习了胡锦涛总书记在中国科协成立 50 周年大会上的讲话精神，并作了煤炭工业形势报告；常务副理事长兼秘书长胡省三报告了学会 2008 年工作总结和 2009 年工作要点，并审议通过了增补葛世荣教授为学会副理事长的议案。副理事长谢和平介绍了由学会承担的中国工程院课题"2030，2050 中国煤炭工业发展战略研究"项目进展情况。下午的会议由周世宁院士主持，组织了学术报告和经验交流，孙继平、黄福昌、公茂泉、周兴旺等 4 位专家作了学术报告和经验交流。

2 月 25 日 按照《中国煤炭学会先进集体、优秀工作者评选奖励办法》《中国煤炭学会秘书长综合评估指标体系》，组织开展了 2007—2008 年度先进集体、优秀工作者的评选工作。评选出科普工作委员会、山东煤炭学会等 10 个先进集体，李旻、姚建国、邓波、姜舒等 10 位优秀工作者。

2 月 26 日 中国煤炭学会在北京组织有关专家对北京中煤矿山工程有限公司（煤科总院建井研究分院）完成的"SPL-4 型湿式混凝土喷射机"项目进行了鉴定。中国煤炭学会理事长、中国煤矿尘肺病治疗基金会理事长濮洪九，学会副理事长、秘书长胡省三，天地科技股份有限公司总经理吴德政，中国工程院院士洪伯潜等 15 名领导专家出席了鉴定会，学会副秘书长成玉琪主持会议。

本月 中国煤炭学会联合中国煤炭报社和煤炭信息研究院共同组织的 2008 年煤炭科技十大新闻评选，在广泛征集业内专家意见的基础上，经数十位院士、专家投票产生了"2008 年煤炭科技十大新闻"。"低透气性煤层群无煤柱煤与瓦斯共采关键技术"获重大突破，获 2008 年度煤炭科技进步特等奖；我国首个亿吨级大型煤电基地（两淮亿吨级煤电基地）建成投产；"年产 600 万吨综采成套技术与装备"井下试验成功，获 2008 年度煤炭科技进步特等奖等 10 项入选。

3 月 25 日 中国煤炭学会 2009 年工作会议在扬州市召开。会议的主要内容有：贯彻落实胡锦涛总书记对全国学会工作的重要指示，传达中国科协有关会议精神；报告中国煤炭学会 2008 年工作总结及 2009 年工作要点；进行学会工作经验交流和表彰奖励。会议对 2007—2008 年度学会先进集体、优秀工作者，全国煤炭科技优秀论文代表进行了颁奖。

4 月 27 日 首届全国煤炭经济管理学科发展论坛在珠海市召开，论坛由学会经济管理专业委员会主办，中国矿业大学管理学院和河北省煤炭学会协办。会议确定了举办全国煤炭经济管理学科发展活动分为三个阶段：第一阶段，召开首届全国煤炭经济管理学科发展论坛；第二阶段，修改补充定稿，编辑出版《首届全国煤炭经济管理学科发展报告》；第三阶段，定于 10 月中旬在中国矿业大学管理学院 55 周年之际，召开首届全国煤炭经济管理学科发展发布会。

5 月 8 日 安徽省煤炭学会第六次会员代表大会在合肥市召开。安徽省科协副主席王海彦、学会部部长魏军锋、省民政厅民间组织管理局副局长王南来应邀出席大会。王海彦在大会上作了讲话，安徽煤矿安全监察局党组书记、局长桂来保到会祝贺并讲话，中国煤炭学会向大会发来贺信。大会选出理事长李忠，副理事长袁亮、葛春贵、吴玉华、朱林、程桦、颜事龙、王厚良、杨裕官、魏振岱、李宾、林金松；秘书长陆中原，副秘书长聂士奎。

5月21—22日 由煤炭科学研究总院和中国煤炭学会主办的"2009 年煤矿瓦斯灾害预防与控制国际研讨会"在重庆市召开。中国煤炭学会、科技部、重庆市科委、中国煤炭科工集团以及煤炭科学研究总院相关领导出席了会议，来自澳大利亚联邦科学与工业研究院、日本 JCOAL 能源集团、中国矿业大学、河南理工大学、淮南矿业集团等 10 家国内外研究机构、11 所高等院校和 25 家煤炭生产企业集团的 220 余名代表参加了会议。理事长濮洪九在讲话中介绍了我国煤炭工业的发展现状和趋势；28 位国内外专家学者对各自的学术成果作了学术演讲。会议共收到了国内外专家提交的学术论文 152 篇。

6月30日 福建省煤炭学会第七次代表大会在福州市召开。福建省民政厅和省科协有关领导到会并讲话。第七届理事会共产生 105 名理事和 35 名常务理事，选举理事长姜初炎，副理事长黄建龙（常务）、卞春文、黄友星、俞建辉、李叶枝、陈黎芳，秘书长黄建龙（兼）。

7月3日 批复学会第四届瓦斯地质专业委员会组织机构，主任委员邹友峰，副主任委员卫修君、张子敏（常务）、胡千庭、郭德勇、曾勇，秘书长张子戌；挂靠单位河南理工大学。

同日 批复中国煤炭学会第六届煤化工专业委员会组织机构，主任委员徐振刚，副主任委员曲思建（常务）、李晨、吕俊复、宋旗跃、房倚天，秘书长曲思建（兼），副秘书长马伟伟；挂靠单位煤炭科学研究总院北京煤化工研究分院。

7月25—27日 开采损害技术鉴定委员会在大连市召开了 2009 年工作会议，25 名委员参加了会议。主任委员刘修源就鉴定委员会的历史做了全面的介绍，对煤炭学会 1248 品牌做了全面解释，对技术鉴定工作提出创建品牌的要求。会议还就"三下"采煤规程的修改问题及修改内容进行了充分讨论。

8月1—3日 现代化露天开发与开采科技学术研讨会在湖南省张家界市召开，来自矿山企业、科研院所、大专院校以及相关设备制造商等单位的与会代表共128名，收到学术论文31篇，编辑印刷了论文集。田会、才庆祥等8位专家做了大会交流，内容涉及我国露天煤矿规模化现代化开发与建设，露天开采新工艺、新技术、新装备，以及对我国露天煤矿事业发展的合理化建议。

8月2日 《大众科技报》主编吴红雅对煤炭学会的工作进行了调研，撰写成文章于8月2日在该报B2版全文发表。标题是：默默燃烧惠及行业——中国煤炭学会"1248品牌工程"纪实。

8月4—5日 瓦斯地质专业委员会换届暨中国矿业大学（北京）百年校庆学术会议在北京中国矿业大学国际交流中心举行。学会常务理事、中国矿业大学（北京）校长乔建永教授在开幕式上致辞，对瓦斯地质专业委员会换届大会成功召开表示祝贺，学会副秘书长岳燕京宣布了学会对第四届瓦斯地质专业委员会组成人员的批复，并对新一届专委会工作提出了要求。会议期间，郭德勇、卫修君、王兆丰、张子敏等专家作了学术报告，共有11位代表进行了大会交流。会议正式出版了《基于瓦斯地质的煤矿瓦斯防治技术》论文集，收录论文40余篇。

8月10—12日 由矿山测量专业委员会组织的2009年全国矿山测量新技术学术会议在兰州市召开，117名代表到会。会议上对10篇论文进行了交流。会议共收到论文69篇，其中55篇论文被采用，并编辑出版了论文集，内容包括矿山测量与3S技术、开采深陷规律与"三下"采煤、土地复垦与环境保护等多方面。

8月11—13日 由计算机通讯专委会组织的矿区统一通信技术及方案研讨会在黑龙江省黑河市召开。会议邀请了工业和信息化部通信科技委副主任、中国国家无线电频率规划专家咨询委员会主任、国家无线电管理局原副局长陈如明教授作了《信息化及应急通信与无线城市融合发展策略思考》的专题报告，受到代表们的高度评价。会上报告了 7 篇论文，书面交流 28 篇，并编辑出版了论文集。

8 月 14—17 日 由学会选煤专业委员会、《选煤技术》编辑部、煤炭工业选煤情报中心站共同组织的第十二届全国选煤学术年会在西宁市召开，156 名代表到会。16 位选煤专业人士就最新研究课题、新工艺技术的应用以及技术革新和改造的成功经验进行了深入的交流；参加会议的厂家代表介绍了新产品、新设备。

8 月 19—21 日 矿井地质专业委员会 2009 年学术论坛暨矿井地质专业委员会六届三次会议在重庆市召开。会议主题：矿山地质灾害成灾机理与防治技术研究与应用。委员会主任张明旭对今后矿井地质专业委员会的工作做了说明。

8 月 21 日 第四届全国煤炭工业生产一线青年技术创新交流活动暨第十届全国煤炭青年科技奖颁奖大会在现代化亿吨级煤炭生产基地——神东煤炭集团召开。学会理事长、中国煤炭工业协会副会长濮洪九教授，学会副理事长兼秘书长胡省三教授，学会副理事长、神华集团公司总经理张玉卓研究员出席了会议。大会表彰了王正辉等 20 名全国煤炭工业生产一线优秀青年科技工作者和黄忠等 10 名全国煤炭青年科技奖获得者，神东煤炭集团等 10 个单位的代表交流了优秀科技论文。与会代表参观考察了神东煤炭集团上湾煤矿、补连塔煤矿等现代化矿井以及神东煤制油公司，学习神东煤炭集团在科技创新方面的成功经验。

8 月 25 日 煤矿运输专业委员会在黑龙江省黑河市举办了 2009 年学术年会。会议围绕"研讨煤矿运输提高装备利用效率，强化安全生产管理"的主题进行了深入探讨。大会交流学术论文 42 篇，宣讲 4 篇。

8月28—29日 水力采煤专业委员会换届及"采区化水采"项目鉴定会在吉林省白山市召开，学会副理事长胡省三、副秘书长成玉琪及有关地方领导参加了会议。会议对通化矿业（集团）有限责任公司和中煤科工集团唐山研究院共同完成的"采区化水采"项目进行了鉴定。会议上专业委员会按照《中国煤炭学会章程》进行了换届，组成第六届水力采煤专业委员会，常务副主任委员梁金宝，副主任委员曲连志、刘尚海、李成敏、吴连成，秘书长刘尚海（兼）。

9月9日 2009年学会科普工作会议暨《当代矿工》杂志宣传工作会议在西昌市召开。学会副理事长胡省三教授到会并做了我国煤炭工业中长期发展战略研究的学术报告；科普工作委员会秘书长何国家做了工作报告，提出要重点抓好五项任务；丁言伟副主编在会上做了《当代矿工》杂志工作报告。会议对学会科普工作先进单位、《当代矿工》杂志宣传工作先进单位进行了表扬。

9月17日 江西省煤炭学会承办的2009年赣湘苏闽皖五省煤炭学会联合学术交流会在南昌市举办。出席会议的有中国工程院院士彭苏萍、江西省科协副主席梁纯平、江西省科协学会部部长孙卫民、江西省煤炭学会理事长钱林芳，以及湖南、江苏、福建和安徽省煤炭学会的领导和其余到会代表共153人。彭苏萍院士到会作了题为"煤矿高效安全开采地质保障系统"学术报告，毫无保留地与代表互动，现场答疑解惑。10位科技工作者进行了论文交流。会议收到80多篇论文，精选47篇论文进行交流，刊登在《江西煤炭科技》2009年第三期。

9月19日 2009年经济管理专业委员会年会暨第十届中国煤炭经济管理论坛在辽宁省丹东市召开，主要议题是现代企业内部管理与控制。专委会主任范宝营等10位专家作了论坛专题报告。

9月19—22日 全国煤矿安全、高效、洁净开采与支护新技术学术会议在南宁市举办，由学会岩石力学与支护专委会组织，《煤矿开采》编辑部、冲击地压信息分站协办。17 人在大会作了学术报告，内容涉及 3 个方面，即充填开采技术，冲击地压发生机理及预测与防治技术，安全、高效、洁净开采技术新进展。会议还组织了"冲击地压预测与综合防治技术专题研讨会"，8 位代表分别介绍了他们的研究成果及冲击地压预测与综合防治的技术实践。

9 月 24—26 日　2009 亚洲太平洋国际煤层气会议暨中国煤层气学术研讨会在江苏省徐州市隆重召开，由学会煤层气专业委员会、中国石油学会石油地质专业委员会、中国矿业大学联合主办。来自中国、澳大利亚、美国、德国等七个国家共 300 余人到会。会议汇集了煤层气、矿井瓦斯、煤成气、二氧化碳注入提高煤层气采收率等最新科学成果，15 位代表作了特邀发言，10 位代表作了主题报告，38 篇论文在会上进行了学术交流。会议共征集论文 208 篇，有 116 篇收入论文集，其中英文 63 篇，中文 53 篇。

10 月 12 日　学会科技情报专业委员会第五届工作会议暨学术研讨会在云南省腾冲市召开。国家安全生产监督管理总局信息研究院院长、科技情报专业委员会主任黄盛初代表第四届和第五届科技情报专业委员会作了工作报告，并作题为"国内外煤炭工业发展趋势与煤矿安全战略"的专题报告。第五届科技情报专业委员会主任委员：黄盛初，副主任委员：张瑞玺、胡予红、顾大钊、游浩、黄声树，秘书长：徐启敏；挂靠单位：国家安全生产监督管理总局信息研究院。

10 月 19 日　批复中国煤炭学会第二届短壁机械化专业委员会组织机构，名誉主任委员钱鸣高、袁亮，主任委员王虹，副主任委员师文林、李东、张彦禄、金智新、翟桂武，秘书长李变荣；挂靠单位中煤科工集团太原研究院。

同日　批复中国煤炭学会第五届煤矿机电一体化专业委员会组织机构，名誉主任委员胡省三，主任委员何敬德，副主任委员王继生、朱真才、刘春生、吴兴利、陈同宝，秘书长陈爱珠；专委会挂靠单位中煤科工集团上海研究院。

10 月 24 日 孙越崎科技教育基金第十八届颁奖大会在北京市举行。出席颁奖大会的主要领导：全国人大常委会原副委员长、孙越崎科技教育基金会主任何鲁丽；国务院参事、中国石油咨询中心主任，孙越崎科技教育基金会副主任郑虎；中国煤炭工业协会副会长姜智敏；民革中央社会服务部副部长李宁；孙越崎科技教育基金会秘书长、学会副理事长胡省三，以及家属代表孙大武同志等。学会理事长、孙越崎科技教育基金会副主任濮洪九主持会议。煤炭行业宁宇、李伟获得孙越崎能源大奖，刘见中等 10 人获得孙越崎青年科技奖。

11 月 3 日 江西省煤炭学会暨《江西煤炭科技》成立（创刊）30 周年学术研讨会在南昌市举行。参加大会的有江西煤炭系统各管理部门领导，各区市煤炭学会、省煤炭学会各分会、各专业委员的代表，《江西煤炭科技》编委会、编辑部代表，会议受表彰人员、会议特邀老领导和老专家、会议论文交流作者，共计 100 余人。

11 月 17—19 日 由煤矿建设与岩土工程专业委员会主办的 2009 全国矿山建设学术年会在厦门市召开。中国工程院院士洪伯潜作了题为"千米深井钻井法凿井井壁结构优化设计"的报告，唐永志等 11 位专家作了大会交流。出席会议的有来自全国 53 个企事业单位的 176 名代表。会议出版论文集 2 册（200 万字），评选出优秀论文 23 篇。

11 月 19—22 日 开采专业委员会举办的 2009 年全国煤矿安全、高效、绿色开采理论与技术新进展研讨会在太原市召开。窦林名、赵阳升等 12 位专家、教授在大会作了学术报告，内容涉及安全、高效、绿色开采技术新进展，充填开采技术，冲击地压发生机理及预测与防治技术等方面。会议期间还组织了西山煤电集团技术难题专题研讨会。

11 月 21 日 煤化工专委会换届大会暨 2009 年全国煤转化-煤基多联产技术经济及产业化论坛在昆明市召开。来自煤炭、化工、石油行业以及第六届煤化工专业委员会等单位近 200 人出席了论坛。论坛邀请了石油和化学工业规划院白颐副院长、刘延伟副总工程师、中国科学院山西煤化所房倚天研究员等 19 位业内知名专家作了高水平学术报告，报告涉及大量煤化工技术发展的热点问题，引起与会代表的广泛关注。会议收到 56 篇论文，出版了《煤化工技术理论与实践》专著；编印了《2009 年全国煤转化-煤基多联产技术经济及产业化论坛报告文集》，收录了 22 篇报告。

11 月 26 日　湖南省煤炭学会第七次会员代表大会在韶山市召开。会议全面总结了学会六届理事会工作，选举产生了第七届理事会，部署了今后工作。大会还同时举办了煤炭科技高峰论坛。大会选举产生了第七届理事会，其中理事 196 人；常务理事 31 人；正、副理事长 13 人，李联山当选为理事长。大会宣读了授予第六届理事会副理事长兼秘书长姜舒"突出贡献奖"的决定。

12 月 15 日　批复中国煤炭学会第四届煤矿建筑专业委员会组织机构，主任委员刘兴晖，副主任委员王志杰、汪汉玉、夏军武，秘书长邓春霞；专业委员会挂靠单位为中煤国际工程集团武汉设计研究院。

同日　批复中国煤炭学会第四届计算机通讯专业委员会组织机构，主任委员王铃丁，副主任委员刘宇光、孙继平、张向宏、张瑞新、荣新节，秘书长程炜，专委会挂靠单位国家安全生产监督管理总局通信信息中心。

是年　中国煤炭学会承担的工程院课题"中国能源中长期（2030、2050）发展战略研究"（煤炭部分）完成报告初稿。完成了与国际合作委员会共同承担的"中国煤炭资源可持续利用和污染控制政策研究"项目。对全国 100 余个煤炭生产企业短壁机械化开采现状进行了调研，经深入研讨，编辑出版了《煤矿短壁机械化开采学科进展评估和发展》一书。

2010 年

3 月 3 日　经中国煤炭学会推荐，山西省太原市中国煤炭博物馆再次获得中国科协授予的"全国科普教育基地"称号。2008 年，中国煤炭博物馆已被国家旅游局正式命名为国家 4A 级旅游景区。

3 月 29 日　中国煤炭学会六届四次常务理事会暨高层学术论坛在北京西郊宾馆召开。会议由濮洪九理事长主持，胡省三常务副理事长兼秘书长报告了学会 2009 年工作总结和 2010 年工作要点。经到会常务理事审议通过，刘峰教授级高工当选为学会秘书长，胡省三常务副理事长不再兼任此项职务。刘炯天、武强教授等 5 位知名专家作了学术报告。

4 月 22 日　中国煤炭学会 2010 年工作会议在深圳市召开。学会常务副理事长胡省三通报了刘峰教授级高工当选为煤炭学会秘书长的有关情况；岳燕京副秘书长传达了中国科协对 2010 年学会工作提出的八项主要任务，通报了学会六届四次常务理事会的精神；刘峰秘书长对学会 2009 年的工作进行了全面总结，向与会代表介绍了学会常务理事会通过的 2010 年五项重点工作任务。会议还进行了经验交流。

4 月 24 日　学会经济管理专业委员会在深圳市召开了第六次现代企业管理前沿问题研讨会，主要议题为现代企业知识管理。五位教授专家阐述了知识管理的新视角、新观点。

5 月 31 日　全国煤矿安全、高效、洁净开采与支护技术研讨会在厦门市召开。23 位专家学者在大会上作了学术报告，内容涉充填开采技术，冲击地压发生机理及预测与防治技术，安全、高效、洁净开采技术新进展。年会共收到 57 篇论文，陆续在《煤矿开采》发表。会议期间还组织了"冲击地压预测与综合防治技术专题"研讨会，8 位代表分别介绍了他们的研究成果及冲击地压预测与综合防治的技术实践。

6 月 9 日　第八届光华工程科技奖颁奖大会在北京会议中心隆重召开。经学会推荐，中煤科工集团采矿工程专家康红普研究员荣获本届"光华工程科技奖青年奖"，是继彭苏萍院士、刘炯天院士之后，第三位获得此奖项的煤炭行业知名专家。

7 月 23—25 日　学会环境保护专业委员会在山东青岛市召开2010 年学术研讨会，8 位专家作交流报告，围绕煤炭清洁生产、节能减排、循环经济、生态建设等方面提出见解。会议收到论文 18 篇。

8 月 4—6 日　煤矿开采损害技术鉴定委员会在北京召开了 2010年工作会议。主任委员刘修源就国家能源规划纲要作了详细介绍，会议就矿区开采损害的部分现象原因进行了深入讨论，鉴定委员对开展司法鉴定工作中存在的问题、应注意的事项和工作经验进行了交流。

8 月 7—8 日　学会瓦斯地质专业委员会举办的 2010 年全国瓦斯地质学术年会在上海市召开。专委会主任、河南理工大学校长邹友峰教授发表了讲话。10 位专家教授作了学术报告，内容涉及瓦斯赋存规律研究、矿井瓦斯治理技术、瓦斯开发利用等方面。会议共收到学术论文 40 余篇。

8 月 9—12 日　学会矿井地质专业委员会 2010 年学术论坛在上海市召开。以"现代矿井地质技术与发展"为主题，12 位来自全国各地的专家作了"矿井未开拓区域煤与瓦斯突出预测综合指标研究"等专题报告。会议收到论文 129 篇，录用论文 111 篇出版论文集。

8 月 18—19 日　创新型煤炭企业发展与信息化高峰论坛在兰州市召开，由学会计算机通信专业委员会协同煤炭工业通信信息中心主办。甘肃煤矿安全监察局局长张家渔、工业和信息化部信息化推进司副司长董宝青等领导同志到会并讲话，各煤炭企业、科研院校和部分IT企业代表160余人参加了论坛。29位专家学者作会议发言。论坛共征集到80余篇论文，印制了大会论文集。

8月19—21日 由学会开采专业委员会主办，铁法煤业（集团）公司承办的2010年全国煤矿科学采矿新理论与新技术学术研讨会在辽宁省调兵山市召开。19位专家教授作了学术报告，内容涉及大采高综采放顶煤开采技术、薄煤层短壁综采技术、煤层群瓦斯抽采与煤层气开发技术、煤矿膏体充填开采技术、煤岩体水力致裂弱化理论与技术等方面。

8月21日 2010年《当代矿工》杂志宣传工作会议暨中国煤炭学会科普工作会议在苏州市召开。

8月21—26日 煤矿自动化专业委员会主办的第20届全国煤矿自动化与信息化学术会议暨第2届中国煤矿信息化与自动化高层论坛在兰州市召开。共有10位专家教授围绕我国煤矿自动化与信息化建设的热点和前瞻性问题作了学术报告。本次会议共收到论文91篇，录用89篇，收入《第20届全国煤矿自动化与信息化学术会议暨第2届中国煤矿信息化与自动化高层论坛论文集》中，同时评选出优秀论文13篇。

9月14日 2010年煤层气年会暨学术研讨会在苏州市召开。来自中石油、中石化、中联煤层气等57个多年从事煤层气科研生产的单位代表近300人参与了本次大会。会议特邀知名老专家翟光明院士作主旨报告，并交流了31个学术报告。会议共收到学术论文120余篇，遴选80篇，出版了论文集。大会学术委员会进行了优秀论文评选，评选出优秀论文18篇。

10月16日 由湖南省煤炭学会主办的12省（市）煤炭学会学术交流会暨湖南煤炭科技论坛在长沙市召开。中国工程院院士彭苏萍教授应邀作了专题讲座。湖南省煤炭工业局局长、省煤炭学会理事长李联山出席会议并致辞。湖南省科协党组书记邹志强、省民间组织局副局长王建中出席开幕式,并分别作了重要讲话。江西、安徽、福建等 11 省市区煤炭学会负责人,湖南省煤炭学会理事、会员代表等 300 多人参加了会议。论坛共收到论文 120 篇,精选出 83 篇入编《2010 年多省(市)煤炭学会学术交流会暨湖南煤炭科技论坛论文集》。

10 月 19 日 2010 年学会经济管理专业委员会年会暨第十一届中国煤炭经济管理论坛在江西省南昌市召开。论坛围绕"转变发展方式 调整经济结构"的主题,开展跨学科、跨行业、跨地区、跨部门的学术研讨。学会理事长濮洪九出席会议,做了关于"坚持科学发展观加快转变煤炭工业发展方式"的主题报告。

10 月 25—29 日 由学会矿山测量专业委员会组织的 2010 年全国"三下"采煤与土地复垦学术会议在湖南省张家界市召开。姜岩教授等作了学术报告,有 11 篇论文进行了大会交流。本次大会共收到学术论文 58 篇,其中有 44 篇论文被采用,并编辑出版了论文集。

10 月 26 日 由中国煤炭学会主办、冀中能源集团承办的第五届全国煤炭工业生产一线青年技术创新交流表彰大会暨第十一届全国煤炭青年科技奖颁奖大会在邢台市召开。国家能源专家咨询委员会副主任、学会理事长濮洪九,副理事长、中国工程院院士袁亮,学会秘书长刘峰,冀中能源集团有关领导参加了会议。来自全国各煤炭生产企业、科研单位和高等院校的 240 多名一线优秀青年科技工作者参加了此次大会。大会表彰了王凯等 10 名全国煤炭青年科技奖获得者和马砺等 20 名全国煤炭工业生产一线优秀青年科技工作者,冀中能源集团等 9 个单位的代表交流了优秀科技论文。

11 月 1 日 批复中国煤炭学会第四届青年工作委员会组织机构,名誉主任委员彭苏萍、袁亮,主任委员王家臣,副主任委员代世峰、刘克功、杜善周、李福胜、张农,秘书长王玉芬,副秘书长仲淑姮;

挂靠单位中国矿业大学（北京）。

11月2—5日 2010全国矿山建设学术会议在海南省召开。煤矿建设与岩土工程专业委员会名誉主任陈明和主持开幕式。中国煤炭建设协会理事长安和人作了我国煤矿建设基本情况的报告，安徽大学校长程桦教授等5位专家作大会发言。会议收到论文512篇，遴选出255篇，由山东科技大学编辑出版学报2册。

11月10日 学会史志工作委员会2010年年会在贵阳市召开。大会进行了史志工作交流，中国矿业大学党委副书记邹放鸣等5位同志就本单位如何开展史志工作，以及第二轮修志工作作了发言。史志工作委员会主任委员吴晓煜作了题为"抓住新机遇，开创新局面"的讲话，对近年来煤炭史志工作取得的进展进行了总结，并提出新的工作要求。

11月19日 2010年学会青年科技工作者学术论坛暨学会第四届青年工作委员会换届会议在中国矿业大学（北京）召开。学会理事长濮洪九，名誉理事长、中国工程院院士钱鸣高教授，中国矿业大学（北京）校长乔建永教授，学会常务副理事长胡省三，秘书长刘峰和副秘书长岳燕京到会。濮洪九理事长首先致辞，指出加快培养高素质的青年科技人才是青年工作委员会的首要任务。钱鸣高院士作了题为"科学采矿内涵"的报告，胡省三副理事长作了题为"采煤史上的技术革命——我国综采发展四十年"的报告，中国工程院院士、第四届青年工作委员会名誉主任彭苏萍和袁亮院士同会议代表交流了他们的成长体会与经验。会议共收到学术论文140余篇，选出了72篇优秀论文，出版了会议论文集。

11月22—23日 由学会煤化工专业委员会、中国煤炭加工利用协会煤转化分会、中国石油和石化工程研究会、煤炭科学研究总院共同主办的"2010中国新型煤化工发展及示范项目进展论坛"于2010年在北京市召开。中国煤炭加工利用协会张绍强常务副会长致开幕词，国务院参事、国家能源局能源咨询委员会徐锭明主任就我国煤化工发展作了重要讲话。山西省副省长彭致圭，煤炭科学研究总院党委书记李俊良等领导出席了论坛。12 位业内知名专家作了学术报告，论坛共征集论文 50 余篇。

12 月 14 日 "全国优秀科技工作者"颁奖大会在北京人民大会堂召开。中共中央政治局委员、全国人大常委会副委员长王兆国，全国人大常委会副委员长、中国科协主席韩启德，全国政协副主席、科技部部长万钢出席大会。中国科协常务副主席、书记处第一书记邓楠主持颁奖大会。到会领导为"全国优秀科技工作者"获奖者代表颁奖。煤炭行业 10 人获得"全国优秀科技工作者"荣誉称号，他们是卫修君、刘炯天、刘建功、李伟、胡千庭、殷作如、黄福昌、程桦、翟桂武、潘一山。

12 月 17—18 日 国家煤矿安全监察局和中国煤炭学会在南宁市组织召开了全国煤矿井下辅助运输系统技术装备和应用经验交流会。学会理事长濮洪九、国家煤矿安全监察局局长赵铁锤分别在会上作了重要报告，广西壮族自治区人民政府副主席杨道喜出席会议并讲话。国内 7 家主要辅助运输厂商和煤矿企业对辅助运输的研发和应用进行了情况介绍和经验交流。

2011 年

4月10日 重庆市煤炭学会召开了第二次会员代表大会，重庆市科学技术协会、重庆煤矿安全监察局、重庆市煤炭工业管理局、重庆能源投资（集团）公司、中煤科工集团重庆研究院、中煤科工集团重庆设计院、重庆大学等部门和单位的领导参加了会议，到会代表共计250余人。聘请魏福生、刘代泽、王继达、蒲恒荣、鲜学福（中国工程院院士、重庆大学博导）为名誉理事长。巨能建设集团总工程师杨晓峰当选为理事长。

4月26—27日 江西省煤炭学会第七次会员代表大会在井冈山举行。全省煤炭系统的领导、代表共132人到会，共议煤炭科技发展大计。大会选举了江西省煤炭学会第七届理事会和常务理事会。选举理事长钱陈保，副理事长张慎勇、魏建明、胡圣辉、张春晓、王国琴、傅春生，秘书长王国琴（兼）。

5月15日 计算机通讯专业委员会在昆明市召开了煤矿物联网发展前景与适用技术专题研讨会，78名代表参加了会议。会议围绕煤矿物联网发展前景与适用技术这一专题安排了11个演讲发言，有关IT企业重点介绍了当前适合煤矿使用的物联网技术和产品。

6月11—13日 由学会煤化工专业委员会、中国煤炭加工利用协会、中国石油和石化工程研究会共同主办的2011年"全国低阶煤加工利用技术及产业化发展论坛"在内蒙古呼伦贝尔召开，呼伦贝尔市领导在开幕式上致欢迎辞，中国煤炭加工利用协会张绍强常务副会长作了题为"我国低阶煤加工利用的思考"的主题报告。紧密围绕如何提高低阶煤利用价值、低阶煤加工转化的新技术与装备、工程化进展与经验等主题,会议交流了学术报告 17 篇,编印了《全国低阶煤加工利用技术及产业化发展论坛报告文集》,收录了 31 篇重要报告,提出富有价值的新思维、新思路、新建议。

7 月 3 日 中国煤炭学会六届五次常务理事会、2011 年工作会议暨高层学术论坛在北京市召开。参加会议的有学会理事长、副理事长、9 位两院院士和常务理事 47 人,省级煤炭学会理事长 8 人,工作会议代表 68 人,以及列席代表共 129 人。会议由胡省三常务副理事长主持。会议传达了中国科协第八次全国代表大会有关精神,新当选的中国科协委员刘炯天院士介绍了大会概况和党中央对科协、学会工作的要求。刘峰秘书长报告了学会 2010 年工作总结及 2011 年工作要点。濮洪九理事长就煤炭经济运行形势、煤炭学会成立五十周年纪念活动筹备工作等作了重要讲话。会议举行了高层学术论坛。中国科协常委、学会副理事长张玉卓的报告是《现代煤制油化工产业发展展望》;学会常务理事、彭苏萍院士就"瓦斯富集部位高分辨率地震技术及其应用"进行了详尽分析;刘建功、谭国俊等知名专家作了论坛发言。

7 月 8 日 由学会经济管理专业委员会主办的现代大型煤炭企业经典管理案例评审会在满洲里市召开。专家组评审了全国 16 家大型煤炭企业申报的 35 项管理案例,初步甄选出经典管理案例 20 项,并进行宣传推广。

7 月 15 日 批复中国煤炭学会第六届科普工作委员会组织机构,名誉主任委员濮洪九,主任委员何国家,副主任委员于斌、王明南、方良才、闵龙、张瑞玺,秘书长丁言伟,副秘书长王玫;挂靠单位煤炭信息研究院。

同日 批复中国煤炭学会第四届环保专业委员会组织机构,主任委员高亮，副主任委员张瑞玺、冯启言，秘书长杨信荣；专委会挂靠单位中国煤炭科工集团杭州研究院。

7月16—18日 第21届全国煤矿自动化与信息化学术会议暨第3届中国煤矿信息化与自动化高层论坛在银川市召开。10位专家教授围绕我国煤矿自动化与信息化建设的热点和前瞻性问题作了学术报告，会议共收到论文195篇，录用158篇，收入《第21届全国煤矿自动化与信息化学术会议暨第3届中国煤矿信息化与自动化高层论坛论文集》，评选出优秀论文14篇。

7月17—19日 矿井地质专业委员会2011年学术论坛暨学会矿井地质专业委员会第六届委员会第五次会议在乌鲁木齐市召开。8位专家围绕"矿井地质理论技术及应用"的主题作了专题报告。会议收到论文142篇，录用论文125篇，由中国矿业大学出版社出版。

7月23—25日 中国煤炭学会露天开采专业委员会于2011年在山西省朔州市召开了第四届露天开采专业科技学术研讨会暨中国露天采煤网站开通仪式。与会代表167名，征集论文79篇，已编辑成集。

7月25—27日 环境环护专业委员会2011年学术研讨会在辽宁省葫芦岛市召开，主题是"全国矿区环境综合治理与灾害防治技术"。6位专家宣讲了学术论文并组织了经验交流，研讨会收到论文50篇，遴选36篇编入论文集。

7月26—28日 由学会矿山测量专业委员会组织的2011年全国矿山测量新技术学术会议在呼伦贝尔市召开，186名专家、学者和代表参加了会议。10篇论文进行了大会交流。会议收到学术论文59篇，遴选49篇论文编辑出版了论文集，内容包括矿山测量与3S技术、开采沉陷规律与"三下"采煤、土地复垦与环境保护等多方面。

8月8日 学会矿井地质专业委员会主办了第二届全国矿井物探应用技术专题论坛。

8月18—20日 学会科普工作委员会第六届工作（换届）会议

在黑龙江省漠河县召开。学会理事长、学会科普工作委员会名誉主任濮洪九,学会常务理事、国家安全生产监督管理总局老干部局党委书记窦庆峰,学会科普工作委员会主任、国家安全生产监督管理总局信息研究院副院长何国家等领导出席了会议。濮洪九理事长就当前煤炭经济形势和今后的煤炭科普工作发表了讲话。何国家总结了第五届科普委员会的工作,提出第六届科普委员会今后的工作意见。

8 月 21—22 日　由学会煤矿安全专业委员会组织的 2011 年全国煤矿安全学术研讨会在新疆阿勒泰市召开。会议安排了 13 名论文作者进行大会交流,内容涵盖瓦斯地质、煤与瓦斯突出预警技术、瓦斯抽采与利用、避难硐室设计及综合防灭火等。与会人员围绕煤矿安全避险"六大系统"建设进行了充分的探讨和交流。会议共收到论文 136 篇,遴选了 80 篇论文编辑成《煤矿安全实用技术》正式出版。

8 月 29—30 日　学会开采专业委员会 2011 年学术研讨会暨第二届中国充填采煤技术及装备年会在北戴河召开。专家学者、专委会委员共计 300 余人参加了会议。12 位专家学者围绕综合机械化固体废弃物密实充填采煤技术、无煤柱开采新方法等作了发言。

9 月 9 日　批复学会第二届煤层气专业委员会组织机构,名誉主任委员袁亮,常务副主任委员叶建平,副主任委员秦勇、张群、张延庆、张遂安、都新建,秘书长付小康;挂靠单位中联煤层气有限责任公司。

9 月 11—16 日　第 22 届世界采矿大会在土耳其伊斯坦布尔召开,学会副理事长、煤矿瓦斯治理国家工程研究中心主任袁亮院士应邀出席大会并作主旨发言。会议期间,世界采矿大会国际组委会主席杜宾斯基、秘书长杰西卡斯基帕共同为袁亮院士颁发了"世界采矿大会突出贡献奖",以表彰他在改善世界煤矿安全理论创新及工程实践方面的突出贡献。

10 月 12 日　由中国煤炭学会主办、开滦集团承办的第六届全国煤炭工业生产一线青年技术创新交流表彰大会在开滦集团隆重召开。学会理事长濮洪九，中国工程院院士彭苏萍，学会常务副理事长胡省三，学会秘书长刘峰，以及开滦集团董事长、党委书记张文学，总经理般作如等领导出席大会。来自全国煤炭生产企业、科研单位和高等院校的 150 多名一线优秀青年科技工作者参加了此次大会。彭苏萍院士作了有关煤炭工业科技发展的报告，开滦集团总工程师张瑞玺在会上介绍了开滦集团的科技创新成绩与实践经验。大会表彰了王明强等 20 名第六届全国煤炭工业生产一线优秀青年科技工作者和 100 篇优秀论文。与会代表还参观考察了开滦集团唐山矿、矿山公园博物馆等。

10 月 13—14 日 由中国煤炭学会、中国煤炭科工集团和中国煤炭地质总局联合主办，中国煤炭科工集团西安研究院与学会煤田地质专业委员会等 4 个专委会共同承办的 2011 煤矿安全高效开采地质保障技术国际研讨会在西安市举行。学会理事长濮洪九、陕西省副省长李金柱、学会常务副理事长胡省三、秘书长刘峰、中国煤炭地质总局局长徐水师及煤炭行业专家、学者、代表出席会议。会议期间，来自美国、加拿大、德国、乌克兰、澳大利亚、中国的 19 位专家作了主题报告，介绍了近年来国内外在煤田地质、地面与煤矿井下地球物理精细探测、煤矿水文地质条件勘探与水害防治、煤层气地面开发、煤矿井下瓦斯抽采钻孔钻进等方面取得的新的研究成果。会议征集国内外论文 113 篇，其中 67 篇的英文版被世界知名科技出版公司 Elservier 主办的 Earth and Planetary Science 期刊录用，正式出版发行。

10 月 13—15 日 由学会岩石力学与支护专业委员主办的 2011 年全国煤矿安全、高效、洁净开采与支护技术新进展学术会议在贵阳市召开。20 位代表在大会上作了学术报告，内容涉及充填开采技术，冲击地压发生机理、预警预测及防治技术，巷道支护技术新进展等方面。会议共收到 68 篇论文，陆续在《煤炭科学技术》等刊物上发表。

10 月 17 日 孙越崎科技教育基金会第二十届颁奖大会在北京举

行。全国人大常委会原副委员长、孙越崎科技教育基金会主任何鲁丽，全国政协原副主席、孙越崎科技教育基金会顾问孙孚凌参加了颁奖大会。会议由学会理事长、孙越崎科技教育基金会副主任濮洪九主持。煤炭行业 2 人获得能源大奖，分别是神华集团总经理张玉卓、中国煤炭科工集团西安研究院副总工程师石智军；翟成等 10 人获得孙越崎优秀青年科技奖。

10 月 25 日　由学会煤矿建设与岩土工程专业委员会主办的 2011 年全国矿山建设学术年会在贵州省贵阳市召开。杨维好教授等 8 位专家及优秀论文作者作交流发言，年会共收到论文 370 篇，其中 137 篇入选《2011 全国矿山建设学术年会论文集》。

10 月 28 日　矿山安全文化与班组建设研讨会暨《当代矿工》杂志宣传工作会议在景洪市召开。来自全国 20 多家矿区企业的 57 位优秀代表，就当前矿山安全文化与班组建设进行了热烈研讨，并参加了《当代矿工》杂志 2011 年工作年会。学会理事长、《当代矿工》杂志编委会主任濮洪九作了重要讲话，会上宣读了荣获 2010—2011 年度《当代矿工》杂志宣传工作先进单位的表彰决定。辽宁铁法能源公司、开滦集团范各庄矿业公司、兖矿集团济三煤矿、中国平煤神马集团、冀中能源峰峰集团小电矿等 5 家煤矿企业的代表就班组建设方面的经验及方法作了汇报演讲。

11 月 5—9 日　由学会选煤专业委员会、《选煤技术》编辑部共同主办的全国选煤学术交流会在福建省厦门市召开。21 位选煤科技工作者就最新研究课题、新工艺技术的应用以及技术革新和改造的成功经验进行了深入交流。会议收到论文 105 篇，遴选其中 56 篇载入论文集。

11 月 19—20 日　由学会煤化工专业委员会、中国煤炭加工利用协会、中国石油和石化工程研究会、煤炭科学研究总院北京煤化工研究分院共同主办的第六届中国煤化工产业发展论坛——"十二五"

煤化工产业升级与技术发展研讨会在海口市召开。会议邀请煤化工领域的著名专家做了高质量学术报告，大会发言共 16 个，内容涉及大型煤电煤化项目技术与建设方案、"十二五"我国煤化工发展形势分析与政策解读、煤制烯烃技术及案例分析、煤气化技术进展及项目应用、以煤焦化为龙头的煤化工循环经济产业链等。

11 月 30 日 江苏省煤炭学会第六次会员代表大会在宜兴市召开。大会选举产生了江苏省煤炭学会第六届理事会理事 126 人、常务理事 41 人。选举理事长朱亚平，副理事长刘炯天、吴继忠、沈慰安、潘树仁、晨春翔、刘士春、韩家根、包林森、宋海涛、李国强、王其富，秘书长邓江波。

12 月 8 日 中国工程院公布 2011 年院士增选结果，9 个学部共选举产生 54 名新院士，院士总数达到 783 人。学会副理事长、中国神华集团总经理张玉卓研究员，学会常务理事、武汉大学校长李晓红教授当选中国工程院能源与矿业工程学部院士。

是年 中国煤炭学会组织专家完成了"MG100/238WD 型薄煤层交流电牵引采煤机"等 17 项科研成果的技术鉴定工作。《煤炭学报》荣获 2011 年"百种中国杰出学术期刊"和"中国精品科技期刊"的称号。

2012 年

1月11日 批复中国煤炭学会第四届煤矿开采损害技术鉴定委员会组织机构，主任委员刘修源，副主任委员张华兴（常务）、邓喀中、李凤明，秘书长张华兴（兼）。

1月12日 批复中国煤炭学会第三届经济管理专业委员会组织机构，主任委员范宝营，副主任委员刘延龙、杨照乾、张志芳、张国建、张金锁，秘书长孙春升，副秘书长邹琳；挂靠单位煤炭科学研究总院经济与信息研究分院。

3月10日 中国煤炭学会第六届六次常务理事会在北京西郊宾馆召开。会议由濮洪九理事长主持，全国政协常委、中国煤炭工业协会王显政会长作重要讲话，刘峰秘书长报告了学会2011年工作总结暨2012年工作要点。本次常务理事会按照学会章程讨论了增补学会副理事长的人事议案。中国煤炭工业协会副会长孙之鹏宣读了中国煤炭工业协会第三届理事会第五十次会长办公会议文件，推荐姜智敏、田会同志为煤炭学会副理事长人选。濮洪九理事长主持了选举，经到会常务理事无记名投票，姜智敏研究员、田会教授级高工当选为学会副理事长，胡省三同志因年龄原因不再担任中国煤炭学会副理事长的职务。

4月23日 第三届学会经济研究专业委员会工作会议暨第七次现代企业管理前沿问题研讨会在厦门市召开。专业委员会主任范宝营提出了今后的工作目标和方向。姜智敏副理事长结合国内外的经济形势，对今后一段时期内我国煤炭行业的发展趋势和面临的问题进行了分析。针对我国煤炭企业公司治理现存的主要问题，7位专家结合企业实际作了交流发言。

4月24日 中国煤炭学会2012年工作会议在宁波市召开。濮洪九理事长，姜智敏、田会副理事长，刘峰秘书长出席了会议。煤炭学会13位常务理事到会，17名学会分支机构挂靠单位和会员单位负责人应邀参加了会议。各专业（工作）委员会、省煤炭学会负责人，团体会员单位的代表和有关企业高校科技中心主任138人到会。会议的主要内容有传达中国科协有关精神，通报学会六届六次常务理事会的情况，报告学会2011年工作总结暨2012年工作要点，进行经验交流。濮洪九理事长就当前煤炭形势和煤炭学会工作的定位与发展作了重要讲话。煤化工专业委员会、安徽省煤炭学会、开采专业委员会和开滦集团公司科协作了工作经验介绍。

5月23日 学会科普工作会议暨《当代矿工》杂志2012年工作会议在贵阳市召开，来自全国各省煤炭学会、各煤炭企业的70余位代表参加了会议。学会理事长、《当代矿工》杂志编委会主任濮洪九，贵州煤矿安全监察局局长李尚宽，煤炭信息研究院副院长、《当代矿工》杂志主编、学会科普工作委员会主任何国家等领导出席了会议。

6月7—8日 为纪念学会成立50周年和学会计算机通讯专委会成立10周年，专委会2012年度工作会议暨煤矿信息化应用现场交流会在北京市召开。专业委员会主任委员张瑞新作了题为"加强信息化工作的合作与交流促进煤炭企业信息化建设和应用发展"的主题报告；工信部信息化推进司副司长董宝青作了"两化深度融合的政策措施"，中国矿业大学（北京）副校长孙继平作了"煤矿物联网技术应用"等高水平发言，20余位专家进行会议交流。专业委员会安排编辑出版《中国煤炭工业信息化30年》一书。

6月13日 第九届光华工程科技奖颁奖大会在京举行，中共中央政治局委员、国务委员刘延东出席颁奖仪式，并与中国科学院院长白春礼和中国工程院院长周济一同为获奖科学家颁奖。26位工程科技专家获得这一最高荣誉。经学会推荐，中国矿业大学矿业学院副院长张农教授获得光华工程科技奖"青年奖"，

6月17—19日 2012中国煤化工及石化产品市场发展论坛在北京市召开。工业和信息化部原材料司处长蒋健，中国工程院院士、清华大学教授金涌，中国煤炭加工利用协会副理事长张绍强，石油和化学工业规划院副院长白颐，煤炭学会煤化工专业委员会陈亚飞等多名煤化工及石化产品方面的著名专家在论坛上作了学术报告，总计17篇。各专题报告紧密围绕我国"十二五"煤化工及石化产品市场的发展规划，探讨新形势下如何合理开发和利用煤炭资源，实现高效、低排放、清洁转化的现代煤化工。论坛编印了《2012中国煤化工及石化产品市场发展论坛文集》。

7月2日 中国煤炭学会批复第二届史志工作委员会组织机构，名誉主任委员梁嘉琨、黄毅，主任委员吴晓煜，副主任委员黄盛初、邹放鸣、王捷帆（执行）、庞柴、李希海、李承义，秘书长陈昌，副秘书长孙金铎、王国慧、王建政；挂靠单位国家安全生产监督管理总局信息研究院。

7月26—28日 由学会青年工作委员会、煤矿系统工程专业委员会主办的科学采矿青年学者高层学术研讨会在哈尔滨市召开。会议的主题：科学采矿与青年自主创新。知名青年专家代世峰、张农、邓军作了主旨报告，冯国瑞等青年新秀作了交流发言。青年工作委员会主任、煤矿系统工程专业委员会常务副主任王家臣教授提出了"科学煤炭人"的理念，要求青年科技人员崇尚学术研究，培养求真务实的学风，努力提高自己的创新能力和科学研究能力，通过创新的、实事求是的、积极进取的科学研究来获得人们的尊重。

8月21—22日 学会开采专业委员会纪念中国煤炭学会成立五十周年系列活动暨2012年全国煤矿科学采矿新理论与新技术学术研讨会在乌鲁木齐市召开。学会秘书长刘峰出席了本次会议。中国矿业大学原校长、学会开采专业委员会主任委员王悦汉等出席会议。

9月16日 由学会煤层气专业委员会和中国石油学会石油地质专业委员会主办的2012年煤层气年会暨学术研讨会在成都市举行。90多个从事煤层气科研生产的单位代表近300人到会。本次会议共收录学术论文66篇,大会交流了邀请报告15个。会议最后举行了优秀论文颁奖,在优选出的66篇学术论文中评选出优秀论文奖10篇。

10月14—18日 由学会矿山测量专业委员会组织的2012年全国"三下"采煤学术会议在四川省成都市召开。8篇论文在大会上进行交流。会议共收到学术论文42篇,评选出33篇论文编辑出版了论文集。会议期间,学会矿山测量专业委员会、《矿山测量》杂志编委会分别召开了工作会议。

10月16—20日 作为纪念中国煤炭学会成立50周年的系列活动之一,选煤专业委员会、《选煤技术》杂志社共同举办的2012年选煤专业学术交流会在南宁市召开,180余位代表到会。来自选煤行业的20名代表就选煤技术领域的理论技术现状、最新研究成果及技术升级改造的成功经验与效果作了大会报告。

10月22日 由中国煤炭学会主办、中煤平朔集团有限责任公司承办的第七届全国煤炭工业生产一线青年技术创新交流表彰大会在中煤平朔集团召开。学会理事长濮洪九,学会常务副理事长姜智敏,中煤平朔集团有限公司总经理伊茂森,学会秘书长刘峰等领导出席会议。濮洪九理事长在讲话中回顾了七年来全国煤炭工业生产一线青年技术创新交流活动的工作,他希望煤炭企业、科研院校要做好三件事:一是要高度重视青年科技人才工作,二是要搭建各具特色的交流平台,三是要大力宣传举荐优秀科技人才。大会表彰了丁金华等20名第七届全国煤炭工业生产一线优秀青年科技工作者。代表参观考察了中煤平朔集团有限责任公司的安家岭露天矿、井工一矿和生态园区。

10 月 24—27 日　作为纪念中国煤炭学会成立 50 周年系列活动之一，煤矿机电一体化专委会、中国电工技术学会煤矿电工专委会主办的 2012 年学术年会在南宁市召开。会议主题是煤矿机电一体化技术创新与发展。会议由陈同宝副主任主持，何敬德主任致辞，胡省三名誉主任发表了讲话。来自同煤集团、天地科技股份公司上海分公司等单位的代表在会上作了学术发言。专委会还组织了"MG150/346-W 型交流电牵引采煤机""DSJ 可伸缩带式输送机"成果鉴定会。

10 月 28—30 日　2012 年工作会议暨全国煤矿安全学术年会在广州市召开。会议以"科学发展，安全发展"为主题，以"抓好瓦斯治理和综合利用，促进煤矿生产安全稳定好转"为目标，交流了煤矿灾害防治的先进成果和先进经验。本次会议共收到论文 96 篇，遴选了 53 篇学术论文在《煤矿安全》杂志发表。

10 月 31 日　学会史志工作委员会与煤炭工业文献委员会年会在泰安市召开。参加会议的有中国煤炭工业协会副会长孙志鹏、山东煤炭工业管理局局长乔乃琛、福建能源集团副书记林孟启、神华集团公司办公厅副主任庞柒、中国矿业大学党委书记邹放明、江苏煤监局副局长于宗立，以及两个委员会的委员、会员，有关单位的史志、文献工作负责人 120 余人。会议总结了 2012 年主要工作情况，提出了 2013 年的重点工作安排，进行了文献、史志工作交流。

11 月 8—11 日　学会矿井地质专业委员会成立 30 周年庆祝大会暨 2012 年学术论坛在合肥市举行。学会常务副理事长姜智敏，矿井地质专业委员会第七届委员会名誉主任、中国工程院院士彭苏萍，矿井地质专业委员会第七届委员会主任委员、安徽理工大学党委书记张明旭，安徽理工大学副校长孟祥瑞等出席了活动，来自全国各地的 200 余名代表参加了庆祝大会。会上，赵志根秘书长对矿井地质专业委员会从筹备到成立 30 年来的主要活动进行了简要介绍，并对做出过贡献的老专家表示敬意；历年来参与和支持专委会工作的 15 位代表参加座谈和庆祝活动。论坛上，彭苏萍院士作题为"煤矿安全高效开采地质保障"的主旨报告，14 位专家、学者作了学术报告。本次会议收到投稿 92 篇，录用论文 78 篇，正式出版论文集。

11 月 15 日　经国家民政部和中国科协批准，学会泥炭与腐植酸专业委员会变更名称为"中国煤炭学会土地复垦与生态修复专业委员会"，由中国矿业大学（北京）进行机构重组。

11 月 22—25 日　第 22 届全国煤矿自动化与信息化学术会议暨第 4 届中国煤矿信息化与自动化高层论坛在陕西省西安市召开。煤炭行业 50 多个单位的 83 名代表参会。专业委员会主任孙继平教授就如何将年会办出品牌、办出特色提出了要求。8 位专家教授围绕我国煤矿自动化与信息化建设的热点和前瞻性问题作了学术报告。

11 月 29 日　学会煤矿土地复垦与生态修复专业委员会成立大会暨第一届学术研讨会和 2012 北京国际生态修复论坛在北京会议中心召开。学会理事长濮洪九、副理事长姜智敏、中国工程院院士彭苏萍、中国矿业大学（北京）校长乔建永、中国科学院生态研究中心副主任欧阳志云、国土资源部耕地保护司副司长刘仁芙、中国矿业大学（北京）副校长姜耀东、学会秘书长刘峰等有关领导参会。国际土地复垦联合会（IALR），美国采矿与复垦学会（ASMR），加拿大土地复垦协会（CLRA），中国有色金属学会环境保护学术委员会，中国煤炭学会环境保护专业委员会、矿山测量专业委员会、煤矿开采损害技术鉴定委员会对煤矿土地复垦与生态修复专业委员会的成立发来贺电。彭苏萍院士作了"中国煤炭资源开发利用现状及可持续发展战略"主题报告，论坛以"矿区污染防治、土地复垦与生态修复"为主题，进行了 27 个学术报告和现场互动，形成了《2012 关于矿区土地复垦与生态修复行业发展的几点共识》。

12 月 7 日　中国科学技术信息研究所发布了中国科技论文统计结果（2012 年版中国科技期刊引证报告（核心版）），《煤炭学报》各项评价指标又迈上了一个新台阶，总被引频次达到了 3191 次，影响因子达到了 1.119，综合评价总分为 82 分，上述指标在矿山工程技术类期刊中均列第 1 位；综合评价总分在统计的 1998 种核心期刊中名列第 34 位（即《煤炭学报》在全国近 5000 种科技期刊中排名第 34 位）。

12 月 9 日　学会召开了加快"煤炭学报英文刊"国际化进程院士、高校校长座谈会，中国煤炭工业协会副会长、学会常务副理事长姜智敏、副理事长田会，中煤科工集团公司副总经理宁宇，煤科总院院长赵学社，有关院士、高校校长出席了会议。座谈会由学会秘书长刘峰主持。姜智敏副会长作了重要讲话，辽宁工程技术大学校长潘一山等多所高校负责人对"煤炭学报英文刊"的发展提出了很好的意见和建议。中国科学院院士宋振骐，中国工程院院士钱鸣高、周世宁、谢和平、张铁岗、彭苏萍、袁亮、刘炯天、张玉卓、李晓红等10 位院士签署联名推荐信，号召煤炭行业的高校、科研院所积极支持"煤炭学报英文刊"的发展。

12 月 9—10 日　纪念中国煤炭学会成立 50 周年大会暨高层学术论坛在北京市举行。出席大会的领导和嘉宾有第十届人大常委会副委员长顾秀莲，原国家计委副主任、学会第二届理事会理事长叶青，全国政协常委、中国煤炭工业协会会长王显政，国家安全生产监督管理总局副局长、煤矿安全监察局局长付建华，中国科协学会学术部副部长朱雪芬，中国工程院副院长谢克昌，中国煤炭工业协会副会长梁嘉琨、路耀华，中国安全生产协会会长赵铁锤，中国有色金属学会理事长康义，中国科学院院士宋振骐，中国工程院钱鸣高、周世宁等 9 位院士。学会现任理事长濮洪九，副理事长王信、田会、孙茂远、张玉卓、张铁岗、姜智敏、袁亮、谢和平，以及第三、四、五届副理事长出席了大会。来自全国各省（市、区）煤炭学会、各理事单位、各分支机构、各团体会员单位和有关企事业单位的专家学者、科技工作者等共 450 余人参加了会议。顾秀莲、叶青、付建华分别致辞，祝贺学会成立 50 周年，中国科协朱雪芬副部长代表中国科协讲话并致贺，中国工程院谢克昌副院长代表中国工程院致贺词，中国有色金属学会康义理事长代表兄弟学会致辞。

濮洪九理事长作了题为"继往开来乘势而上奋力开创煤炭科技事业美好明天"的工作报告。大会举行了颁奖仪式，向"第十二届全国煤炭青年科技奖"10 名获奖者，"中国煤炭学会贡献奖"20 名获奖者，2009—2011 年度学会 21 名优秀工作者和 20 个先进集体进行了颁奖。会议举行了高层学术论坛，学会副理事长张玉卓、袁亮，常务理事刘炯天、孙继平等 6 位专家作了学术报告。王显政会长作总结讲话。

12 月 14 日 中国科协会员日暨第五届"全国优秀科技工作者"颁奖大会在人民大会堂举行。学会常务理事、大同煤矿集团总工程师于斌获得"十佳全国优秀科技工作者提名奖"，学会副理事长王信、祁和刚，专家孙继平、张瑞玺、葛春贵、李文博等同志获得"全国优秀科技工作者"称号。

2013 年

2月 学会主办的英文科技期刊《Journal of Coal Science &Engineering（China）》（《煤炭学报（英文版）》），正式更名为《International Journal of Coal Science&Mining Engineering》（《国际煤炭科学与采矿工程学报（英文版）》，简称为 JCSME）。

3月31日 中国煤炭学会 2013 年工作会议在重庆市召开。濮洪九理事长，田会、葛世荣副理事长，刘峰秘书长出席了会议。会议的主要内容：传达李源潮同志的重要讲话，报告学会 2012 年工作总结暨 2013 年主要工作，进行经验交流和学术报告。濮洪九理事长就当前煤炭工业形势作了重要讲话。胡千庭研究员作了学术报告，矿井地质专业委员会秘书长赵志根、河南省煤炭学会秘书长邓波分别介绍了工作经验。

4月14日 学会和《煤炭学报》编辑部主办的 JCSME 第一届编辑委员会会议在北京市召开，刘峰秘书长主持了会议。许升阳副主编向各位编委汇报了 JCSME 近期的主要工作；编辑部主任朱拴成介绍了新一届编委会组建情况；康红普研究员作为副主编代表进行了发言。会议讨论通过了 JCSME 新一届编辑委员会章程，并确定了 2014 年报道计划和专题负责人。

4月20—21日 由山东科技大学主办的中国科学院学部"煤炭安全高效开采和环境灾害控制"咨询项目和"采矿工程"学科发展战略研究项目启动会暨学术研讨会在山东科技大学召开。学会理事长濮洪九，副理事长张铁岗院士、袁亮院士，常务理事宋振骐院士，以及秘书长刘峰到会。

5月13—15日 由学会矿山测量专业委员会、中国煤炭地质总局航测遥感局联合举办的2013年全国现代地测技术与开采沉陷学术会议暨数字矿山论坛在西安市召开，118名专家学者和代表参加了大会。会议对13篇论文进行了大会交流，共收到学术论文71篇，其中有55篇被采用，编辑出版了论文集。

5月23日 第十五届中国科协年会六盘水卫星会议——资源型城市转型与可持续发展座谈会召开，来自中国科学院和中国工程院的院士及有关专家应邀出席会议，学会副理事长张铁岗、袁亮院士，常务理事宋振骐、彭苏萍院士围绕"资源型城市转型与可持续发展"分别作了学术报告，并针对六盘水市煤炭产业、科技创新的热点问题提出建议。

5月30日 山东煤炭学会第六次会员代表大会暨煤矿地热防治学术论坛在济南市举行。到会的主要领导有学会濮洪九理事长，山东省科学技术协会党组书记、副主席王春秋，山东省民政厅民间组织管理局副局长徐建国，山东煤矿安监局党组成员局长王端武等。会议选举出山东煤炭学会第六届理事会、常务理事会，选举理事长李位民，副理事长李为东、程为民、刘焕立、任廷琦、刘新民、闻全、翟明华、李希勇、孙中辉、张文、刘成录、朱立新、张若祥、张希诚、虢洪增。

6月1—8日 应美国土地复垦学会秘书长R. I. Barnhisel教授的邀请，煤矿土地复垦与生态修复专业委员会副主任委员兼秘书长、中国矿业大学（北京）教授胡振琪及专委会委员赵艳玲副教授、安徽省淮南采煤塌陷地治理办公室张文写副主任等参加了2013年美国采矿与土地复垦学会第30届年会（30th Annual Meeting of the American Society of Mining and Reclamation）和第二届怀俄明州土地复垦研讨会（2nd Wyoming Reclamation and Restoration Symposium）。胡振琪教授就我国生态复垦、引黄充填复垦等技术作了学术报告。

6 月 4 日 煤炭行业全国科普教育基地联席会议在北京市召开。参加会议的有学会秘书长刘峰、副秘书长成玉琪、岳燕京，学会科普工作委员会主任何国家、秘书长丁言伟，以及中国煤炭博物馆副馆长胡高伟、开滦国家矿山公园博物馆馆长马长生、中国矿业大学博物馆副馆长王继恩、河南理工大学地球科学馆负责人郑伟、兖矿集团济三矿朱新春副总等五家煤炭行业全国"科普教育基地"的负责人。会议就贯彻落实"中华人民共和国科学技术普及法"，集中分散的煤炭科普资源，建立共建共享机制等问题进行了讨论。

7 月 8—12 日 由学会煤层气专业委员会、煤层气产业技术创新战略联盟主办的煤层气勘探技术专题培训在哈尔滨市举办，来自全国煤层气、石油、煤矿、煤炭勘探系统的 31 家单位 114 人参加了培训。聘请了 8 位国内煤层气勘探技术行业知名专家，系统讲授了煤层气勘探技术领域所涉及的基础专业知识，同时探讨了重点勘探技术难题。

7 月 18—20 日 由中国科学技术协会主办的第四届科技场馆展品与技术设施国际展览会在北京展览馆举办。学会科普工作会员会在展会布置了展台，中国煤炭博物馆、中国矿业大学煤炭科技博物馆、开滦集团国家矿山公园、河南理工大学地球科学馆和兖矿集团济三矿等五家全国科普教育基地共同参加了布展。学会副理事长田会于 18 日上午到场参观，详细了解了煤炭科普基地的建设情况。

7 月 19—20 日 学会瓦斯地质专业委员会在秦皇岛市召开了 2013 年全国瓦斯地质学术年会。会议特邀著名瓦斯防治专家中国矿业大学俞启香教授作了"突出危险煤巷掘进工作面前方瓦斯压力动态分布及案例分析"专题报告。8 位专家、教授作了大会学术报告。年会编辑出版了《瓦斯地质研究进展》论文集。

7 月 26 日 学会经济管理专业委员会举办的全国高等煤炭院校经济管理学院院长联盟（以下简称"院长联盟"）成立大会暨现代

大型煤炭企业经典管理案例（人力资源篇）评审研讨会在青海省西宁市召开。来自全国19所煤炭高校校长、经济管理学院院长和教授以及煤炭企业代表共50余人出席了会议。

7月30日 批复中国煤炭学会第七届露天开采专业委员会组织机构，名誉主任委员田会，主任委员洪宇，副主任委员才庆祥（常务）、王冲、王建国、刘明、刘勇、张维世，秘书长李克民；挂靠单位中国矿业大学。

8月6日 中国煤炭工业协会副会长、学会秘书长刘峰在北京会见了来访的荷兰爱思唯尔公司（ELSEVIER）自然科学学科高级商务经理 Ronald Buitenhuis 一行。双方就共同举办国际化学术研讨会、出版国际会议论文集等合作达成了初步意向。

8月29—30日 学会煤矿土地复垦与生态修复专业委员会第二届学术研讨会暨2013中国矿区土地复垦与生态修复论坛在鄂尔多斯市召开，200余名代表到会。学会理事长濮洪九，国土资源部耕地保护司副司长刘仁芙，全国政协委员、煤矿土地复垦与生态修复专业委员会主任委员姜耀东，鄂尔多斯市人民政府副市长曹郅琛，鄂尔多斯市委常委、伊金霍洛旗党委书记王东伟，水利部科技司副处长陈梁擎到会祝贺并致词。论坛以"土地复垦与生态修复促进美丽矿区建设"为主题，38位专家学者和企业界代表作了大会报告。代表还参观了乌兰满来梁矿区和神华神东矿区的土地复垦工程。

9月9日 批复中国煤炭学会第八届煤炭地质专业委员会组织机构，名誉主任委员彭苏萍、潘振武，主任委员张群，副主任委员秦勇、李伟、程爱国、刘大锰、祁和刚、徐会军，秘书长靳秀良，副秘书长：柴建禄；挂靠单位中煤科工集团西安研究院有限公司。

9月22—24日 2013年煤层气学术研讨会在杭州市举办。学会理事长濮洪九，中国工程院院士翟光明，学会副理事长田会、孙茂远，国土资源部处长张延庆等领导到会，90多个从事煤层气科研生产的单位代表 300 余人参会。年会主题为中国煤层气勘探开发技术与产业化，会议特邀报告 13 篇，其他学术交流报告 17 篇，并评选出优秀论文奖 10 项。会议共收到学术论文 81 篇，遴选 72 篇正式出版《中国煤层气勘探开发技术与产业化》论文集。

9 月 27 日　2013 年中国科技期刊论文统计结果发布，《煤炭学报》总被引频次达到 3812，影响因子达到了 1.238，综合评价总分为 93.8 分，综合评价总分在统计的 1994 种科技核心期刊中名列第 9 位。

10 月 10 日　由安徽省煤炭学会主办的 2013 年皖赣湘苏闽五省煤炭学会联合学术交流会在合肥市召开。安徽省科协副主席王海彦、学会部部长魏军锋、安徽大学校长程桦、安徽煤矿安全监察局局长桂来保、学会副秘书长岳燕京和五省煤炭学会理事长、秘书长参加了会议，到会各省代表 125 人。会议听取了程桦校长的专题报告《我国煤矿建井技术现状与展望》。8 位论文作者进行了大会交流。会议共收到论文 160 余篇，由安徽理工大学学报收录 80 篇正式出版。

10 月 12 日　由中国煤炭学会主办、神华宁煤集团公司承办的第八届全国煤炭工业生产一线青年技术创新交流大会在神华宁煤集团召开。学会理事长濮洪九，中国工程院院士刘炯天，学会秘书长刘峰，宁夏煤矿安全监察局副局长黄民康，学会科普工作委员会主任、煤炭信息研究院副院长何国家，神华宁煤集团董事长王俭、总经理严永胜等领导出席大会。来自全国煤炭生产企业、科研单位和高等院校一线的 150 多名青年科技工作者参加了此次大会。刘炯天院士在会上作了《煤炭产业服务化转型》报告，10 位优秀论文作者进行大会交流。会议表彰了孔军峰等 20 名第八届全国煤炭工业生产一线优秀青年科技工作者，100 篇优秀论文。与会代表参观考察了神华宁煤集团的现代化矿井和煤化工基地。

10 月 12—13 日　学会青年工作委员会参与协办的 2013 年全国博士生学术论坛——厚煤层科学开采技术及装备在中国矿业大学

（北京）学术交流中心隆重举行。国务院学位办公室任增林处长、国家自然基金委员会朱旺喜处长分别致辞，学会名誉理事长钱鸣高教授对青年学子提出希望。美国工程院院士彭赐灯教授、中国科学院院士宋振骐教授等7位专家作了特邀报告，博士生代表进行了演讲。会议共收到来自全国16所高校及研究单位80余位博士生代表的40篇学术论文，60余篇博士生学术报告PPT文稿。

10月23日 中国煤炭学会第七次全国会员代表大会在北京市京西宾馆召开。中国科学技术协会学会学术部部长宋军，民政部民间组织管理局处长罗军，中国煤炭工业协会会长、党委书记王显政，中国煤炭工业协会副会长兼秘书长梁嘉琨，中国煤炭工业协会副会长王虹桥等领导出席会议并讲话。学会理事长濮洪九，学会副理事长张玉卓、张铁岗、袁亮、田会、孙茂远、葛世荣，学会常务理事宋振骐院士、周世宁院士、洪伯潜院士、彭苏萍院士到会。学会会员单位代表，学会第七届理事会理事、常务理事候选人，学会分支机构、地方煤炭学会负责人和列席人员，共计370余人参加了大会。会议由中国煤炭学会秘书长刘峰主持。

会议通过了有关决议。会议投票选举产生了学会第七届理事会理事198人、常务理事68人。第七届理事会一次会议选举王显政为理事长，卜昌森、田会、刘建功、吴吟、张玉卓、张铁岗、武华太、袁亮、葛世荣、谢和平为副理事长，刘峰为秘书长。

会议举办了中国煤炭学会2013年高层学术论坛。论坛以"绿色开发科学开采洁净利用　建设美丽矿山"为主题，袁亮院士、刘炯天院士，于斌、王家臣等8位业内知名专家作了学术报告。

10月27日 批复中国煤炭学会第一届煤炭装载技术专业委员会组织机构，主任委员王虹，副主任委员邢庆贵、吴嘉林、黄乐亭、张广军，秘书长齐玫，副秘书长闫艳；挂靠单位天地科技股份有限公司。

同日 批复中国煤炭学会第七届煤矿安全专业委员会组织机构，

名誉主任委员卢鉴章，主任委员宁德义，副主任委员梁运涛、李伟、马丕梁、黄声树、王德明、尤文顺，秘书长秦玉金、岳超平；挂靠单位中煤科工集团沈阳研究院有限公司、重庆研究院有限公司。

11 月 5—7 日　2013 全国矿山建设学术会议在中国矿业大学学术交流中心举行。学会煤矿建设与岩土工程专业委员会名誉主任陈明和、主任周兴旺，中国煤炭建设协会会长安和人，中国矿业大学党委副书记王建平，中国矿业大学（北京）党委书记杨仁树，安徽大学校长程桦，淮北矿业集团副总经理李伟等领导参加了会议。大会采取特邀报告、专题报告与现场互动讨论交流等方式进行学术交流，20 位专家学者作了学术报告，综合反映了近年来我国煤矿基本建设领域的最新研究成果、最新技术成果及前沿研究方向。会议评选优秀论文 23 篇，出版了论文集。

11 月 9—10 日　由学会开采专业委员会主办的 2013 年全国煤矿科学采矿新理论与新技术学术研讨会暨学会开采专业委员会换届会议在江苏省徐州市召开。学会副秘书长岳燕京宣读了学会关于开采专业委员会换届的批复文件并作了讲话。张农等 12 位专家学者作了学术报告。

11 月 14 日　学会煤矿安全专业委员会 2013 年学术研讨会在重庆市召开。13 位专家围绕"煤矿隐蔽至灾因素探查技术现状及发展趋势"作了专题报告。会议共收到论文 72 篇，择优编辑了论文集。

11 月 22—24 日　学会选煤专业委员会、《选煤技术》编辑部在太原市举办了 2013 全国选煤学术交流会，160 余人参会。22 名代表在会上就普遍关心的选煤领域的技术问题和最新研究成果进行发言交流。

12 月　中国科协开展了全国科普教育基地年度工作考核，最终确定了 103 家全国科普教育基地为"2013 年度优秀全国科普教育基地"，学会推荐的中国煤炭博物馆名列其中。

2014 年

1月9日　2014年度国家科学技术奖励大会在北京人民大会堂隆重举行，党和国家领导人习近平、李克强、刘云山、张高丽等出席大会并为获奖代表颁奖。煤炭行业"特厚煤层大采高综放开采关键技术及装备"获国家科技进步一等奖；"生态脆弱区煤炭现代开采地下水和地表生态保护关键技术""宁东特大型整装煤田高效开发利用及深加工关键技术"获国家科技进步二等奖；"高性能大型振动筛关键技术及其应用""低渗透煤层高压水力割缝强化瓦斯抽采成套技术与装备"获国家技术发明二等奖。

本月　中国煤炭学会不再承担孙越崎科技教育基金会秘书处的工作，该秘书处转移设立在煤炭科学技术研究院有限公司。

3月21日　批复学会第六届爆破专业委员会组织机构，主任委员陈维健，副主任委员王来、马芹永、孙守仁、杨小林、高尔新，秘书长高文乐，副秘书长陈士海；挂靠单位山东科技大学。

同日　批复中国煤炭学会第五届瓦斯地质专业委员会组织机构，主任委员邹友峰，副主任委员王兆丰（常务）、张建国、胡千庭、姜波、郭德勇，秘书长宋党育，副秘书长张明杰；挂靠单位河南理工大学。

同日　批复中国煤炭学会第六届煤矿运输专业委员会组织机构，主任委员王振杰，副主任委员罗庆吉、姜汉军、肖兴明、王海军、刘建平、王喜贵，秘书长韩英利；挂靠单位抚顺矿业集团。

4 月 10 日 中国煤炭学会 2014 年工作会在成都市召开。学会第七届理事会理事长王显政，驻会副理事长田会，副理事长谢和平、张铁岗、吴吟、刘建功、葛世荣，秘书长刘峰等出席会议。中国科学技术协会学会学术部副部长范唯出席会议并讲话，四川煤矿安全监察局副局长黄锦生、四川省煤炭产业集团总经理刘万波应邀致辞。学会常务理事、理事，分支机构和各省级煤炭学会、煤炭企事业单位代表约 200 人出席会议。期间，举办了煤炭行业低碳技术创新学术交流会，浙江浙能嘉华发电有限公司等 9 家单位在会上作了经验交流。

同日 中国煤炭学会在四川成都组织召开分支机构和省学会秘书长座谈会。学会所属 31 个专业（工作）委员会及 17 个煤炭省学会秘书长、副秘书长等共 62 人出席会议。会议由学会秘书长刘峰主持。

5 月 15 日 学会科普工作委员会暨《当代矿工》杂志 2014 年工作会议在扬州市召开。学会名誉理事长濮洪九，国家安全生产监督管理总局信息研究院副院长、科普工作委员会主任何国家，中国安全生产报社党委书记崔涛，学会副秘书长昌孝存等出席会议。濮洪九围绕煤炭经济形势和科普工作发表了重要讲话。何国家作了题为"雾霾与煤炭低碳化利用"的专题讲座，丁言伟秘书长作了 2014 年煤炭科普工作报告。神华神东煤炭集团姜茂林等 6 位代表交流了开展矿区群众性技术创新活动的成功经验。会议期间，还举办了《当代矿工》通讯员摄影培训班。

5 月 16 日 经国家科学技术部和国家科学技术奖励工作办公室批准，由中华国际科学交流基金会设立并承办的"中华国际科学交流基金会杰出工程师奖"，2014 年评出 30 个"杰出工程师奖"和 68 个"杰出工程师奖鼓励奖"。由学会推荐的神华准格尔能源有限责任公司郭昭华获得"杰出工程师奖"，康红普、刘建功、祁和刚、游浩 4 人获得"杰出工程师奖鼓励奖"。该奖励对象针对在全国范围内生产建设领域中做出杰出贡献的企业工程技术人员。

5月18—19日 2014年中国国际矿山测量学术论坛在西安市长安大学召开。本届学术论坛由国际矿山测量协会第六专业委员会和长安大学主办，学会矿山测量专业委员会协办。会议主题是数字矿山、绿色矿山、安全矿山。国家测绘地理信息局副局长李朋德、陕西省人民政府副秘书长张宗科、国际矿山测量协会（ISM）第六专业委员会主席俞痕兴、长安大学校长马建等领导出席了会议。来自俄罗斯等国家和国内单位的150多位专家学者参加了论坛。论坛包括3个大会特邀报告和2个分会场学术交流。中国矿业大学何满潮院士等先后进行了主旨演讲，介绍了国内外矿山测量的新理论、新方法和新技术。在分会场，来自国内外的30余位专家、学者围绕"三下"采煤新技术、地表沉陷监测、矿山环境保护、土地复垦开发利用等进行了学术交流。论坛共收到学术论文近50篇，择优推荐给SCI刊源期刊发表。

5月22日 第九次现代企业管理前沿问题研讨会暨首届全国高等（煤炭）院校经管学院院长联盟年会在昆明市召开。会议由学会经济管理专委会主办，主题为"深化国有企业改革，发展混合所有制经济"。来自4所高校和7家煤炭企业的代表作了交流发言。

6月10日 学会在北京召开煤炭行业学术期刊主编座谈会。学会副理事长田会，秘书长刘峰，中国科学技术协会学会学术部副部长刘兴平，国家新闻出版和广电总局报刊处处长李伟，中国煤炭工业协会副秘书长张宏等出席会议并讲话。会议由学会秘书长刘峰主持。会上，《煤炭学报》《中国矿业大学学报》《煤炭工程》等6家期刊代表作了典型经验发言。行业40家学术期刊负责人围绕刊物改革发展经验，结合工作实际及编辑经历，进行了深入交流。

6月11日 中国工程院组织的第十届光华工程科技奖颁奖大会在北京市举行。本届共有29人获奖，其中，1人获得成就奖，15人获得工程奖，13人获得青年奖。学会推荐的周福宝教授荣获光华工程科技奖（青年奖）。

7 月 2 日　学会在山西太原中国煤炭博物馆召开了 2014 年煤炭行业全国科普教育基地联席会议。来自全国煤炭行业 6 家全国科普教育基地——中国煤炭博物馆、中国矿业大学博物馆、开滦博物馆、河南理工大学地球科学馆、兖矿集团济三矿、同煤集团晋华宫矿的负责人共计 20 余人参加了会议。会议由学会科普工作委员会秘书长丁言伟主持。中国煤炭博物馆副馆长胡高伟等 6 位同志交流了科普教育基地能力建设经验。

7 月 29—30 日　学会瓦斯地质专业委员会在承德市召开了 2014 年全国瓦斯地质学术年会暨专委会换届工作会议。学会副秘书长昌孝存在会上宣读了学会关于第五届瓦斯地质专业委员会的组成人员批复文件，岳燕京代表学会对会议召开表示祝贺并讲话。专业委员会主任、河南理工大学校长邹友峰教授代表第四届专业委员会作了工作报告。中煤科工集团重庆研究院胡千庭研究员等 12 位专家、教授和研究生作了学术报告。

8 月 16—17 日　由中国工程院能源与矿业工程学部、中国煤炭学会、中国岩石力学与工程学会共同主办的"深部煤炭开采灾害防治工程技术论坛"在淮南市召开。安徽省人民政府副省长谢广祥、中国煤炭学会副理事长吴吟、中国科学院宋振骐院士、何满潮院士，中国工程院彭苏萍院士、袁亮院士、李晓红院士、蔡美锋院士，国际岩石力学学会主席冯夏庭以及我国煤炭领域近 200 名专家学者出席论坛。两院院士及专家围绕深部煤炭开采所面临的煤与瓦斯突出、冲击地压、巷道围岩控制、矿井水害热害等煤矿灾害的防治，总结经验，进行交流，为"十三五"期间破解我国深部煤炭开采所面临的重大理论问题和关键技术难题作理论和技术支撑。

8 月 22—23 日　由学会开采专业委员会主办，河南省煤炭学会承办，中国矿业大学矿业工程学院、煤炭资源与安全开采国家重点实验室等单位协办的 2014 年全国煤矿科学采矿新理论与新技术学术研讨会在贵阳市召开。开采专业委员会主任委员、中国矿业大学校长王悦汉，贵州省安全生产监督管理局、贵州煤矿安全监察局副局长陈华，河南省煤炭学会理事长袁世鹰等领导到会。王悦汉主任代表开采专业委员会作了工作报告，13位专家和博士生代表作了交流发言。

8月29—31日 由学会煤矿自动化专业委员会主办的第24届全国煤矿自动化与信息化学术会议暨第6届中国煤矿信息化与自动化高层论坛在太原市召开。山西省安全生产监督管理局局长霍红义，山西省煤炭厅副厅长牛建明，山西煤矿安全监察局总工赵文才，中国煤炭工业协会信息与统计部主任陈养才等领导到会。煤矿自动化专业委员会主任孙继平教授作了煤矿自动化专业委员会工作报告，15位专家作了学术报告。本次会议共收到论文132篇，录用91篇，收入《第24届全国煤矿自动化与信息化学术会议暨第6届中国煤矿信息化与自动化高层论坛论文集》，评选出优秀论文14篇。

9月9日 批复同意中国煤炭学会煤田地质专业委员会更名为中国煤炭学会煤炭地质专业委员会；第八届煤炭地质专业委员会组织机构名誉主任委员彭苏萍、潘振武，主任委员张群，副主任委员秦勇、李伟、程爱国、祁和刚、刘大锰、徐会军，秘书长靳秀良，支撑单位中煤科工集团西安研究院有限公司。

9月12—14日 学会爆破专业委员会第六届委员换届会议暨第十二次学术会议在太原理工大学召开。学会爆破专业委员会第六届主任委员、山东科技大学副校长陈维健教授对第五届专业委员会的工作进行了全面的总结，并对新一届委员会的工作提出了期望。本次会议共收到论文32篇，特邀报告论文8篇。论文内容反映了爆破工程理论与技术的研究现状与发展。

9月19—21日 学会煤矿开采损害技术鉴定委员会在苏州市召开了2014年工作会议，委员会主任刘修源主持会议。张华兴秘书长汇报了委员会2013年的工作总结及2014年所做的工作，介绍了由委员会等单位编制完成的《煤矿开采沉陷预测方法》标准审批情况。会议就房屋损害调查专门进行了交流。

9月23—26日 黔、滇、渝、桂、川煤炭学（协）会学术年会在广西南宁市举行，来自五省（区）市煤炭学（协）会代表共86人参加了会议。年会主要内容为交流西南五省（区）市煤炭行业认真树立和实践科学发展观，依靠科技提升煤炭工业生产力水平，实现煤炭工业安全、高效、可持续发展的做法与经验。会议推选出96篇优秀论文，其中15篇论文作者作了交流发言。

9月29日 由学会煤炭地质专业委员会和中国煤炭工业安全科学技术学会水害防治专业委员会共同主办，中煤科工集团西安研究院承办的"2014年煤炭安全高效开采地质保障技术研讨会"在西安市召开。中国煤炭科工集团有限公司副总经理宁宇、西安研究院董事长兼总经理董书宁出席会议。学会学术成果部主任白希军宣读了煤炭地质专业委员会换届的批复文件。25位专家学者作了学术报告，会议录用论文103篇，由煤炭工业出版社出版了论文集。

10月16日 中国煤炭学会七届理事会第二次会议在北京市召开。学会理事长、副理事长、秘书长、常务理事、理事以及各专业（工作）委员会、省（区、市）煤炭学会、团体会员单位、学术期刊编辑部的负责人和获奖代表等共计280余人参加了本次会议。会议认真听取并审议了刘峰同志代表学会所作的《中国煤炭学会七届理事会第二次会议工作报告》；审议并通过了《中国煤炭学会七届理事会第二次会议工作报告的决议》，听取了《煤炭学报》创刊五十周年工作报告；表彰了煤炭青年科学技术奖、《煤炭学报》创刊50年以来最有影响力的百篇学术论文、《煤炭学报》突出贡献奖等。王显政理事长发表总结讲话。会议还组织了高端学术论坛，中国工程院院士谢和平、袁亮，中国矿业大学副校长孙继平、辽宁工程技术大学党委书记潘一山等11位专家围绕煤炭基础科学、瓦斯治理、巷道支护、冲击地压、保水开采和水害防治等专业领域进行了学术交流。

10月17—19日 由中国煤炭学会主办，土地复垦与生态修复专业委员会和中国矿业大学（北京）承办的国际土地复垦与生态修复研讨会在北京西郊宾馆举行，来自国内外300多位专家学者（其中美国、加拿大、澳大利亚等15个国家的代表60余人）到会。在两天半的会期中，就"矿山土地复垦的政策、技术与实践"这一主题举行了13场大会学术报告、71场分会场学术报告，其中国外著名学者作了9场大会学术报告、37场分会场学术报告。会议期间，国家安全生产监督管理总局原副局长、中国煤炭工业协会副会长兼秘书长梁嘉琨出席开幕式并作主题演讲，中国工程院院士、中国矿业大学（北京）煤炭资源与安全开采国家重点实验室主任彭苏萍教授出席开幕式，学会副理事长、煤矿生态环境保护国家工程实验室主任袁亮院士作大会学术报告。大会组委会主席、中国矿业大学（北京）胡振琪教授作为国际土地复垦家联合会协调委员会中国代表与美、加、澳等国代表就该组织今后的发展与完善进行了深入的探讨和交流。

10月18日 学会2014全国矿山建设学术会议在北京西郊宾馆举行。学会名誉理事长濮洪九、学会秘书长刘峰，学会煤矿建设与岩土工程专业委员会名誉主任委员陈明和、中国煤炭建设协会会长安和人等领导莅临大会。来自全国煤矿212名代表参加了会议。濮洪九、安和人围绕煤炭基建行业运行态势和科技发展发表了讲话。会议特邀中国工程院院士蔡美峰作了题为"矿山建设中的岩石力学研究"的报告，中国矿业大学（北京）武强教授作了题为"矿井水害预测预报理论方法与工程应用"的报告。会议收到论文172篇，汇编成论文集。

10月24—26日 由中国矿业大学（北京）和美国西弗吉尼亚大学主办，学会、中国矿业大学、国家自然科学基金委员会、中国煤炭科工集团等单位协办的"33届国际采矿岩层控制会议（中国）"在北京西郊宾馆召开，这是该国际性会议第一次在亚洲国家举办。本次研讨会以"煤矿岩层控制理论与技术进展"为主题，来自国内高等院校、科研院所、矿山企业、技术咨询机构、新闻媒体等领域的300多位代表，以及来自10个国家的30余位外国学者参加，共同就采矿岩层控制问题进行了广泛深入的交流。14位中外专家作大会特邀报告，一般性学术报告27个。会议共收到来自中国、美国、加拿大、澳大利亚、德国、巴西、印度、英国等世界各地的论文125篇，收录80篇出版论文集。

10月31日 第十五届中国煤炭经济管理论坛暨2014年中国煤炭学会经济管理专业委员会年会在重庆市召开。孙春升秘书长作了工作报告。会议发布了"中国现代大型煤炭企业物流营销管理最佳企业奖"和"物流营销经典案例特等奖"名单，"第十五届中国煤炭经济管理论坛征文"获奖作者和征文优秀组织单位名单。本次论坛和年会围绕"现代物流、营销——核心竞争力"主题，展开对煤炭企业物流营销模式的讨论。论坛邀请了神华集团、中煤能源集团、中国煤炭科工集团等12家企业作了14个专题报告。

11月7日 由中国煤炭学会主办、湖南省煤炭学会承办的第九届全国煤炭工业生产一线青年技术创新交流大会在长沙市召开。学会秘书长刘峰，中国工程院院士张铁岗，学会科普工作委员会主任何国家，中国矿业大学（北京）资源与安全工程学院院长王家臣，科普工作委员会副主任、陕西煤化工集团副总经理闫龙，湖南省煤炭管理局副局长曾平江，湖南煤矿安全监察局副局长丁国强等领导出席大会。刘峰秘书长针对全国煤炭工业生产一线青年技术创新交流活动作了讲话，张铁岗院士作了题为"煤矿矸石山自燃爆炸灾害防范与资源化综合利用"的报告，王家臣院长作了题为"煤炭科学开采的内涵与进展"的报告。12位来自煤炭生产、科研一线的青年代表进行了论文交流。大会表彰了罗怀廷等20名第九届全国煤炭工业生产一线优秀青年科技工作者。

11月20—23日 2014年全国煤矿安全学术年会在珠海市举行。本次会议由学会煤矿安全专业委员会和中国煤炭工业安全科学技术学会瓦斯防治专业委员会、火灾防治专业委员会、矿山降温专业委员会联合主办，由中国煤科集团沈阳研究院有限公司承办。王德明教授、邓军教授等13位知名专家作了学术报告。会议收到论文77篇，遴选其中的优秀学术论文在《煤矿安全》杂志"煤矿安全学术年会"专栏上分期发表。

11月21日 由中国科学技术协会学会学术部主办，中国煤炭学会、《International Journal of Coal Science&Technology》编辑部承办的第三期中国科协科技期刊主编（社长）沙龙在北京成功举办。来自有关科研院所、高校、出版机构的专家学者和国内有关英文科技期刊的主编、社长、编辑部主任约60人参加，沙龙论坛围绕"如何加快我国英文科技期刊的国际化进程"进行了热烈的讨论和深入的交流。中国科学技术协会学会学术部负责人宋军、刘兴平，学会秘书长刘峰、中国科学院院士何满潮出席了活动。

12月17日 中国科学技术协会发文《中国科协关于表彰第六届全国优秀科技工作者的决定》，授予了"十佳全国优秀科技工作者""十佳全国优秀科技工作者提名奖""全国优秀科技工作者"获得者相应荣誉称号。学会推荐的朱真才、贺天才、田宏亮获得"全国优秀科技工作者"称号。

12月19—20日 首届煤炭行业青年科学家论坛暨煤炭科技工作者慰问活动在北京市举办，由学会主办、学会青年工作委员会与共青团中央煤炭行业指导和促进委员会联合承办。主题是"煤炭·青年·创新·未来"。学会名誉理事长濮洪九、驻会副理事长田会、中国工程院院士洪伯潜和彭苏萍，中国矿业大学（北京）校长杨仁树、学会秘书长刘峰等出席会议。论坛期间，获得科技部中青年科技领军人才、煤炭青年科学技术奖、教育部新世纪优秀人才奖的 13 位青年科学家围绕煤炭综合利用、瓦斯治理、巷道支护、冲击地压、保水开采和水害防治等研究领域作了主题学术报告。

12 月 30 日 福建省煤炭学会第八次会员代表大会暨八届一次理事会在福州市召开。学会副理事长、国家能源局原副局长吴吟，福建省科学技术协会副主席林学理等领导出席大会。吴吟就煤炭形势和学会工作发表讲话。会议选举产生了福建省煤炭学会第八届理事会、常务理事会。选举福建省能源集团有限责任公司副总经理吴维加为第八届理事会理事长，龙岩学院资源学院院长郭玉森等 9 人为副理事长，福建省能源集团有限责任公司梁晓良为秘书长，黄建龙为常务副秘书长。

是年 根据各专委会提交的学科发展规划集合完成了《中国煤炭学会十年学科规划（2011—2020）》，主要包括煤炭地质（矿井地质、瓦斯地质）、井巷（建井）工程、露天开采、地下开采、矿山安全、洁净煤技术、矿山机电一体化、选煤技术、产业发展等学科板块。

是年 根据科技部中国科学技术信息研究所"2014 年中国科技论文统计结果发布会"发布的信息，《煤炭学报》2009 年第 1 期袁亮院士等发表的《卸压开采抽采瓦斯理论及煤与瓦斯共采技术体系》和 2011 年第 7 期谢和平院士等发表的《不同开采条件下采动力学行为研究》入选"2013 年中国百篇最具影响国内学术论文"。

2015 年

1月20日 陕西省煤炭学会在西安市召开了陕西省煤炭学会第七次会员代表大会，全省煤炭企事业单位的170余名代表到会。中国煤炭学会、陕西省科协、陕西省煤炭生产安全监督管理局、陕西煤矿安全监察局、陕西省煤炭工业协会领导出席了会议。陕西省政府李金柱副省长、学会吴吟副理事长到会并作了重要讲话。会议选举产生了第七届理事会理事、常务理事，选举陕西省煤炭科学技术研究所所长张少春同志任理事长、陕西煤炭科学技术研究所研究室主任李志平同志任秘书长。

1月24日 平顶山市煤炭学会第五次代表大会在中国平煤神马集团会议中心召开。河南省煤炭学会秘书长邓波，平顶山市科协党组书记余冠军，平顶山市民间组织管理局局长王勇献，中国平煤神马集团总经理杨建国、总工程师张建国等有关部门负责人出席了会议。大会选举产生了新一届理事会，选举产生理事85人，杨建国当选为第五届理事会理事长，张建国当选为常务副理事长，赵志良、郭牛喜当选为副理事长，吕有厂当选为学会秘书长。

2月5日 学会在北京市召开了2015年度院士推选专家评审会。评审会由学会理事长王显政主持，中国工程院谢克昌、谢和平、张铁岗、袁亮、洪伯潜、彭苏萍、蔡美峰院士，中国科学院宋振骐、何满潮院士等16位专家教授参会，钱鸣高、周世宁两位院士进行了函审。会议以无记名投票方式产生了拟推荐参加"两院"院士增选的5位候选人。

2月12日 学会科学传播专家团队成立。决定设立安全生产团队、科技支撑团队、职业健康团队、管理教育团队、医疗卫生团队，由袁亮院士等98位专家组成。

3月4日 保定市科学技术协会副主席魏建华带领学会部负责同志一行到学会进行走访座谈。学会副秘书长昌孝存和相关部室负责人参加了会议，双方就合作事项进行了交流。

3月10—12日 学会组织专家，由田会副理事长带队，赴鄂尔多斯市调研创新驱动助力工程工作。专家组对当地企业的科技需求进行了现场调研和考察，参加了鄂尔多斯市召开创建中国科学技术协会创新驱动助力工程示范市动员大会。

3月20日 根据《民政部关于开展2014年度社会组织评估工作的通知》精神，民政部评估专家组一行7人到学会进行实地考评。本次评估专家组由民政部民间组织服务中心贾卫处长带队，依据评估指标对学会的基础条件、内部治理、工作绩效三个方面做出了细致考评。评估专家组对学会的基本情况、学术交流、科普宣传等方面给予充分肯定，同时也在课题研究、国际合作、组织管理等方面提出了改进意见。

4月21日 中国煤炭学会2015年工作会暨常务理事会在保定市举行。学会理事长、中国煤炭工业协会会长王显政，国家煤矿安全监察局副局长杨富，中国科学技术协会学会学术部副巡视员王晓彬，学会副理事长田会、刘建功，中国科学院院士宋振骐、何满潮，中国工程院院士洪伯潜、彭苏萍出席了会议。会议上，学会与保定市科协和保定市4家高新技术企业签署了创新驱动助力工程战略合作协议并授牌。学会秘书长刘峰同志作了工作报告；学会学术成果部主任白希军作了加强学会学科建设的报告，《当代矿工》编委会作了《当代矿工》创刊30周年工作历程的报告，中国气象科学研究院研究员郭建平作了题为"大气雾霾及天气气候效应"的特邀学术报告。学会理事长王显政作了总结讲话。

同日 学会 2015 年分支机构业务培训与重点工作交流会在保定市召开。学会副理事长田会、中国科协学会学术部处长万玉刚，保定市科协副主席魏建华，各省级煤炭学会负责人，学会各分支机构代表出席了会议，会议由学会史副秘书长昌孝存主持。万玉刚处长详细解读了近期民政部与中国科协相继出台的关于加强社会团体分支机构管理的政策和法规，并与参会人员进行了互动答疑。

4 月 22 日 学会组织 40 余位专家、学者赴河北省保定市考察调研。专家组一行在保定市科协的陪同下，分别到河北锐讯水射流有限公司就煤矿井下水力切割与压裂技术，到荣毅集团就数字矿山光电缆信息传输技术，到天河（保定）环境工程有限公司就燃煤电厂烟气脱硫脱硝技术进行考察和调研。

4 月 23—25 日 由学会矿山测量专业委员会、中国金属学会采矿专业委员会、《金属矿山》杂志社、《现代矿业》杂志社、《矿山测量》杂志社联合举办的 2015 年全国矿山开采损害防治与数字矿山学术会议在珠海市召开。吴立新、李树志等 5 位专家作了特邀报告。大会对 16 篇论文进行了交流，并开展了讨论和答疑。会议收到学术论文 109 篇，采用其中 67 篇论文编辑出版了论文集。会议期间，学会矿山测量专业委员会、《矿山测量》杂志编委会召开了工作会议。

4 月 27 日 批复中国煤炭学会第一届钻探工程专业委员会组织机构，名誉主任委员苏义脑，主任委员石智军，副主任委员李平、吴国强、闵龙、张建民、洪益清、都新建，秘书长姚宁平；挂靠单位中煤科工集团西安研究院有限公司。

4 月 29 日 由中国煤炭学会主办，中煤科工集团西安研究院承办的"学会钻探工程专业委员会成立大会暨第一届特邀报告研讨会"在西安市召开。中国工程院院士汤中立在大会上就钻探在地质勘探、资源利用方面的创新提出了殷切期望。会议邀请了 9 位知名专家分别在页岩气及煤层气开发钻探技术装备、岩心地质及煤田地质勘探技术装备、瓦斯抽采钻探技术装备等方面进行了学术交流。与会代表在会议期间考察了西安研究院钻探装备生产基地。

5 月 15 日 学会经济管理专业委员会第十次现代企业管理前沿问题研讨会在湖北省武汉市召开。中国煤炭工业协会副会长解宏绪等领导到会讲话。学会经济管理专业委员会秘书长孙春升对新常态下我国煤炭工业发展形势进行了展望；聂锐、王新华、鞠耀绩等高校经管学院院长从宏观层面分析了煤炭新常态、新机遇和新发展；13 家煤炭企业分别从自身角度分享了经济新常态对企业产生的影响。

6 月 3 日 内蒙古伊金霍洛旗副旗长刘杰，商务局局长苏云峰到学会进行走访。学会秘书长刘峰和相关部室负责人出席会议。双方介绍了有关情况，就合作的方式和内容进行了交流。

6 月 25 日 由学会主办的《中国煤炭科学技术志》编纂工作协调与培训会在北京会议中心召开。中国煤炭工业协会副会长孙之鹏、学会秘书长刘峰、中国矿业大学（北京）校长杨仁树、北京市地方志办公室副主任谭烈飞、中国煤炭科工集团上海有限公司董事长何敬德、煤炭规划院院长周桐出席了此次会议。

7 月 2 日 批复中国煤炭学会第七届煤化工专业委员会组织机构，主任委员曲思建，副主任委员陈贵锋、李志坚、宋旗跃、徐振刚、王辅臣、房倚天，秘书长王琳，副秘书长刘敏；挂靠单位煤炭科学技术研究院有限公司煤化工分院。

同日 批复中国煤炭学会第四届煤矿系统工程专业委员会组织机构，主任委员王家臣，副主任委员邵良杉、张麟、李克民、孟祥瑞、郝传波、张金锁，秘书长侯运炳，副秘书长薛黎明；挂靠单位中国矿业大学（北京）。

7 月 13—14 日 2015 现代煤化工技术与产业发展高层论坛在乌

鲁木齐国际会展中心举办。该论坛由中国煤炭学会、第 12 届中国新疆国际煤炭工业博览会组委会、煤科院煤化工分院等单位主办,由学会煤化工专业委员会主任、煤科院煤化工分院曲思建院长主持。学会岳燕京主任致辞,新疆维吾尔自治区经济和信息化委员会副主任斯拉因·司马义讲话并作了"关于新疆煤化工产业发展与规划"的报告。会议邀请 20 余位知名专家作了学术报告,全面解析现代煤化工在新技术开发、核心装备突破、产业规划布局、示范工程建设等方面取得的进展。同期召开了学会煤化工专业委员会第七届换届会议。

7 月 18—19 日 学会露天开采专业委员会在井冈山市召开了第六届露天开采专业科技学术研讨会,与会代表 124 名。大会共收到来自生产企业、设计研究机构、高等院校等单位的学术论文 67 篇。学会副理事长田会莅临大会并作讲话。

7 月 22—24 日 学会矿井地质专业委员会 2015 年学术论坛暨学会矿井地质专业委员会第七届委员会第四次会议,在咸阳市陕西能源职业技术学院召开。矿井地质专业委员会主任委员张明旭出席会议并发表讲话,学会学术成果部主任白希军莅临会议。会议听取了葛晓光教授、李振林教授等 8 名专家学者的学术报告,录用论文 61 篇,在《陕西煤炭》上发表。

8 月 22—24 日 由学会开采专业委员会主办,中国矿业大学矿业工程学院、内蒙古伊泰集团公司等单位协办的 2015 年全国煤矿科学采矿新理论与新技术学术研讨会在呼伦贝尔市召开。窦林名、柏建彪教授等 8 位专家作专题学术报告。

9 月 8 日 中国煤炭学会七届理事会第三次会议在鄂尔多斯市举行。中国煤炭工业协会副会长兼秘书长梁嘉琨,鄂尔多斯市副市长王挺,中国科协学会学术部殷肖,学会副理事长田会、刘建功,学会副理事长兼秘书长刘峰,中国科学院院士宋振骐、何满潮,中国工程院院士彭苏萍、蔡美峰出席了会议。学会理事、常务理事,分支机构、地方学会和会员单位的代表 250 余人参加了会议。会议表决通过了理事会工作报告等有关决议，选举刘峰同志担任学会副理事长。会议对科技部中青年科技领军人才、全国煤炭青年科学技术奖、第十届全国采矿学术会议煤炭行业优秀论文等进行了表彰。会上，学会与鄂尔多斯市人民政府签署了创新驱动助力工程战略合作协议，刘峰和王挺同志共同为鄂尔多斯创新驱动助力工程学会工作站揭牌。

9 月 9 日　第十届全国采矿学术会议在鄂尔多斯市召开，主题是绿色开发、科学利用、创新发展，由中国煤炭学会、中国工程院能源与矿业工程学部、中国金属学会、中国有色金属学会、中国化工学会、中国硅酸盐学会、中国矿业联合会、中国黄金协会、中国核学会、中国岩石力学与工程学会联合主办，鄂尔多斯市人民政府和神华集团有限责任公司协办。内蒙古自治区副主席王波，国家煤监局副局长桂来保，中国科协党组书记、常务副主席、书记处第一书记尚勇分别致辞。王显政理事长作了大会主题报告，中国有色金属学会理事长康义等 5 家主办单位负责同志分别发言。谢克昌、张玉卓两位院士作了专题演讲，田会同志代表会议就采矿科技发展提出《鄂尔多斯共识》建议。下午举行会议主论坛（第 40 次中国科技论坛能源与矿业发展高层论坛），中国工程院院士彭苏萍、蔡美峰、金涌、裴荣富，中国科学院院士宋振骐、金之钧、何满潮等共 11 位专家分别作了学术报告。900 余位矿业领域科技工作者参加了大会。

9 月 10 日　学会学术期刊工作委员会成立大会暨矿业学术期刊主编圆桌会议在鄂尔多斯市举行。学会副理事长兼秘书长刘峰，国家新闻出版广电总局新闻报刊司副司长赵秀玲，学术期刊工作委员会主任委员宁宇，中国科学文献计量评价研究中心主任肖宏等出席了会议。来自煤炭行业 50 余本矿业学术期刊的主编到会。学会副理事长刘峰宣布学术期刊工作委员会成立。第一届学术期刊工作委员会主任委员宁宇，副主任委员许升阳、朱栓成、严民杰、骆振福、熊志军，秘书长朱栓成。

9月10—11日 召开第十届全国采矿学术会议专业论坛活动，分别举办了能源与矿业发展高层论坛、绿色安全智能采矿、矿业装备制造2025、"一带一路"与矿业国际化、矿业物联网与电子商务和矿业学术期刊主编圆桌会议等6个分论坛，共54位行业专家作了学术报告。11日组织部分代表参观了神华煤制油有限责任公司和神东煤炭集团。

9月13—14日 第十三届全国矿业系统工程学术会议暨学会第四届煤矿系统工程专业委员会换届大会在辽宁工程技术大学葫芦岛校区召开。

9月15—17日 2015年煤层气学术研讨会在青岛市召开，由学会煤层气专业委员会、中国石油学会石油地质专业委员会、煤层气产业技术创新战略联盟联合主办。大会到会代表270余人，共作学术报告29个，征集学术论文51篇，推荐至专业期刊发表。

9月18日 批复中国煤炭学会第七届煤矿建设与岩土工程专业委员会组织机构，名誉主任委员濮洪九、陈明和、洪伯潜、蔡美峰，主任委员周兴旺，副主任委员刘志强（常务）、代东生、杨仁树、赵士兵、唐永志，秘书长龙志阳；挂靠单位天地科技股份有限公司建井研究院。

9月22日 批复中国煤炭学会第五届煤矿建筑工程专业委员会组织机构，主任委员刘兴晖，副主任委员王志杰、王岩、夏军武，秘书长邓春霞；挂靠单位中煤科工集团武汉设计研究院有限公司。

9月29日 由学会煤炭地质专业委员会、煤炭工业技术委员会煤矿防治水专家委员会和中国地质学会共同主办的"2015年煤炭安全高效开采地质保障技术研讨会"在珠海市召开。21位专家和学者作了报告，介绍了近年来我国在煤矿水害防治、地质条件精细探测、煤层气（瓦斯）开发、煤系共伴生矿产勘查及评价等方面取得的学术成果。

10 月 10 日 批复同意中国煤炭学会煤矿建设与岩土工程专业委员会更名为中国煤炭学会矿山建设与岩土工程专业委员会。

10 月 13 日 中国安全生产协会信息化工作委员会和学会计算机通信专业委员会年会暨 2015 年互联网+应急技术研讨会在北京市召开。中国安全生产协会副会长李素花、学会副理事长田会、国家安全生产应急救援指挥中心副主任雷长群、国家安全生产监督管理总局国际合作交流中心副主任王清华出席会议。毛善君等 15 位专家学者围绕大数据、云计算、物联网等信息技术在安全生产监管和应急救援管理工作中的应用作了交流发言。

10 月 14—16 日 煤矿建筑工程技术交流与业务培训暨 2015 年中国煤炭学会煤矿建筑工程专业委员会年会在徐州市召开。中国煤炭学会副理事长田会、中煤科工集团武汉设计研究院有限公司（挂靠单位）董事长吴嘉林专程到会指导工作。副主任委员王志杰主持专业技术经验交流与业务培训。

10 月 16 日 学会煤矿安全专业委员会"煤炭安全科技走进白龙山煤矿"活动在华能云南滇东能源有限责任公司矿业分公司举办。学会理事胡千庭、煤矿安全专业委员会副主任委员黄声树、重庆市煤炭学会会长杨晓峰，煤炭系统高校专家学者和工程技术人员近百人参加了活动。活动分两个阶段进行，第一阶段有 5 位专家就煤矿安全专题作技术报告；第二阶段针对白龙山煤矿瓦斯治理难题进行专题研讨。

10 月 16—18 日 2015 中国国际矿山测量学术论坛在北京市举行。本次会议由国际矿山测量协会（ISM）第四、第六委员会，中国矿业大学（北京），中国煤炭科工集团共同主办，学会矿山测量专业委员会、煤矿开采损害技术鉴定委员会等学术组织协办。国际矿山测量协会主席团会议同期召开。来自中国、澳大利亚、德国、俄罗斯、波兰、美国、蒙古、哈萨克斯坦、巴西等 9 个国家的 265 名代表参加了本次论坛，其中外国代表 30 人。会议论文集收录了国内外论文 70 篇。

10 月 18—19 日　第 34 届国际采矿岩层控制会议在河南省开封市举行，学会副理事长兼秘书长刘峰出席开幕式。本次会议以"煤矿岩层控制理论与技术进展"为主题，来自国内外的 200 余名代表参会，其中包括美国、澳大利亚、印度等 7 个国家的 18 位外籍学者。会议为期 2 天，进行了 22 场大会特邀报告和 29 场大会专题学术报告；会议共收到来自世界各地的论文 129 篇，通过遴选，收录论文 110 篇，编辑中、英文两本论文集。

10 月 21—22 日　由湖南、江西、安徽、福建、江苏五省煤炭学会联合组织，湖南省煤炭学会承办的 2015 年湘赣皖闽苏五省煤炭学会联合学术交流会在湖南省衡阳市举行。湖南省科协副主席彭华松、学会部肖鹏、湖南省煤炭管理局副局长曾平江以及五省煤炭学会理事长、秘书长出席了会议，参加本次论文交流的作者和五省代表共 140 余人。会议邀请湖南省科技大学冯涛教授作专题报告，12 位论文作者进行了大会交流。会议共收到论文 100 余篇，遴选 56 篇由《采矿技术》发表。

10 月 23 日　湖南省煤炭学会在衡阳市召开了湖南省煤炭学会第八次会员代表大会。会议全面总结了学会第七届理事会的工作，部署了今后的任务。选举产生了第八届理事会，其中理事 111 人、常务理事 18 人，正、副理事长 16 人，秘书长 1 人；选举湖南省煤炭科学研究院院长刘学服同志任学会理事长，选举湖南省煤炭科学研究院副院长旷裕光同志任学会秘书长。

10 月 24—25 日　由学会煤矿土地复垦与生态修复专业委员会主办的第四届中国矿区土地复垦与生态修复研讨会在泰安市召开。研讨会以"矿山土地复垦与生态修复推动中国绿色发展"为会议主题，200 位与会嘉宾共同就矿区土地复垦与生态修复的政策法规建设、技术革新产业化等议题进行了深入交流和探讨。中国工程院院士彭苏萍出席大会并作了题为"现代煤炭开采条件下对水资源及地表生态的影响"的主报告。学会副理事长田会发表讲话。本次研讨会共安排 5 个大会报告，4 个经验交流报告和 15 个分会场报告；举办了题为"经济下行压力下矿山土地复垦与生态修复的挑战与对策"的高端对话，还首次举办了"土地复垦与生态修复研究生论坛"，来自国内知名高校的 11 名博士、硕士研究生进行了学术报告。

10 月 29 日 由学会矿山建设与岩土工程专业委员会主办，重庆巨能建设（集团）有限公司承办的 2015 全国矿山建设学术年会在重庆市召开。来自全国 60 多个单位的 246 名专家学者到会。大会特别邀请了中国科学院院士宋振骐，深圳地铁集团总工程师陈湘生等 4 名专家作特邀报告。本次会议收录论文 116 篇，评出优秀论文 20 篇，印发了《中国煤炭学会矿山建设与岩土工程专业委员会成立 35 周年纪念册》。

11 月 16 日 批复学会第五届煤矿自动化专业委员会组织机构，主任委员孙继平，副主任委员于励民、马小平、刘建功、赵增玉、胡穗延，秘书长田子建、兰西柱；挂靠单位中国矿业大学（北京）。

11 月 19 日 国家专业技术人才知识更新工程露天采矿专业岗位培训班在内蒙古鄂尔多斯开班。此次培训由学会主办，神华准能集团有限责任公司、煤炭工业规划设计研究院共同承办。神华集团有限责任公司副总经理李东，鄂尔多斯市人民政府副秘书长双青克，学会副理事长田会，以及来自行业内的权威授课专家，准能集团的技术管理骨干等代表 110 余人参加了开班和培训。此次培训是落实学会与鄂尔多斯市人民政府的创新驱动助力工程深度合作协议，为加强中高级职称技术专业人才继续教育知识更新而举办的。

11 月 21—23 日 第 25 届全国煤矿自动化与信息化学术会议暨第 5 届煤矿自动化专业委员会第一次全体会议在上海市召开。学会秘书长刘峰出席会议并讲话。10 位专家教授围绕我国煤矿自动化与信息化建设的热点和前瞻性问题作了学术报告，专业委员会主任孙继平教授作了《煤矿自动化专业委员会换届工作报告》。

是年 国家民政部发出"中国社会组织评估等级证书"，经评估，学会被评为 5A 级社会组织。

是年 完成了中国煤炭工业协会委托的"煤炭科学开采支撑技术体系与政策研究"和"煤炭企业生态文明建设评价指标体系研究"两项课题。中国煤炭学会被中国科协评为"2015 年度中国科协创新驱动助力工程优秀单位"。

2016 年

1月6日 第二届"杰出工程师奖"在北京人民大会堂揭晓。30名工程师荣获"杰出工程师奖",69人获得"杰出工程师鼓励奖"。经中国煤炭学会及煤炭行业推荐,王国法、祁和刚获得"杰出工程师奖";王宏、文光才、唐永志、刘志强、曲思建、席启明等6人获得"杰出工程师鼓励奖"。

2月26日 根据《中国科协办公厅关于开展"青年人才托举工程"项目实施工作的通知》要求,经全国学会申报、社会公示、专家评审,确定182名青年科技人才入选中国科协"青年人才托举工程"(2015—2017年度),学会择优推荐的姜鹏飞副研究员、崔凡副教授入选。

4月8日 学会发出《关于表彰2013—2015年度中国煤炭学会先进集体和优秀工作者的决定》,经过申报、审核、综合评审,决定表彰煤层气专业委员会、河南省煤炭学会等20个先进集体,杨俊利、王国琴等20名优秀工作者,并颁发荣誉证书。

4月16日 学会2016年常务理事会暨改革发展座谈会在苏州市召开。学会常务理事,各分支机构主任、秘书长和各省级煤炭学会负责人,会员单位代表170余人出席了会议。会上传达了中国科协"科协系统深化改革实施方案"等文件精神,分组讨论了学会改革发展面临的挑战和机遇,座谈了学会改革发展重点工作和任务。会上发布了《中国煤炭学会事业发展"十三五"规划》,确立学会今后五年改革发展规划和主要任务。

4月25日 中国煤炭工业协会、中国煤炭学会共同主办的第八次全国煤炭工业科学技术大会在北京市召开。国家安全生产监督管理总局副局长、国家煤矿安全监察局局长黄玉治，中国工程院院士张玉卓、彭苏萍、康红普、武强，中国科学院院士何满潮出席会议，来自企业、高校、科研院所的科技工作者800余人到会。学会理事长、中国煤炭工业协会会长王显政作重要讲话。会议同期召开了煤炭工业"十三五"科技创新与产业转型升级发展论坛，彭苏萍、张玉卓等院士作特邀报告。会议颁发了2015年度中国煤炭工业协会科学技术奖，命名了第二批煤炭行业工程研究中心，表彰了2013—2015年度中国煤炭学会先进集体和优秀工作者。

5月16日 根据《中共中央组织部、人力资源社会保障部、中国科协关于表彰第十四届中国青年科技奖获奖者的通知》，由中国煤炭学会推荐，毕银丽、周福宝获得本届中国青年科技奖。

5月24日 2016世界煤炭协会技术委员会会议在京举行。世界煤炭协会（The World Coal Institute）会长米克·巴菲尔宣布任命中国煤炭学会副理事长田会、刘峰担任世界煤炭协会技术委员会副主席。

6月3日 根据《中国科协关于表彰第七届"全国优秀科技工作者"奖获奖者的决定》，由中国煤炭学会推荐，刘志强、李全生、林柏泉获得本届"全国优秀科技工作者"称号。

6月27日—7月1日 学会副理事长兼秘书长刘峰率团出席在俄罗斯举办的第十八届世界选煤大会，俄罗斯能源部部长诺瓦克及来自20多个国家和地区的600余名代表参加了大会。刘峰在会上介绍了我国煤炭洗选及煤化工发展现状与前景展望，介绍了我国在煤炭洗选加工方面的最新研究成果和科技进展情况。

8月14—16日 全国煤矿科学采矿新理论与新技术学术研讨会在山西省忻州市召开。中国科学院院士何满潮教授作了题为"无煤柱自成巷开采 110 工法——第三次采矿技术变革"的专题学术报告，17 位专家和青年学者作了专题学术报告。

8 月 15—19 日 由民政部批准，学会发起主办的"关爱全国矿区留守儿童科技夏令营"活动在内蒙古自治区鄂尔多斯市举行。来自全国 18 家煤炭企事业单位的 200 名留守儿童和 70 位志愿者参营。活动安排了安全培训、爱国主义教育、文艺活动、科技体验等 12 项内容。

8 月 20—21 日 全国选煤技术交流会在河北省唐山市召开，170 名专家学者到会。24 位选煤科技工作者就最新研究课题、新工艺技术的应用进行了深入的交流，对今后如何发展我国的选煤技术与装备提出了建议。会议期间举办了青年学者论坛，邀请 5 位专家对青年人的科技成果和创新思路进行指导点评。

8 月 23 日 批复中国煤炭学会第三届短壁机械化开采专业委员会组织机构，名誉主任委员袁亮、金智新、康红普，主任委员张彦禄，副主任委员王虹、李东、祁和刚、游浩、翟红、范京道，秘书长于向东；挂靠单位中煤科工集团太原研究院有限公司。

同日 批复中国煤炭学会第六届科技情报专业委员会组织机构，主任委员贺佑国，副主任委员王平虎、叶建民、邢奇生、李苏龙、李建民、殷作如，秘书长刘志文；挂靠单位国家安全生产监督管理总局信息研究院。

9 月 1—3 日 中国煤炭学会主办，神华新疆能源有限公司协办的"一带一路"战略联盟矿业科技创新国际研讨会在乌鲁木齐市召开。来自哈萨克斯坦、美国的 9 位外籍专家和国内专家学者 110 人到会。中国工程院院士彭苏萍、蔡美峰，哈萨克斯坦国家研究技术大学院士 Azimhan、Marzihan 等 4 人发表了主旨演讲。16 名中外学者作了专题学术报告，同时探讨"一带一路"区域国家矿业资源产业链的经济技术合作。

9月8—9日 全国煤矿支护技术新进展交流研讨会在青海省西宁市举办。中国工程院院士康红普作了题为"锚杆支护构件力学性能及匹配性"的特邀报告；中国矿业大学（北京）副校长王家臣作了"煤炭开采从经验走向科学"的报告；16位代表进行了大会交流，10位代表作了专题报告，内容涉及冲击地压巷道支护关键技术、防控思路与对策、综合监测预警技术、爆破卸压等方面。

9月12—15日 国际矿山测量学会第十六届国际大会在澳大利亚布里斯班召开。期间举行的国际矿山测量学会第44次主席团会议上，学会常务理事黄乐亭当选为国际矿山测量学会（ISM）第十七届副主席。

9月18日 批复中国煤炭学会第五届计算机通讯专业委员会组织机构，主任委员彭玉敬，副主任委员丁崑、孙继平、李爱平、陈禄萍、夏士雄，秘书长赵志刚，副秘书长吕洁宁；挂靠单位国家安全生产监督总局通信信息中心。

同日 批复中国煤炭学会第七届科普工作委员会组织机构，主任委员刘国林，副主任委员徐会军、孟祥军、孟祥瑞、胡高伟，秘书长熊志军、姚有赳，副秘书长李锦；挂靠单位国家安全生产监督管理总局信息研究院。

9月24—25日 中国科协和陕西省政府主办，中国煤炭学会承办的第十八届中国科协年会第十分会场煤炭清洁高效利用学术论坛在西安市举办。到会专家学者、工程技术人员和高校研究生195人。会议邀请中国工程院院士谢克昌，就煤炭在国民经济发展中的作用和地位、能源科技发展战略等重大问题作主题报告；15位专家和青年学者作了专题报告。

9月29日 学会煤炭地质专业委员会主办的2016年煤炭安全高效绿色开采地质保障技术研讨会在北海市召开。中国工程院院士武强解读了新版《煤矿安全规程》水害防治部分。19位专家学者作了学术报告，内容涵盖矿山水文地质与水害防治、绿色矿山生态建设、煤炭地质与综合勘探、煤矿隐蔽致灾因素精细探查治理、煤层气与页岩气勘探开发等方面。会议印发了论文集。

10 月 13 日　学会发出《中国煤炭学会关于表彰 2016 年全国煤炭青年科学技术奖的决定》，授予王宝冬、许献磊等 32 人"全国煤炭青年科学技术奖"。

10 月 16 日　第 25 届孙越崎能源科学技术奖颁奖大会在北京市举行。学会煤矿系统工程专业委员会主任王家臣，学会常务理事祁和刚，荣获 2016 年孙越崎能源科学技术大奖。截至第 25 届，能源大奖累计奖励 91 人，每届仅有获奖者 2 至 4 人，其中已有 25 位当选为中国科学院或工程院院士。

10 月 19—20 日　辽宁工程技术大学、美国西弗吉尼亚大学、中国煤炭学会、国家自然科学基金委员会等联合主办的第 35 届国际采矿岩层控制会议（简称 ICGCM）在辽宁省阜新市召开。来自中国、美国、俄罗斯等 9 个国家和地区的 230 名专家学者出席会议。美国工程院院士 Syd S. Peng，国家自然科学基金委员会信息科学部副主任张兆田致辞，中国工程院院士康红普等 5 位专家作了特邀报告，26 名专家学者作了专题学术报告，交流了国内外在采矿岩层控制领域的研究与应用成果。

10 月 20 日　批复中国煤炭学会第三届煤层气专业委员会组织机构，名誉主任委员彭苏萍、袁亮，主任委员吴建光，副主任委员叶建平、张群、张遂安、秦勇、都新建、魏国齐，秘书长傅小康，副秘书长张守仁；挂靠单位中联煤层气有限责任公司。

10 月 20—22 日　第二届煤炭行业青年科学家论坛在安徽理工大学召开。论坛以"煤炭·青年·创新·未来"为主题，就煤地质和矿山测量、煤矿开采与安全、机电一体化、煤炭清洁高效利用、煤矿生态环境保护等煤炭行业热点问题进行了交流与探讨。中国青年科技奖获得者毕银丽、国家杰出青年基金获得者周福宝、教育部新世纪优秀人才田原宇等 6 人应邀作了主题报告；20 名青年学者发表学术演讲，与会代表进行了深入的互动交流。

11 月 25 日　中国煤炭学会第七届理事会第四次会议在北京市举行。学会理事、常务理事，分支机构、地方学会和会员单位的代表，相关煤炭企事业单位的专家 400 余人参加了会议。会议履行了理事会程序，对煤炭行业获得"第十四届中国青年科技奖""第七届全国优秀科技工作者"的人员进行表彰；对"2016 年全国煤炭青年科学技术奖""第二届杰出工程师煤炭行业提名奖""第一届全国煤炭优秀科技期刊""《煤炭学报》年度影响力优秀学术论文"进行了表彰；向"中国煤炭学会科学传播专家"代表颁发了聘书。

2017 年

1月11日　经中国科协科技社团党委批复，中国煤炭学会第七届理事会功能型党委成立。明确了党委职责和任务，规范了工作程序，审议通过了《中国煤炭学会第七届理事会党委工作规则》《中国煤炭学会党委 2017 年工作安排》。刘峰同志担任党委书记，田会、刘建功、顾大钊、祁和刚、毕银丽担任党委委员。

4月18日　学会 2017 年工作会暨常务理事会在湖北省宜昌市举行。学会常务理事、理事，分支机构、地方学会和会员单位的代表 186 人到会。会议传达了习近平总书记对神华宁煤煤制油示范项目建成投产的重要指示，报告了学会 2016 年工作与 2017 年重点安排，审议通报了重要事项。会议进行了学会工作交流和经验分享，介绍了煤炭领域重大创新成果。与会代表还就分支机构管理、省级煤炭学会改革发展、科普工作等进行了深入讨论。

5月8—9日　首届煤矿智能化开采黄陵论坛在陕西省黄陵县举办，论坛由国家安全生产监督管理总局煤矿智能化开采技术创新中心与中国煤炭学会联合主办，162 位代表出席。中国工程院彭苏萍院士、张铁岗院士等 14 位专家分别作了学术报告，主题是"煤矿智能开采技术创新与发展"。会后组织代表参观了黄陵煤矿智能化生产工作面的地面操控系统。

5月11日　刘峰副理事长兼秘书长参加了 2017 年挪威矿山测量暨采矿学术会议，听取了挪威、芬兰和瑞典专家的主旨报告，并与澳大利亚、波兰、俄罗斯等国家的专家进行了技术交流。

5月12—14日 国际矿山测量学会（ISM）第45次主席团会议在挪威特隆赫姆举行，14个国家的代表出席会议。会议全票选举中国煤炭学会副理事长刘峰为ISM主席团成员。

6月2日 学会党委联合中国煤炭科工集团党委共同举办了全国煤炭行业科技工作者日活动北京主场报告会。中国科协调研宣传部副部长郑凯同志到会致辞。整个活动围绕"矢志报国、敢为人先、拼搏奉献"的主题，中国工程院院士钱鸣高教授作了《能源发展对煤炭行业的影响兼谈人才建设》主题报告；中国矿业大学（北京）副校长王家臣作了关于培养科学精神、树立良好科研道德的发言；北京中煤矿山工程公司龙志阳研究员作了《建井科研优秀群体事迹报告》；两位优秀青年科技人才介绍了个人的成才之路。学会名誉理事长濮洪九同志对科技工作者提出要求。

6月15—16日 全国煤矿动力灾害防治学术研讨会在山东省菏泽市召开，本次会议由中国煤炭学会、山东省科学技术协会联合主办，学会副理事长张铁岗、中国科学院院士宋振骐、辽宁大学校长潘一山出席会议并作学术报告。山东省科协副主席朱明、菏泽市常务副市长闫剑波致辞。来自全国各地的煤矿动力灾害防治专家学者，菏泽市煤炭企业科技人员共计170人参加了技术交流和研讨。会议促进了高层次专业人才与菏泽市的有效对接。

6月15—16日 学会开采损害技术鉴定工作委员会在湖南省岳阳市组织了煤炭行业标准《"三下"采煤规程》修订讨论会，并就开采损害鉴定工作进行了交流。

6月16日 学会期刊出版工作委员会年会在湖北省恩施市举办，国家新闻出版广电总局新闻报刊司李伟主任、中国科学院文献情报中心（CSCD）刘筱敏主任，及煤炭行业50余本期刊负责人到会。会议传达了国家新闻出版广电总局在编辑出版方面的相关政策和思路；对煤炭行业科技期刊集群化和数字化提出了建议。

本月 第六届中国煤炭学会情报专委会，经中国煤炭学会批准增补洪益清、徐会军、孙久政、刘志文为专委会副主任委员，康淑云为专委会秘书长。

7 月 1 日 学会党委在《当代矿工》杂志设置"坚强的堡垒"和"让党徽在煤炭科技事业中闪光"专栏，报道基层先进党组织和优秀共产党员科技工作者的事迹。

7 月 26—27 日 煤炭安全高效绿色开采地质保障技术研讨会在青海省西宁市召开。26 位专家学者作了学术报告，介绍了近年来我国在煤矿水害防治、煤层气（瓦斯）开发、地质条件精细探测、地质灾害防治等方面取得的成就和进步。270 位专家学者和科技管理人员到会。

7 月 27—28 日 学会主动联系云南省腾冲市民政局，组织开展云南保山地区关爱留守儿童精准扶贫活动。活动走访了保山地区最贫困的三个乡，团田乡、蒲川乡、新华乡，为当地留守儿童发放了崭新的运动服和学习生活用品。

8 月 18 日 学会科普工作会议在山西省晋城市召开。会议邀请中国科协科普工作部黄晓春就科普工作的重要性和发展趋势作了介绍；张铁岗院士等 6 位专家进行了煤矿安全科普知识讲座和经验交流。

8 月 29—30 日 学会主办的分支机构和地方学会秘书长、会员单位联络员培训班在安徽省安庆市召开，到会人员 93 名。培训的主要内容：介绍煤炭工业创新发展前景，宣讲大众创业、万众创新工作的政策和实践，明确学会工作者的职责和对分支机构的要求，介绍学会个人会员管理系统的使用方法，提高学会工作者政策水平和业务能力。

9 月 7 日 中国煤炭学会情报专委会 2017 年学术年会在长沙召开。专委会主任、国家安监总局信息研究院院长贺佑国作工作报告。学会副秘书长昌孝存出席会议。会议发放了《2016—2017 年度煤炭行业专利分析报告》。

9月13—14日 煤层气学术研讨会在贵州省贵阳市召开。会议特邀我国煤层气领域16位专家作了学术报告,安排了18个论文交流发言,内容涉及煤层气产业进展、工程示范、技术创新等方面。来自全国煤炭、石油石化、地质勘探行业110余家单位、350名专家学者参加了会议。

10月4—8日 亚洲地区国际矿山测量学术会议在越南河内市举办。学会王蕾参会并作报告,题目为"中越如何在矿山测量专业领域加强交流合作"。

10月12—14日 中国国际矿山测量学术论坛在安徽省淮南市召开。本次论坛由中国煤炭学会与国际矿山测量学会第四、第六委员会联合主办,围绕现代测绘理论与技术、"三下"采矿理论与方法、矿山开采沉陷与控制等议题开展学术交流,邀请中外专家作主题报告27场。

10月18—19日 学会2017年华东片区学术交流会在福建省福州市召开。会议共征集学术论文453篇,选入论文集66篇,评选出2017年煤炭优秀科技论文36篇。17位论文作者在会上进行了交流。

10月20—22日 中国煤炭学会、安徽理工大学主办的第36届国际采矿岩层控制会议(中国·2017)在安徽省淮南市召开。来自美国西弗吉尼亚大学、波兰AGH理工大学、澳大利亚联邦科学院、国家自然科学基金委员会,有关高等院校、研究单位的500余名专家学者、师生参加会议。与会人员围绕千米深井安全高效开采、深部岩石力学与工程应用等13个主题组织了60场学术报告。

10月21—23日 第二届国际土地复垦与生态修复学术研讨会在陕西省西安市召开。研讨会由中国煤炭学会和中国矿业大学(北京)主办,学会煤矿土地复垦与生态修复专业委员会、西安科技大学共同承办。来自美国、加拿大、德国、俄罗斯、波兰、希腊、印度等15

个国家（地区）的 50 余位境外专家和 460 位中国专家学者到会。学会副理事长田会，美国采矿与复垦学会执行主席 Robert G. Darmody 致辞。会议共举行大会报告 12 场，彭苏萍院士作了题为"西部矿区煤炭开采对环境的影响及修复"的大会报告。3 个分会场举行学术报告 54 场，并举办了"东部草原矿区生态修复"和"西北矿区生态修复"两个国家十三五重点专项论坛，为国家项目研发提供了交流平台。会议遴选出 100 余篇论文出版了论文集，由国际著名出版社——Talors Francies 出版，并被 EI 收录。

11 月 5—7 日 中国煤炭学会、教育部地质类专业教学指导委员会、中国矿业大学（北京）联合主办的第一届全国煤炭地学大赛在中国矿业大学（北京）科技会堂举行决赛。大赛自 6 月启动，历时 5 个月，设置了"煤炭地质综合大赛""本科煤炭地质技能赛""煤炭地质知识竞赛""学术论坛"和"知名教授与学生对话"五个板块，吸引了中国矿业大学、中国地质大学、北京大学等 16 所高校的近千名学生参加。

11 月 24 日 矿井地质专业委员会换届及专委会第八届一次会议在淮南市举行。选举产生了第八届委员会，主任委员袁亮，名誉主任委员彭苏萍，副主任委员秦勇、张群、杨俊哲、黄乃斌、洪益清、章云根，秘书长张平松；专委会挂靠单位安徽理工大学。

11 月 25 日 矿井地质专业委员会成立 35 周年暨 2017 年学术论坛在安徽理工大学召开。中国工程院彭苏萍院士、袁亮院士，学会副理事长兼秘书长刘峰研究员，国家基金委地学部综合处刘羽处长出席了会议，160 余名代表到会。彭苏萍院士、袁亮院士作大会主题报告，13 位专家和青年科技人才作了主题学术交流。

论坛共收到论文稿件 43 篇，录用 40 篇出版了论文集，并推荐 12 篇优秀论文在《安徽理工大学学报》（自然科学版）正刊发表。同时为纪念专业委员会成立 35 周年，组委会编辑了《中国煤炭学会矿井地质专业委员会成立三十五周年纪念册》。

12月8日 学会学习宣传贯彻党的十九大精神专题辅导会在北京西郊宾馆召开。邀请中央党校党史部教研室主任沈传亮教授作了题为"新时代、新思想、新征程——学习贯彻党的十九大精神"的专题讲座，来自学会各分支机构、省级煤炭学会、团体会员单位的同志参加了学习。

12月22日 中国煤炭学会第七届五次理事会在北京市召开。中国煤炭工业协会会长王显政，党委书记、副会长梁嘉琨，学会副理事长田会、刘峰、张铁岗、袁亮、刘建功、祁和刚出席会议。学会理事、分支机构和地方煤炭学会负责人、会员代表230余人参加了会议。会上报告了2017年学会的主要工作和会费使用情况，部署了2018年的重点工作；表彰了2017年度煤炭青年科技奖、第二届中国科协优秀科技论文、《煤炭学报》获选年度百篇中国最具影响力学术论文、《煤炭学报》年度优秀论文；颁发了中国科协青年人才托举工程被托举人才证书。

会议对学会第七届理事会负责人进行了调整，王显政同志辞去了学会理事长职务。根据中国科协和中国煤炭工业协会的批复意见，会议采用无记名投票形式，选举刘峰同志为学会新任理事长。

同日 经中国科协批准，煤炭清洁高效利用产业协同创新共同体成立大会在北京召开。中国科协、国家能源局、国家煤监局等相关部委，煤炭生产及转化产业相关的生产、科研、高校和金融单位等共200余名代表参加会议。共同体将发挥协同创新作用，建设示范工程攻关共性技术，服务成果评价、工业化试验和推广，制定团体标准服务经济社会，搭建会展服务平台，致力于为煤炭工业产业结构调整和转型升级提供服务。

同日 学会委托《当代矿工》编辑部正式出版了《初升的太阳——煤炭青年科技奖15届回首》增刊，对1990—2016年获得煤炭青年科技奖的优秀青年人才进行宣传。

是年 组织完成"平朔露天矿区绿色生态环境重构关键技术与工程实践"等科技成果评价 9 项。中国煤炭学会在人社部国家知识更新工程露天岗位培训、煤炭清洁高效利用紧缺人才培训、地方特种作业人员爆破专业培训、双创管理培训等方面，完成 600 余人次的培训。中国煤炭学会被中国科协评为全国科协系统先进集体。

是年 理事长刘峰获得全国科协系统先进工作者称号。

2018 年

1月13日 受科技部和中国科协委托，召开了《煤炭清洁高效利用重大项目实施方案》征求意见座谈会，完成了对方案的征求意见工作。会议由中国煤炭学会煤炭清洁高效利用产业协同创新共同体组织，彭苏萍等3位院士出席了会议。

本月 学会及学会科普工作委员会作为指导单位和组织单位，出版了科普图书《神奇的煤炭》。

2月5日 中国科协办公厅公布第三届中国科协青年人才托举工程入选者名单，328名青年科技工作者入选第三届（2017-2019年度）中国科协青年人才托举工程。学会遴选推荐的7人入选名单。

3月30日 收到《国家标准委办公室关于印发第二批团体标准试点名单的通知》，中国煤炭学会被列入第二批团体标准试点名单。

4月26日 中国煤炭学会2018年常务理事会暨工作会在南昌市举行。会议传达了《中国科协〈关于认真学习宣传贯彻党的十九大精神的实施方案〉》，报告了《中国煤炭学会2017年工作总结与2018年重点工作安排》，审议通过了《中国煤炭学会换届方案》。会议还组织了工作经验交流。

4月27—28日 学会党委组织了井冈山精神主题教育活动，部分学会理事、分支机构和省级学会的党员及群众参加了学习。

5月9—10日 钻探工程学术研讨会在陕西省黄陵县召开，120余人到会。会议邀请中国工程院院士王双明及专家学者19人作了专题报告。本次会议收到论文 86 篇，其中 16 名作者在会上进行了专业交流。《煤炭科学技术》设立专题，录用会议论文 33 篇。

5 月 21 日 学会在北京组织国家创业创新示范基地第三方评估专家评审会，中国科协创新战略研究院赵宇处长到会指导。

5 月 24—25 日 学会贵州省桐梓县煤矿科技精准对接活动成功举办。桐梓县是贵州省贫困县，以煤矿为支柱产业，在治理瓦斯突出方面急需技术支持。中国煤炭学会党委把科技扶贫列为当年的重点工作，策划主办了此次活动。

6 月 27—29 日 学会矿用油品专业委员会成立大会暨 2018 年学会研讨会在成都市召开。第一届矿用油品专业委员会主任李凤明，副主任委员王存飞、张成文、高有进、谢恩情，秘书长韩勇；专委会支撑单位煤炭科学技术研究院有限公司。

7 月 17 日 煤矿井下智能化透明生产中的矿山测量与地理信息系统国际学术研讨会在浙江省德清县召开。会议由国际矿山测量学会（ISM）、学会测量专业委员会等组织共同举办，来自国际矿山测量学会和俄罗斯、哈萨克斯坦、乌兹别克斯坦、阿尔巴尼亚等国家的代表，以及我国煤炭技术人员共 120 余人参加了会议。国际矿山测量学会（ISM）主席、俄罗斯伊尔库兹克国立技术大学教授 Anatoly Okhotin、浙江省测绘与地理信息局副局长闵建平出席会议。11 位专家作了专业报告。

7 月 17—21 日 国际矿山测量学会（ISM）、中国测绘研究院、中国煤炭科工集团主办，学会协办的"第二届国际矿山测量与地理信息技术培训暨研究生夏令营"在浙江省德清县地理信息小镇开营。《人民日报》以图片新闻形式刊载了此次活动。

7 月 25—26 日 学会煤炭地质专业委员会主办的煤炭安全高效绿色开采地质保障技术研讨会在黑龙江省五大连池市召开。300 余名代表参加了会议。20 位专家学者作了学术报告，内容涵盖煤矿水害防治、地质条件精细探测、煤层气开发等方面。会议遴选 22 篇论文在《煤田地质与勘探》上发表。

8 月 7—9 日 "煤矿安全智能精准开采"中国工程科技论坛暨"协同创新组织"成立一周年学术研讨会在淮南市召开。苏义脑、彭苏萍、袁亮、谢克昌、凌文等 24 位院士到会。会议由中国工程院、安徽理工大学、中国煤炭学会、中国矿业大学等 8 家单位联合主办。

8 月 13—14 日 全国煤矿动力灾害防治学术研讨会在陕西省咸阳市召开，中国工程院院士邱爱慈、顾金才、王双明到会，有关专家、学者和工程技术人员 200 余人出席会议。会议主题是我国煤矿动力灾害防治新形式与新挑战。期间，组织与会院士、专家与陕西省煤炭企业负责人进行交流，针对深井冲击地压问题进行了深入探讨，提出了相关灾害防治对策。

8 月 14 日 中国煤炭学会发文公布首批煤炭行业科普教育基地。共评选认定中国煤炭博物馆等煤炭行业科普教育基地 16 家。

同日 学会发文公布首批煤炭行业科普教育社团。共认定中国矿业大学（北京）"煤好 WE 来"等学会科普教育社团 5 家。

8 月 15—17 日 全国选煤技术交流会在宁夏回族自治区银川市召开。本次会议的主题是"智能·绿色·融合·发展"，近 300 名专家、技术人员莅临会议。20 位选煤技术人员就最新研究课题、新工艺技术的应用作了学术报告。会议设立了"选煤智能化专题论坛"，12 位专家对选煤厂智能化进行了交流。

8 月 21 日 批复中国煤炭学会第八届岩石力学与支护专业委员会组织机构，主任委员康红普，副主任委员王家臣、张农、王志根、张忠温、于庆波，秘书长司林坡，副秘书长娄金福；支撑单位煤炭科学研究总院开采研究分院。

8 月 30 日 陕西、宁夏、内蒙古、青海四省（自治区）2018 年煤炭行业学术研讨会在银川市召开。会议邀请了 11 位专家作学术报告，出版了论文集。

9 月 3 日　发文公布中国煤炭学会科学传播专家团队组成人员，决定聘任谢和平、张铁岗院士等 27 名专家为首席科学传播专家，聘任马占国等 129 名专家为科学传播专家团队成员。

9 月 6—7 日　由学会岩石力学与支护专业委员会组织的 2018 年全国煤炭安全、高效、绿色开采与支护技术新进展会议在浙江省杭州市召开。来自全国 40 多个单位、180 余名代表出席了会议。会议以"煤炭安全、高效、绿色开采与支护技术新进展"为主题，30 位专家和学者作了学术报告。中国工程院院士康红普主持会议并作了主题报告。

9 月 7 日　批复同意中国煤炭学会煤矿土地复垦与生态修复专业委员会更名为中国煤炭学会土地复垦与生态修复专业委员会。

9 月 13 日　首届煤炭行业科普大会在昆明市召开。本次会议由中国科协科普部进行指导，由学会主办，会议的主题：创新共享，助力煤炭科学素质提升。来自煤炭行业企事业单位的 180 余名代表共同交流科普工作经验，共商行业科普工作发展大计，分享谢和平、王国法院士的煤炭科技发展前瞻报告。会议发布了首批煤炭行业科普教育基地和学会科普教育社团名单，宣读了新一届煤炭科学传播专家团队专家名单。学会理事长刘峰作总结讲话。

9 月 27 日　批复中国煤炭学会第二届土地复垦与生态修复专业委员会组织机构，主任委员胡振琪，副主任委员卞正富、白中科、毕银丽、李树志，秘书长赵艳玲；支撑单位中国矿业大学（北京）。

9 月 27—28 日　第 355 次中国科协青年科学家论坛暨第四届煤炭行业青年科学家论坛在中国矿业大学举办。本次论坛由中国科学技术协会主办，中国煤炭学会、中国矿业大学联合承办。大会特邀报告 7 个，42 位青年科学家围绕矿山生态修复前沿技术作分论坛学术报告。

10 月 10—11 日　2018 年煤层气学术研讨会在辽宁省阜新市召

开。会议特邀国家能源局原副局长张玉清、阜新市副市长张成中莅临指导，安排了 39 个学术报告和论文交流发言，内容涉及煤层气、煤系气、页岩气等非常规能源勘探开发最新进展，以及资源评价、钻采工艺技术等方面内容。300 余名专家学者参加了会议。会议出版了论文集，收录论文 68 篇。

10 月 10—12 日　以搭建科技信息共享平台，服务煤炭行业科技创新和高质量发展为主题的学会情报专委会 2018 年学术年会在山东省青岛市召开。专委会主任、煤炭信息研究院院长贺佑国作主旨报告，学会副秘书长昌孝存出席会议。会议编辑了《中国煤炭学会科技情报专业委员会 2018 年学术年会论文集》。会议发放了《2017—2018 年度煤炭行业专利分析报告》。

10 月 12 日　批复中国煤炭学会第七届煤矿运输专业委员会组织机构，主任委员李秀峰，副主任委员于新胜、王喜贵、张炳福、李季涛、姜汉军、程晗，秘书长康军；支撑单位抚顺矿业集团有限公司。

10 月 15—16 日　皖赣湘苏闽鲁浙七省煤炭学会联合学术交流会在淮南市召开。中国工程院院士袁亮到会作报告，12 位优秀论文作者进行了大会交流。会议出版了论文集。

10 月 18 日　第四届煤炭科技创新论坛——煤矿安全与应急管理在北京市召开，论坛由中国煤炭工业协会、中国煤炭学会、中煤科工集团主办，220 余名科技人员到会交流，论坛由刘峰同志主持。

10 月 30 日　学会发出《中国煤炭学会关于表彰 2018 年度煤炭青年科技奖的决定》，学会决定授予王忠鑫等 33 名同志"煤炭青年科技奖"荣誉称号。

11 月 1—3 日　第七届土地复垦与生态修复学术研讨会在安徽理工大学召开。250 名代表聚焦矿区生态修复，共商推动矿山绿色发展大计。中国矿业大学教授、长江学者特聘教授胡振琪，美国南伊利诺伊大学教授 Brenda K. Schladweiler 和 Y. Paul Chugh 等 6 位专家作了特邀报告，40 多位专家学者发言。会议同期举办了"第二届土地复垦与生态修复研究生论坛"。

11 月 2—5 日 全国矿山建设学术年会在西安科技大学召开，216 名专家学者和专业人员到会。中国工程院院士王双明、长江学者特聘教授刘泉声、来兴平等 11 位专家分别作了专题报告。会议期间，举办了学术分论坛。本次会议录用 170 篇论文，并且出版了论文集。

12 月 7 日 批复中国煤炭学会第七届矿山测量专业委员会组织机构，主任委员李树志，副主任委员吴立新、姜岩、徐爱功、滕永海、郭广礼、戴华阳，秘书长滕永海（兼）。

12 月 18 日 第三届杰出工程师奖和工程科技人才贡献奖揭晓，学会专家于斌、文光才获得第三届杰出工程师奖，王宝冬、潘俊锋获得第三届杰出工程师青年奖。经学会推荐，中国煤炭科工集团有限公司获得 2018 工程科技人才贡献奖。

是年 完成了《煤矿区土地复垦与生态修复学科发展报告》，企业课题《晋城无烟煤利用现状及未来方向的研究》。

2019 年

1 月 11 日 中国科协办公厅公布第四届中国科协青年人才托举工程入选者名单，335 名青年科技工作者入选第四届（2018—2020 年度）中国科协青年人才托举工程。学会遴选推荐的邢耀文、江丙友、李建、李海涛、夏鼎、徐宏祥、蒋力帅入选。

同日 学会在吉林市组织召开了中国科协学科发展学科史研究项目《中国矿山安全学科史》编撰研讨会。中国煤炭工业协会会长王显政、中国煤炭学会理事长刘峰、吉林省煤监局局长李峰、抚顺矿业集团总工程师李国君、煤炭工业安全科技学会王志坚会长参加了此次会议。与会专家学者对《中国矿山安全学科史》的结构内容、大事记、关键人物等方面作了深入的探讨和发言。

1 月 29 日 学会和煤炭清洁高效利用产业协同创新共同体在北京召开了《煤炭清洁高效利用技术路线图研究》验收会议。

4 月 18 日 中国煤炭学会 2019 年常务理事会暨工作会在浙江省嘉兴市召开。会上学习了习近平总书记对群团工作和科技工作的讲话精神；报告了《中国煤炭学会 2018 年工作总结与 2019 年工作安排》；通过了《关于中国煤炭学会章程（修订草案）的说明》，为准确修订学会章程提供依据。会议还进行了分支机构经验交流和科普工作交流。

4 月 19 日 学会党委组织会议代表参观了嘉兴市南湖革命纪念馆，以"弘扬红船精神，牢记使命责任"为主题，学习了解中国共产党成立和发展的革命历史。

5 月 24—26 日 全国煤矿科学采矿新理论与新技术学术研讨会暨开采专业委员会换届会议在徐州市举办。卞正富副校长到会致辞。会议进行了学术交流，召开了换届会议。

5 月 25—26 日 学会煤化工专业委员会和咸阳市人民政府共同主办的煤炭清洁转化及多元联产高端论坛在彬州市召开。中国工程院院士谢克昌、金涌，咸阳市副市长赵月为，彬州市市委书记钟伟、市长王宏志，学会副理事长刘建功等领导和专家参加了会议，200 余位代表到会交流。此次活动为彬州市煤炭清洁转化及多元联产发展聚智慧、出实招，促进彬州煤化工园区绿色发展。

5 月 30 日 学会及科普工作委员会主办的科普创作座谈会在邯郸市峰峰集团公司召开。会议就"神奇的煤炭"系列科普丛书创作进行了研讨和经验交流，学会副理事长刘建功介绍了《神奇的充填采煤》科普图书创作计划。

6 月 2—3 日 中国煤炭学会和中国矿业大学主办的首届能源、资源、环境与可持续发展国际会议在徐州市举行。来自中国、美国、英国、德国、加拿大、澳大利亚、俄罗斯等 15 个国家的近 400 名代表开展学术研讨和交流。学会理事长刘峰，中国矿业大学校长宋学锋，欧盟科学院院士、美国佐治亚理工学院教授刘美林，徐州市副市长赵立群出席开幕式。来自中国、英国、美国的 6 位主讲人作了大会主旨报告。与会中外专家围绕能源科学与技术、资源开发与利用、环境科学与工程、可持续能源与绿色发展、智能化装备与技术、职业安全与健康等 6 个主题，分 33 个单元进行了学术交流。

6 月 11 日 科普时报社全媒体平台主办，中国煤炭学会、应急管理部信息研究院、中国矿业大学（北京）联合承办的"MSTA 大家系列科技讲座第五期：智能化开采——煤炭工业的新技术革命"在中国矿业大学（北京）科技会堂举行。学会首席科学传播专家、中国工程院院士王国法就"智能化无人采煤与智慧煤矿"作了前瞻性的科普讲座；中国矿业大学（北京）校长葛世荣就"无人化采矿并不遥远"作了发言。700余人参加了此次大型科普活动。人民网、中国经济网、工人日报、中国青年网、中国科学报、科普中国、新浪网、搜狐、腾讯等媒体参与了此次活动的大众传播。

6月13—14日 全国煤矿动力灾害防治学术研讨会在山东省菏泽市新巨龙能源有限公司召开。会议由学会和山东科学技术协会联合主办。学会副理事长祁和刚、菏泽市副市长曹升灵、山东省科学技术协会副主席杨美红到会。会议围绕煤矿冲击地压危险性预测、监测预警等综合性防治措施，优化矿井开拓布局和采掘布置等问题开展了学术研讨和深入交流。

6月30日 技术经济深度融合高峰论坛及东北振兴项目推介活动在哈尔滨市举办。活动由中国科协、黑龙江省科协主办，中国煤炭学会等4家全国学会承办，中国煤炭工业协会会长王显政等领导参加了会议。中国科学院院士何满朝、学会理事长刘峰作会议报告。会议期间推介项目6个，合作签约10项。

7月7日 由中国煤炭学会和中国煤炭科工集团共同发起的煤矿智能化技术创新联盟成立大会在北京市召开。国家能源局监管总监李冶，国家煤矿安全监察局副司长孙洪灵，中国煤炭工业协会副会长、学会理事长刘峰，北京科技协作中心副主任徐玎，中国煤科首席科学家、中国工程院院士王国法等出席会议。推选中国煤炭工业协会副会长、学会理事长刘峰，中国工程院院士王国法为联盟理事长；国家能源投资集团、中煤能源集团、陕煤化集团、同煤集团、阳煤集团、陕西延长石油公司为联盟副理事长单位。

7月11—12日 学会露天开采专业委员会组织的"露天开采基础理论及应用技术"研讨会在阜新市召开。会议交流了学术报告18个。

8月5—6日 2019年全国瓦斯地质学术年会暨瓦斯地质专业委

员会换届工作会议在深圳市召开。会议作学术报告 13 个，评选出优秀论文，出版了论文集。

8 月 14 日 应陕西省府谷县政府邀请，学会党委组织为地方能源经济发展建言献策的服务活动。主要就陕西省府谷县在 2019 年政府工作报告中提出的打造"十大基地"计划展开，重点对亿吨优质煤炭基地设想进行可行性论证。专家组对基地建设存在的瓶颈问题和应增加的内容提出 18 条论证建议。

9 月 9—10 日 2019 年全国煤炭安全、高效、绿色开采与支护技术新进展学术会议在西安市召开，会议由中国工程院能源与矿业工程学部、学会岩石力学与支护专业委员会主办。学会副理事长、中国工程院院士顾大钊，中国工程院院士康红普、邱爱慈、王双明到会，来自 60 余家企事业单位的 260 名代表参加了会议。大会围绕煤炭安全、高效、绿色开采与支护技术等展开了深入研讨，听取了 31 个高水平报告，中国工程院院士邱爱慈、康红普作了大会主题报告。

9 月 16—17 日 第 372 次中国科协青年科学家论坛暨第五届煤炭行业青年科学家论坛在辽宁省阜新市开幕。本次论坛由中国科协学会服务中心主办，中国煤炭学会、辽宁工程技术大学和全国煤炭行业共青团工作指导和推进委员会承办。学会副理事长刘建功，辽宁工程技术大学校长梁冰，中国科学院武汉岩土力学研究所所长薛强出席论坛，来自煤炭企事业单位的 180 余名青年科技工作者到会。论坛交流了 40 余个学术报告，组织了百名青年科学家阜新行参观活动。

9 月 16—20 日 刘峰理事长参加 2019 年秘鲁矿业大会暨展览会，同主要产煤国家人员进行交流。

9 月 21—22 日 2019 全国矿山建设学术会议在武汉市召开。会议由学会矿山建设与岩土工程专业委员会和武汉大学主办。长江学者特聘教授刘泉声等 20 余位专家作学术报告。会议收到论文 120 篇，出版了论文集。

9 月 26 日 中国煤炭学会发出《中国煤炭学会关于表彰最美煤炭科技工作者的决定》，经履行评选程序，通过学会党委会批准，评选出陈建强等最美煤炭科技工作者 30 位，予以宣传表彰。

9 月 28—30 日 矿井地质专委会 2019 年学术论坛在厦门市召开。中国工程院院士袁亮作特邀报告。会议进行专家报告 10 个，组织青年论坛发言 12 篇，出版了论文专刊。

10 月 11 日 中国煤炭学会、中国地质学会煤炭地质专业委员会共同举办的 2019 年煤炭安全高效绿色开采地质保障技术研讨会在深圳市召开，215 位代表到会。中国工程院院士谢和平、王双明作主题报告，程爱国、苏现波等 17 位专家和学者，围绕煤炭绿色勘查开发、煤层气（瓦斯）抽采利用等方面，介绍了近年来取得的学术成就和技术进步，展示了新技术和新装备。

10 月 12—14 日 矿区土地复垦与生态修复国际会议在河南理工大学召开。出席会议的专家有学会副理事长、中国工程院院士张铁岗，自然资源部土地整治中心副主任郧文聚，河南理工大学党委书记邹友峰，美国西弗吉尼亚大学教授、美国采矿与土地复垦协会前主席斯科森·杰弗里·格兰特，柏林工业大学建筑规划环境学院教授、德国景观规划师协会前主席安娜·奎兹佐斯卡·怀库斯，美国露天煤矿复垦管理专家艾德里安·霍普斯狄德。本次会议以"聚焦矿区生态文明建设，构建山水林田湖草生命共同体"为主题，共举办大会报告 26 场、研究生报告 32 场，提交论文与摘要 60 余篇。

10 月 17—18 日 智能+煤化工"高峰论坛、首届煤化工企业安全仪表系统技术高峰论坛在太原市举办。论坛由学会和中国仪器仪表学会共同主办，310 人到会交流。论坛组织学术报告 22 个，进行了技术方案对接和新产品展览。

10 月 25—26 日 "污水提标处理与高盐废水零排放"技术论坛暨 2019 年中国煤炭学会环境保护专业委员会年会在杭州市举办。会议进行学术报告 15 个，编发了论文集。

10 月 31 日　由学会情报专委会主办、内蒙古科技大学协办的中国煤炭学会科学技术情报专业委员会 2019 年学术年会在内蒙古包头市召开。中国科学院院士宋振骐、内蒙古煤矿安全监察局副局长于宝泉应邀出席本次会议。宋振骐做了题为"无煤柱智能开采研究"的学术报告。

11 月 19 日　煤炭清洁利用产业发展大会在宝鸡市召开，此次会议由陕西省能源局、宝鸡市人民政府、中国煤炭学会、煤炭科学技术研究院有限公司联合主办。中国工程院院士金涌、刘中民、王双明，中国煤炭学会理事长刘峰，中国能源研究会副理事长吴吟，陕西省副省长徐启方，宝鸡市市长惠进才，以及 200 余名代表参加了大会。

11 月 27 日　"牢记初心使命强化矿山职工队伍建设"研讨会暨《当代矿工》杂志 2019 年工作会议在北京市西郊宾馆举行。科普工作委员会主任刘国林主持会议。

12 月 2 日　发文《中国煤炭学会关于表彰 2019 年煤炭青年科技奖的决定》，授予丁华、王伟峰等 40 名青年同志煤炭青年科技奖。

12 月 5—6 日　学会煤矿安全专业委员会、中国煤炭工业安全科学技术学会瓦斯防治专业委员会联合主办的 2019 年全国煤矿安全学术年会在贵阳市举行。会议主题是紧抓煤炭工业两化融合转型发展契机，推进煤炭行业安全技术装备智能化升级。中国工程院院士王国法作了题为"煤矿智能化研发实践与发展方向"的学术报告；李思瑶等 10 位专家分别围绕大数据与煤炭安全生产、矿井瓦斯治理、火灾防治、矿井降温等诸多领域作了专题报告。

12 月 12—14 日　煤矿机电一体化专业委员会学术研讨会暨换届会在海口市召开。刘建功副理事长到会作了学术报告。会议进行了专业交流，开展了 2 项科研成果鉴定。

12 月 20 日　中国煤炭学会第八次全国会员代表大会在北京市召

开。学会前任理事长王显政、濮洪九，中国煤炭工业协会党委书记、会长梁嘉琨，中国煤炭工业协会副会长王虹桥出席会议；中国科学院院士何满潮，中国工程院院士彭苏萍、张铁岗、顾大钊、蔡美峰、金智新、陈湘生、王双明、王国法出席会议；学会第七届常务理事、理事，学会分支机构、地方学会和会员代表 280 余人参加了本次会议。会上，审议并通过了有关报告、章程，通过无记名投票选举产生了学会第八届理事会理事、第一届监事会监事；表彰了 2018 年度和 2019 年度煤炭青年科技奖获奖个人。

同日　召开了第八届理事会第一次会议，党委书记刘峰作了第七届理事会党委工作报告。会议选举产生了中国煤炭学会第八届理事会常务理事、理事长、副理事长，选举产生了第八届理事会功能型党委成员和党委正副书记。

同日　召开了学会第一届监事会会议，投票选举产生了学会第一届监事会监事长、副监事长，讨论了下一步学会监事会成立后的工作。

是年　学会评审立项团体标准 18 项，完成中国科协委托的《资源枯竭城市煤炭产业转型升级可行性研究报告》。

2020 年

3月8日 学会主办的"中国煤炭学会能源科技专家服务团公益大讲堂"线上开讲。这是疫情期间,学会服务攻关科技工作者的重要举措。第一讲由煤炭科学研究总院出版传媒集团总经理朱拴成讲解"说说科技论文那点事"。

4月 《中国煤炭科技40年(1978—2018)》出版发行,全书236万字。该书总结了改革开放以来煤炭工业发展在科技方面取得的巨大成就,提出了煤炭工业高质量发展的科技之路。该书编委会主任王显政,主编刘峰。由钱鸣高、宋振骐、谢克昌、谢和平、袁亮、刘炯天、何满潮、康红普、顾大钊、武强、王双明、王国法等12位院士领衔,分上卷"科技力量"、下卷"攻坚克难",在煤田地质、矿井建设与巷道工程、开采工程、安全工程与岩层控制、煤矿机电与智能化、生态保护、加工利用与煤化工、煤层气开发等板块分述科技成绩和发展方向。

5月15日 学会召开2020年分支机构秘书长座谈会。会议以线上视频形式召开,学会理事长、党委书记刘峰,秘书处全体同志及所属34家分支机构共52人出席。会议通报了学会前4个月主要工作,并就修订的《中国煤炭学会分支机构管理办法(试行)》进行了说明。学会相关部门负责同志及19个分支机构秘书长分别进行了发言交流。

5月30日 人力资源社会保障部、中国科协、科技部、国务院国资委公布了《关于表彰第二届全国创新争先奖获奖者的决定》，煤炭行业四名同志荣获第二届全国创新争先奖状，分别是中国煤炭科工集团康红普院士、中国矿业大学（北京）校长葛世荣教授、山东大学李术才院士、辽宁大学校长潘一山教授。

6月26日 随着同方知网大数据研究院副总工程师段飞虎题为"基于知识图谱的大数据应用研究"的讲座落幕，"中国煤炭学会能源科技专家服务团公益大讲堂"顺利完成17期云端讲座。疫情期间，学会先后邀请中国矿业大学（北京）校长葛世荣，新疆大学党委副书记、副校长姚强等17位能源领域知名专家围绕能源转型发展、西部能源开发、煤炭清洁高效利用、黑龙江"四煤城"产业转型发展等社会关心的问题进行了线上讲解。40.3万人观看了在线网络直播。

7月15日 中国煤炭学会作为首个学术性社会团体，通过政府部门招标获得了节能诊断服务机构认可。受工信部和内蒙古工信厅委托，负责为内蒙古自治区赤峰市、乌兰察布市、鄂尔多斯市、呼和浩特市、包头市等7个市盟的166家企业提供节能诊断服务。

7月15—16日 中国煤炭工业协会和学会主办的煤矿智能化技术创新论坛在北京市召开，会议采取主会场（线下）+网络直播（线上）的形式，由中国知网、科界、学习强国等平台进行同步直播或转播。国家能源局煤炭司司长鲁俊岭、国家煤矿安全监察局行业管理司司长孙庆国、中国煤炭工业协会会长梁嘉琨，以及国家能源集团、中煤能源集团、中国煤炭科工集团等单位相关领导和负责人出席论坛并讲话。会议设置3个分论坛，共邀请30多位煤炭行业的专家发言。会议期间，发布了《煤炭学报》2020年第6期"煤矿智能化关键技术"专题。线上20万人进行了收听收看。

7月29日 中国煤炭学会联合中国化工学会、中国金属学会等8家全国学会，组成"科创中国"七台河联合专家服务团。组织20余位专家前往七台河调研，分别与宝泰隆、鑫科纳米材料公司等 20 余家企业进行交流，了解技术需求，提出对接方案。

8 月 4 日 学会在常州市召开了团体标准审查会。对中国煤炭科工集团公司和煤矿智能化创新联盟等单位研制的《智能化煤矿分类、分级技术条件与评价指标体系》和《智能化采煤工作面分类、分级技术条件与评价指标体系》标准进行介绍，经专家评审，通过了以上 2 项团体标准。

8 月 12—13 日 煤炭安全高效绿色智能开采地质保障学术论坛在鄂尔多斯市举办。中国工程院院士彭苏萍、袁亮、王双明，学会理事长刘峰出席论坛，420 名代表到会。论坛邀请彭苏萍院士、袁亮院士、董书宁研究员作大会主题报告，20 位专家和 8 位青年科技人才作了专题学术交流。

9 月 1—2 日 全国煤矿安全、高效、绿色开采与支护技术新进展会议在云南省昆明市召开。中国工程院院士康红普作了"我国煤矿巷道围岩控制技术发展 70 年及展望"的主题报告，中国矿业大学（北京）副校长王家臣教授等 36 位专家学者作了学术报告。298 位科技人员到会交流。

9 月 4 日 中国科协办公厅公布第五届中国科协青年人才托举工程入选者名单，经中国煤炭学会择优推荐，王雁冰、杜松等 8 人入选第五届（2019—2021 年度）中国科协青年人才托举工程。

9 月 10 号 英国驻华使馆主办的"英国繁荣基金中国能源与低碳经济项目"启动会在北京市举办。英国驻华大使馆能源团队主管韩杰等相关单位负责人等出席会议。学会副秘书长王蕾代表学会项目组作了"推动中国煤炭转型有效路径及实施机制"报告，就项目背景、研究路径、拟开展的主要研究活动、重要支撑以及预期目标等五个方面介绍了项目基本情况。

9 月 18 日 学会矿用油品专业委员会 2020 年会暨学术交流研讨

会在山东省威海市召开。会议主题是"创新、协调、绿色、开放、共享"。

10 月 10 日 中国煤炭学会批准发布《智能化煤矿（井工）分类、分级技术条件与评价》（T/CCS 001—2020）和《智能化采煤工作面分类、分级技术条件与评价指标体系》（T/CCS 002—2020）两项技术标准。

10 月 10—11 日 第六届煤炭行业青年科学家论坛在山东科技大学召开。中国工程院院士谢和平、武强，学会理事长刘峰等 7 人围绕"能源转型升级助推经济高质量发展"作了特邀报告。论坛采取线上线下相结合的方式，600 余名煤炭行业青年科学家围绕智能开采与绿色技术、动力学与岩层控制、资源高效清洁利用等主题，进行了 100 余场学术交流。

10 月 13 日 煤矿智能化掘进与辅助运输技术创新论坛在太原市召开。本次论坛由中国煤炭学会、中国煤炭工业协会、中国煤炭科工集团、煤矿智能化创新联盟主办，邀请了邱爱慈、彭苏萍、岳光溪、蔡美峰、康红普、王国法、王双明、王运敏等中国工程院院士以及煤炭行业专家和企业高管参会。论坛分现场观摩和专家论坛两部分。论坛采用线上同步播放的方式进行了全网直播。

10 月 15 日 中国煤炭学会在京召开黄河流域煤炭矿区生态保护关键技术与产业政策高端论坛。学会党委书记、理事长刘峰，中国科协学会服务中心党委书记、副主任刘亚东，国家能源局原副局长、国务院参事吴吟，中国工程院院士、学会副理事长彭苏萍，中国工程院院士武强、金智新、王双明、王国法、刘合等出席论坛。在中国科协指导下，学会、榆林发展改革委、陕煤陕北矿业有限公司、西安科技大学、中国矿业大学（北京）煤炭资源与安全开采国家重点实验室等单位共同发起成立了黄河流域煤炭产业生态治理技术研究院，举办了揭牌仪式。中国工程院院士彭苏萍、王双明、王国法，陕北矿业集团董事长、黄河流域煤炭产业生态治理技术研究院院长吴群英作了学术报告。

10 月 16—18 日 第九届全国土地复垦与生态修复学术研讨会在太原市举办。会议紧密结合国家的生态发展战略和矿山绿色开发的需求，针对大型矿产基地全域土地复垦与生态修复的政策法规、规划计划、理论研究、技术开发和应用等领域，开展广泛深入的学术研讨与交流。中国工程院院士彭苏萍、王双明作了主题报告，25 名专家学者作了专题报告，300 余名科技人员到会，15000 人观看了网络直播。

10 月 22 日 发出《中国煤炭学会关于发布煤炭领域高质量科技期刊分级目录的通知》，学会从国内科技期刊中遴选出科技人员公认、影响力强、期刊出版界认可的期刊，进行等效评价，评出 T1 级期刊 8 本，T2 级期刊 25 本，T3 级期刊 26 本，予以发布。

10 月 26 日 批复同意中国煤炭学会矿用油品专业委员会更名为"中国煤炭学会矿用材料专业委员会"。

11 月 3 日 发文《中国煤炭学会关于表彰 2020 年煤炭青年科技奖的决定》，授予毕永华、常鸿飞等 50 名青年同志煤炭青年科技奖，并宣传他们中的先进事迹。

11 月 7—8 日 沿黄河流域煤炭及深加工产业环境保护高峰论坛在太原市召开。论坛邀请国内知名专家、学者作了 21 个高质量学术报告。300 余位代表围绕沿黄河流域煤炭及深加工产业的黄河水和矿井水资源利用、三废治理与回用技术、环境保护措施及先进环保技术装备进行了深入研讨。

11 月 11 日 首期煤矿智能化建设现场实训班在山西塔山煤矿开班。学会理事长刘峰作了题为"我国煤矿智能化发展现状及趋势"报告，与学员进行了现场交流。实训班聚焦我国煤矿智能化新技术、新装备，针对煤矿地质保障、智能综采、智能掘进、矿井通信、智能选煤、智能供电等 11 个专业，将连续举办多期，邀请行业内著名专家主讲，安排实地参观学习、面对面交流答疑等实训环节。

11 月 12 日 中国工程院能源与矿业工程学部、中国煤炭学会主办，中国煤炭科工集团有限公司、煤矿智能化创新联盟承办的"智能化矿山创新发展论坛"在京举行。中国工程院院士苏义脑、王国法到会报告，20 余位行业专家发言。会议期间举行了《中国煤矿智能化发展报告 2020》和新刊《智能矿山》揭幕仪式，同时发布了《智能化煤矿（井工）分类、分级技术条件与评价》和《智能化采煤工作面分类、分级技术条件与评价指标体系》两项通用基础标准。

12 月 4 日 发出《中国煤炭学会关于表彰 2020 年度最美煤炭科技工作者的决定》，评选出毕银丽、王玺瑞等 30 名最美煤炭科技工作者。

12 月 17 日 学会参与主办的国际矿山测量协会（International Society for Mine Surveying）第 48 次主席团会议在青岛市召开，会议采取线上（国际）与线下（国内）相结合的方式，来自中国、德国、澳大利亚等国家的 30 余名代表参加了会议。

12 月 22 日 学会在长沙市召开中国煤炭学会第八届理事会第二次会议，理事、常务理事、分支机构和会员代表 300 余人到会。会议传达了中国科协关于做好党的十九届五中全会精神学习宣传工作的安排意见；审议并通过了《关于中国煤炭学会八届理事会第二次会议工作报告的决议》和《关于中国煤炭学会八届理事会第二次会议财务情况报告的决议》。经 142 名理事无记名投票，选举增补张彦禄、昌孝存两位同志为中国煤炭学会副理事长，聘任王蕾同志为学会第八届理事会秘书长。

12 月 23 日 在毛泽东同志诞辰 127 周年之际，学会党委组织学会第八届理事会理事及代表、煤炭青年科技奖获奖代表、最美煤炭科技工作者等，参观韶山领袖故乡，进行红色主题教育。

12 月 30 日 收到中华国际科学交流基金会中科金函字〔2020〕

017 号文《关于第四届杰出工程师奖推荐人选获奖情况的函》，由学会推荐的董书宁、杨俊哲同志获"杰出工程师奖"，孙海涛同志获"杰出工程师青年奖"。

是年 与相关单位联合发布了《2020 煤矿智能化建设发展报告》《5G+煤矿智能化白皮书》。

是年 组织专家对《中华人民共和国数据安全法（草案）》提出修改建议。

2021 年

3月26日　学会举办线上公益讲座，邀请美国劳伦斯伯克利实验室首席研究员沈波教授结合煤炭普遍关注问题，作"碳中和目标下的煤炭转型"专题报告。7000余人上线收听报告。

4月10日　深部岩体力学与开采理论专题发布和学术研讨会在深圳市举办。学会理事长刘峰到会致辞，中国工程院院士谢和平、袁亮、康红普、王国法，中国科学院院士何满潮分别作主旨报告；中国矿业大学（北京）葛世荣校长等7位专家就煤矿开采的智能化导航、冲击地压灾害防治、深部岩石开采力学技术等方面进行了大会交流，全面展现了我国深部岩体力学与开采理论方面的新理论、新方法、新技术。115名代表到会，15000余人次在线观看。

4月13日　批复中国煤炭学会第八届露天开采专业委员会组织机构，名誉主任委员田会、洪宇、才庆祥，主任委员刘勇，副主任委员尚涛（常务）、王祥生、徐晓惠、李树学、杨晓东、张继文、杨广忠，秘书长周伟，副秘书长王东；支撑单位中国矿业大学。

4月23日　中国煤炭学会2021年工作会暨常务理事会在福州市召开。学会党委书记、理事长刘峰，中国煤炭工业协会纪委书记、副秘书长张宏，学会副理事长孟祥军、于斌、昌孝存，学会党委副书记王虹，学会副监事长刘建功，福建省煤炭工业协会会长唐福钦出席会议。学会常务理事、理事和分支机构、地方学会、会员单位的代表，相关煤炭企业、高等院校、研究机构、科普基地的代表和科学传播专家代表等 150 余人参加了本次会议。会议传达了中国科协科技社团党委关于党史教育的安排意见,代表听取了学会党委党史学习教育动员报告和 2021 年党建工作要点。会议总结了 2020 年度学会工作,部署了 2021 年重点任务,审议并通过了学会第八届常务理事会党员会议增选学会党委委员事项。经履行选举程序,增选王蕾秘书长为学会第八届理事会党委委员。

同日 召开了中国煤炭学会分支机构工作座谈会,会议由学会秘书长王蕾主持。学会 30 余个分支机构和省级煤炭学会讨论了学会 2021 年重点工作安排,深入学习了民政部、中国科协规范社团组织管理的相关文件,交流了分支机构工作经验。学会职能部门介绍了 2021 年度主要工作和要求。

4 月 27—29 日 煤矿智能化建设现场实训班在同煤集团塔山煤矿举办。实训由中国煤炭学会、煤矿智能化创新联盟和塔山煤矿共同主办,邀请葛世荣等 4 位专家讲授智能化新技术,组织实地考察现代化矿井,进行了面对面交流和答疑。110 位来自各矿区基层技术人员参加了实训。上半年,在平煤集团、陕煤黄陵矿、华晋焦煤继续举办此类实训班。

5 月 13 日 第二届煤炭行业科普大会在青岛市召开。学会党委书记、理事长刘峰,中国科学院院士宋振骐,中国工程院院士武强、王双明,山东省科协副主席陈爱国,山东科技大学副校长周东华到会。260 名与会代表,共同交流煤炭行业在科学普及工作方面的经验,探讨煤炭行业科学普及工作的新问题、新要求和新发展。刘峰、武强、王双明围绕煤矿绿色低碳发展作了特邀报告;中国科普研究所、山东科技大学、中国矿业大学、河北工程大学、中国循环经济协会、应急总医院的专家和学者作了专题报告。

5 月 14—15 日 学会煤粉锅炉专业委员会成立大会暨学术交流会在济南市召开。

6月4日 中国煤炭工业协会和中国煤炭学会主办的第九次全国煤炭工业科技大会在北京市召开，1500余名代表齐聚一堂，共商煤炭行业科技创新发展。中国煤炭工业协会党委书记、会长梁嘉琨，中国煤炭工业协会副会长、学会理事长刘峰等领导出席会议。科学技术部、工业和信息化部、国家能源局、国家矿山安全监察局、中国科协等国家有关部门领导，煤炭行业两院院士出席会议。本次会议以"创新引领、智能升级、绿色低碳、融通循环"为主题，深入贯彻落实习近平总书记在两院院士大会、中国科协第十次全国代表大会上的重要讲话精神，立足新发展阶段，聚焦煤炭绿色低碳发展，加强煤炭科技自立自强，弘扬科学家精神，奋力开创煤炭行业高质量发展新局面。

6月5日 中国煤炭学会、中国煤炭工业协会组织召开了煤矿总工程师论坛。论坛设煤炭清洁利用与碳中和发展前沿、煤矿智能化升级与技术装备研发新进展、煤炭科学开采与安全保障创新技术三个分论坛，来自煤炭行业的院士、专家和企业代表作了30场专题演讲。900余位科研生产一线总工程师和科技人员到会交流。

7月2日 中国科协主办、中国煤炭学会承办的"碳达峰、碳中和"高层次研讨会在中国科技会堂举办。中国科协党组书记、常务副主席、书记处第一书记怀进鹏，中国科协党组成员、书记处书记吕昭平，中国科协党组成员、书记处书记兼办公厅主任王进展出席会议。会议邀请两院院士、专家和有关全国学会理事长14人，围绕碳达峰与碳中和的机遇与挑战，碳达峰碳中和背景下能源绿色智能化转型等问题进行讨论。

7月13日 批复中国煤炭学会第八届煤化工专业委员会组织机构，主任委员陈贵锋，副主任委员王辅臣、吕俊复、李文博、李志坚、杨勇、房倚天，秘书长刘敏，副秘书长王琳、黄澎；支撑单位煤炭科学技术研究院有限公司煤化工分院。

7月22日 学会和七台河市政府承办的科创中国@黑龙江煤炭

资源型城市转型发展高峰论坛在七台河市举行。中国科协党组成员、书记处书记吕昭平，黑龙江省副省长徐建国，学会理事长刘峰到会致辞。中国工程院院士孙传尧、中国科学院院士陈凯先、俄罗斯自然科学院院士王继仁，以及来自8家全国学会的专家学者、相关科技企业代表，围绕"科创、转型、绿色、振兴"的主题展开研讨，同时进行了实地调研考察。论坛主旨报告环节设置了资源型城市转型、"双碳"目标与能源清洁化、生物医药工程三个议题。期间，召开了院士专家座谈会以及两个分论坛，针对七台河市转型发展进行对话，并建言献策。

7月29—30日 全国瓦斯地质学术年会在长沙市召开。瓦斯地质专业委员会主任、河南理工大学副校长赵同谦教授就瓦斯地质作为河南理工大学的优势特色学科对全国煤矿安全生产和瓦斯治理发挥的重要作用，"双碳目标"下的瓦斯地质的发展思路作了简要发言；12名专家、代表先后作了学术报告。会议出版了《瓦斯地质与瓦斯防治》论文集。会议进行了在线直播，浏览量8703次。

9月1日 中国科学技术协会党组书记、分管日常工作的副主席、书记处第一书记张玉卓一行赴中国煤炭学会调研座谈，中国煤炭工业协会党委书记、会长梁嘉琨，学会党委书记、理事长刘峰，煤炭行业老部长、煤炭学会老领导濮洪九，学会副理事长昌孝存、秘书长王蕾、各部室相关人员参加了座谈。张玉卓书记要求学会在学术交流、科学普及、决策咨询三个方面发挥重要作用，一是要进一步拓展和活跃国内外学术交流活动，搭建高质量创新交流平台；二是要深耕学会科普工作，在煤炭清洁利用转化方面宣传推广新技术新成果；三是要持续发挥学会智库作用，为服务政府顶层设计、精准决策作出更大贡献。中国科协办公厅主任周文标、科技创新部部长刘兴平出席座谈会。

9月28—29日 煤矿智能化采掘工程技术装备与标准研制研讨会在威海市召开。学会理事长刘峰就我国智能化煤矿建设现状与发展前景作专题报告，中国工程院院士王国法就《智能化煤矿建设指南（2021）》做出解读，18 位专家就煤矿智能化建设的各项技术作专题报告。会议分组对 52 项智能化标准进行了评议和技术指导。来自 160 个煤炭企业、科研单位共 400 余人参会。

10 月 10—12 日　全国煤层气学术研讨会在湖北省宜昌市召开。会议围绕煤层气资源评价、勘探开发、增产改造及产业发展战略作大会报告 37 个，交流学术论文 40 篇，出版了论文集。来自煤炭、地质勘探、石油石化等行业的 300 余位专家学者、技术人员参会。

10 月 14—15 日　2021 年全国能源环境保护技术论坛暨中国煤炭学会环境保护专业委员会年会在宁波市召开。会议由学会环境保护专业委员会、中煤科工集团杭州研究院有限公司和《能源环境保护》编辑部联合主办。21 位专家学者围绕"矿井水处理技术""市政污水和园区废水零排放处理技术""电厂废水零排放处理技术"等主题，作了学术报告。

10 月 15—17 日　2021 中美采矿岩层控制会议在山东科技大学举行。来自美国西弗吉尼亚大学、科罗拉多矿业大学，北京科技大学等国内 8 家高等院校，中国煤炭科工集团、山东能源集团等单位 200 余名专家学者参加了会议。中国工程院院士蔡美峰、王国法，中国科学院院士宋振骐等 12 位知名专家围绕采矿岩层控制、冲击地压、采空区治理等主题作特邀报告。78 位国内外代表进行了交流发言。

10 月 17—20 日　中国煤炭学会主办的第三届国际土地复垦与生态修复学术研讨会在徐州市召开。共有来自中国、美国、英国、俄罗斯、加拿大、澳大利亚、日本、德国、印度、波兰等十余个国家和地区的 400 位专家学者参会，会议以线上+线下相结合的方式进行。中国工程院院士彭苏萍、袁亮、王双明、王运敏、武强作了大会主题报告；美国 Robert G. Darmody 教授、Jeff Skousen 教授等 13 位外籍专家应邀作线上报告。会议共设 5 个分会场，分别以矿山生态系统与生物多样性、矿区土地生态环境监测与评价、开采沉陷与露天矿的生态修复、复垦土地质量监管与评估、矿山土地复垦与生态修复案例为主题，交流了 49 篇学术报告。大会期间举办了"矿区土地复垦与生态修复成果成就展"。

11 月 8 日 发出《中国煤炭学会关于表彰 2021 年度煤炭青年科技奖的决定》，授予安士凯等 60 位同志煤炭青年科技奖。

11 月 13 日 科创中国·七台河创新发展论坛暨 2021 中国七台河石墨烯和现代煤化工产业技术成果应用对接交流会顺利召开。会议由中国科协指导，学会联合中国材料研究学会、石墨烯产业技术创新战略联盟（CGIA）、七台河市科协共同主办，采用线上线下相结合的方式，北京、上海、哈尔滨、七台河四地联动。来自中国科协的有关领导、地方政府相关部门领导、高校及科研院所代表、国内外企业代表等 100 余人线下参会座谈，线上观看人数近 5 万人次。会议期间，举办了七台河市联合创新中心四方签约仪式暨七台河科技专家服务团成立仪式。石墨烯联盟产业研究院、中国材料学会、中国煤炭学会、七台河市科协四家代表在各自会场进行了线上签约。产业技术成果对接交流环节，来自美国的 Graphene Labs 公司，英国的 Nuonano、Paragraf 公司，以色列的 LIGC Application、Grafenika 公司，西班牙的 Graphene Foundry 公司，印度的 Hexorp 公司，与国内多家有影响力的石墨烯企业进行了互动交流。

11 月 15—16 日（美国东部时间）《国际煤炭科学技术学报（英文）》联合美国宾州州立大学、山东科技大学共同举办了第一届粉尘与职业卫生健康国际学术研讨会，会议以线上的形式召开。中国工程院院士袁亮等 19 位国内专家和 21 位国外专家作了学术报告。会议设置了 8 个主旨报告、7 个分论坛以及圆桌论坛，共计 420 人次参加会议。

11 月 18 日 中国煤炭学会主办、煤炭科学研究总院承办的《煤炭学报》《国际煤炭科学技术学报（英文）》召开主编座谈会，专题研究世界一流科技期刊建设工作。学会理事长、两刊主编刘峰，中国煤炭科工集团总工程师、煤炭科学研究总院院长张彦禄，煤炭科学研究总院出版传媒集团总经理朱拴成，副总经理毕永华、代艳玲以及两刊编辑部全体成员参加了座谈，就如何提高两刊学术影响力、拓展优质稿源、稿源国际化、新媒体建设等重点问题进行了交流。

11月20—21日 由中国岩石力学与工程学会、中国煤炭工业协会、中国煤炭学会、辽宁大学、辽宁工程技术大学等单位主办的第二届全国煤矿冲击地压防治学术大会，以线上方式举行。国家最高科学技术奖获得者钱七虎院士出席大会并作大会特邀报告。中国煤炭工业协会名誉会长，煤炭技术委员会主任王显政出席会议并致辞。中国岩石力学与工程学会理事长何满潮院士代表学会致辞并作大会特邀报告。中国煤炭工业安全科学技术学会会长桂来保，中国煤炭科工集团康红普院士、王国法院士，太原理工大学赵阳升院士线上出席并作大会报告。

12月2日 由中国煤炭学会、能源基金会、杰克逊事务所联合主办的中美煤炭地区能源转型二轨对话第一次对话成功召开，来自中美的70余位专家学者参加会议。学会理事长刘峰出席会议并致辞。能源基金会首席执行官兼中国区总裁邹骥、杰克逊全球事务研究所总裁Nathan Wendt（美国）出席会议并致辞。会上，煤炭和电厂社区与经济振兴跨机构工作组总干事Brian Anderson博士（美国）、国务院发展研究中心研究员周宏春作引导性发言。美国能源部部长高级顾问Kate Gordon，中国工程院院士袁亮分别就"能源转型，化石资产再利用和经济多元化的机会""双碳背景下煤炭行业绿色发展战略思考"等内容作主题发言。同时参会专家就煤炭退出对工人和社区的影响，以及对公共财政的影响进行了交流。会议对满足能源需求的政策制定、减少碳排放、创造就业进行了深入讨论。

12 月 16 日 批复中国煤炭学会第九届煤炭地质专业委员会组织机构，名誉主任委员王双明、张群，主任委员程建远，副主任委员王德璋、马世志、代世峰、朱贵旺、刘大锰、杜战灵、黄相明、谢志清，秘书长刘柏根；支撑单位中煤科工集团西安研究院有限公司。

12 月 23 日 中国煤炭学会召开八届理事会第三次会议（线上视频会议）。学会党委书记、理事长刘峰，学会监事长田会，学会党委副书记王虹，学会副理事长张彦禄、孟祥军、昌孝存，秘书长王蕾出席会议。中国工程院院士谢和平、彭苏萍、康红普、金智新、顾大钊、武强、王双明、王国法，学会副理事长于斌、尚建选、宋学锋等以及学会第八届理事会常务理事、理事等 170 余人线上参加了本次会议。会议由学会副理事长马世志主持。会议共同学习了中国科协贯彻党的十九大及十九届历次全会精神，科协系统深化改革有关文件；总结了 2021 年度学会工作，部署了 2022 年重点任务；发布了《中国煤炭学会"十四五"事业发展规划》；审议并通过了关于学会理事、常务理事增补调整，分支机构换届，工作报告决议（草案）等 3 项议案。

12 月 31 日 批复中国煤炭学会第二届煤炭装载技术专业委员会组织机构，主任委员张新，副主任委员白霄、刘竞雄、席启明，秘书长闫艳；支撑单位中煤科工智能储装技术有限公司。

是年 完成了中国科协《中国矿山安全学科史》一书的编写出版，全书共 7 章 44 万字，包括我国煤炭、冶金等所有矿山安全工程学科的发展历程。该书首席科学家袁亮院士，主编刘峰。

是年 出版了《第十二届煤炭工业生产一线青年技术创新文集》，编撰科普图书《神奇的充填采煤》。

是年 学会被中国科协评为"2021 年度科技公共服务优秀单位""2021 年度全国学会期刊出版工作优秀单位""2021 年度学术成果凝练优秀学会""2021 年开放合作品牌创建学会"。

2022 年

1月21日　学会党委召开党史学习教育活动总结会议暨2022年第一次党委会议。会议采用线上线下结合的形式在北京召开，出席本次会议的党委委员有7人，学会办事机构和有关分支机构党员代表20人列席会议。会议由学会党委书记、理事长刘峰主持。党委委员、秘书长王蕾部署了《中国煤炭学会关于认真学习贯彻党的十九届六中全会精神实施方案》；党委委员、副理事长昌孝存报告了中国煤炭学会2021年党建工作总结暨2022年党建重点工作建议和首批分支机构党的工作小组组建情况；党委书记、理事长刘峰作中国煤炭学会党史学习教育活动总结讲话。党委会审议通过了理事会党委2021年工作报告和2022年重点工作计划，审议通过了中国煤炭学会首批分支机构党的工作小组名单，要求25个党的工作小组在自身建设和发展中发挥政治引领、政治吸纳和战斗堡垒作用。

2月22日　世界经济论坛主办，中国煤炭学会特别支持的"煤炭转化可再生能源"专题研讨会在线上召开。来自意大利、葡萄牙、印度等国的企业或组织代表就煤炭转型、燃煤电厂转型等作了主旨发言，与会代表探讨以全球合作促进可持续发展的对策方案，以期推动绿色发展成果共享。世界经济论坛组委会代表、学会秘书处成员、相关国际组织或机构管理人员、国内外专家学者等共计50余人参加会议。

3月9日　中国科协办公厅公布第七届中国科协青年人才托举工

程人选者名单，共有 444 名青年科技工作者入选。学会遴选推荐的包一翔等 10 人入选其中。

3 月 22 日 中共中央政治局常委、国务院副总理韩正主持召开煤炭清洁高效利用工作专题座谈会。会议认真学习贯彻习近平总书记有关重要讲话精神，贯彻落实党中央、国务院决策部署，听取有关专家和企业负责人意见，研究部署推进煤炭清洁高效利用工作。学会常务理事、中国工程院院士康红普、武强出席会议并发言。

同日 第二届煤炭装载技术专业委员会成立会议在北京市天地大厦召开。刘峰理事长、王蕾秘书长到会讲话。会上，两位专家介绍了物料智能化装载新技术。

3 月 29 日 中国煤炭学会、英国大使馆主办的煤炭转型高层次国际交流会在北京市举办。学会理事长刘峰和英国驻华大使馆公使衔参赞戴丹霓分别致辞。美国劳伦斯伯克利国家实验室研究员沈波，德国联邦气候变化事务处专家莎芙，英国气候变化、能源和环境参赞孟姗兰等分别作主旨报告并答疑；中国工程院院士彭苏萍、康红普、武强、王国法发表建言。与会代表充分交流煤炭转型经验，探讨以国际合作推动落实"双碳目标"。

4 月 14 日 中美煤炭地区能源转型二轨对话（第 2 次对话）在北京市召开。会议由能源基金会、杰克逊全球事务中心、中国煤炭学会主办，主题是"中美煤炭社区与经济多元化战略"。重点了解美国和中国煤炭产区在能源转型期间面临的主要经济挑战，针对经济多样化战略开展交叉比较分析。美国西弗吉尼亚州众议院议员埃文·汉森，中国煤炭工业协会副秘书长张宏作主旨发言；4 位中外专家代表地区或企业进行交流发言。

本月 学会编辑出版《百年煤矿话百年》，献礼建党百年。

5 月 5 日 学会召开"煤制油品产业发展现状与趋势"专家研讨会，围绕追踪"双碳"目标下我国煤制油品领域创新发展的趋势及关键前沿技术，促进产业高质量发展提供政策建议和决策支撑进行交流研讨。会议采用视频形式召开，由中国煤炭工业协会副会长、学会党委书记、理事长刘峰主持。会议分别从煤制油品产业发展和技术发展两个角度对发展趋势和前沿技术进行了聚焦，从规划布局、应急保障等五个方面提出了政策建议。

5月25日 学会开展青年科技工作者专题讲座交流（中国煤炭学会成立六十周年系列活动），由西安科技大学副教授赵婧昱以"煤自燃高温危险区域动态变化规律"为题首开讲座。共安排了10期青年专题讲座，每周进行视频直播。

5月30日 中国科协"碳达峰碳中和"系列丛书在2022年全国科技工作者日主场活动中正式发布。全国政协副主席、中国科协主席万钢为丛书作总序言。中国科协党组书记、分管日常工作副主席、书记处第一书记、丛书编委会主任张玉卓，首批出版的《新型电力系统导论》《清洁能源与智慧能源导论》《煤炭清洁低碳转型导论》等三本图书的主编共同见证发布并寄语。其中《煤炭清洁低碳转型导论》由中国煤炭学会参与组织编撰，彭苏萍院士、王家臣教授担任主编。

6月8日 Elsevier旗下的Scopus数据库更新了CiteScore2021学术期刊质量评价指标数据。学会主办的英文期刊《International Journal of Coal Science & Technology》（简称IJCST）2021年的CiteScore值为6.5，相较于2020年CiteScore值4.6增长41%，继续保持在Energy Engineering and Power Technology学科和Geotechnical Engineering and Engineering Geology学科Q1区。

6月11日 《煤炭学报》编辑部举办了"煤的冲击倾向性"线上学术沙龙活动。邀请东南大学教授宫凤强围绕"煤的冲击倾向性研究进展及冲击地压'人-煤-环'三要素机理"作了特邀主题报告，邀请陈绍杰担任主持人，安徽理工大学教授赵光明等6位学者担任点评交流嘉宾，主要针对"煤-岩层的储能与释能评估方法""冲击地压监测与危险性评价""钻孔耗能防冲措施与吸能支护技术"等议题进行了交流和探讨。7000 余人次在线观看。

6 月 17 日　中国煤炭学会 2022 年工作会暨常务理事会以线上为主与线下结合的方式召开。学会负责人、常务理事、理事，分支机构、地方学会和会员单位代表 150 余人参加了本次会议，会议由副理事长张彦禄主持。代表听取了《中国煤炭学会理事会党委关于落实党史学习教育常态化长效化工作措施》《中国煤炭学会 2022 年工作要点》，审议并通过了学会部分理事、常务理事调整增补事项，增设学会碳中和科学与工程专业委员会、碳减排工程管理专业委员会等事项。学会党委书记、理事长刘峰作了《全面推动能源安全新战略向纵深发展》的总结报告。

6 月 18 日　国际煤炭科学技术学报（IJCST）主办的 IJCST Talks 学术沙龙（第一期）"清洁能源热转化与资源化利用"在线上举办。学会秘书长王蕾致辞。沙龙邀请颜井冲、王志超、丁路作为嘉宾，针对清洁能源热转化与资源化利用领域的热点问题以及国际科研合作交流方面的体会展开讨论。此次活动 800 余人次在线观看。

6 月 20 日　批复中国煤炭学会第六届煤矿开采损害技术鉴定委员会组织机构，主任委员张华兴，副主任委员戴华阳、滕永海、郭广礼，秘书长徐乃中，副秘书长邓伟男、白国良。

同日　批复中国煤炭学会第三届史志工作委员会组织机构，名誉主任委员吴晓煜，主任委员陈昌，副主任委员卞生智、张志民、陈党义、庞柒、翟德元，秘书长刘新建，副秘书长于海宏、尹忠昌；支撑单位应急管理出版社有限公司。

同日　批复中国煤炭学会第五届煤矿系统工程专业委员会组织机构，主任委员王家臣，副主任委员杨印朝、贾明魁、孟祥瑞、马立强、张俊文、孙春升，秘书长李杨；支撑单位中国矿业大学（北京）。

6月24日 批复同意中国煤炭学会煤炭装载技术专业委员会，更名为"散装物料装载技术专业委员会"。

6月30日 绿能开发—构建清洁低碳安全高效的能源体系论坛在宁夏回族自治区石嘴山市召开。论坛是"2022绿色发展国际科技创新大会"的专题分论坛，由学会承办。

7月23—25日 2022年厚煤层绿色智能开采国际会议暨纪念中国综合机械化放顶煤开采40周年学术会议在北京召开。本次会议由中国矿业大学（北京）、中国煤炭学会和中煤科工集团开采研究院主办，联合国内外多家著名矿业类高等学校共同协办，是中国科协2022年重要学术会议（TAC）。会议采用线下/线上相结合的形式，共有来自中国、美国、俄罗斯、德国、澳大利亚、加拿大、巴西等国家60位院士与学者作大会报告。中国矿业大学（北京）校长、中国工程院院士葛世荣，中国工程院院士蔡美峰、康红普，中国煤炭学会理事长刘峰，中国科协科学技术创新部部长刘兴平，北京科技大学校长杨仁树，中国煤炭工业协会原副会长朱德仁，北京邮电大学原校长乔建永，北京市科协副主席孟凡兴，湖南科技大学副校长王卫军，北京科技大学原副校长吴爱祥，国家自然科学基金委冶金与矿业学科项目主任王西勃等线下出席开幕式。大会组委会主席、中国矿业大学（北京）副校长王家臣主持并作"中国放顶煤40年"大会报告。共有来自国内外2000余人线下线上参会。

7月26日 由中国煤炭学会承办的第三十六期中国科协全国学会秘书长沙龙在新疆维吾尔自治区巴音郭楞蒙古自治州召开。本期沙龙主题是"建设新型协同创新组织，拓宽全国学会服务地方科技创新和经济发展路径"，旨在进一步提升全国学会面向基层的服务效能，助力西部地区科技创新和高质量发展。中国科协党组成员、书记处书记张桂华，巴音郭楞蒙古自治州党委常委、宣传部部长董斌出席沙龙并致辞。中国科协科学技术创新部部长刘兴平主持沙龙开幕式。学会党委副书记王虹作了题为"创新协同组织建设的实践与问题"的报告。

7 月 27 日 由中国煤炭学会主办，红柳林矿业公司承办的《太阳石》科普丛书审稿会在西安市召开。陕西省人民政府原副省长、省咨询委副主任李金柱，中国工程院院士、中煤科工集团首席科学家王国法，中国工程院院士汤中立、王双明，学会党委书记、理事长刘峰，延安市政府副市长吴群英，陕煤集团副总经理尚建选，西安科技大学党委书记蒋林，陕西延长石油有限责任公司副总经理范京道，以及来自中国煤炭工业协会、西安科技大学、中国矿业大学、中国科学技术出版社、中煤科工集团有关院所的 20 余位专家参加会议，会议由王国法院士主持。撰稿人代表分别对《探秘太阳石》《开发太阳石》《太阳石铸青山》《百变太阳石》四部《太阳石》科普丛书的目录、框架、内容作了简要介绍，与会专家根据审读，提出了指导性意见。

7 月 27—29 日 中国科协学会服务中心创新服务处处长沈进、黑龙江省科协副主席刘福等领导和专家，带领中国煤炭学会（牵头）、中国生物医学工程学会、中国石墨烯产业技术创新战略联盟、黑龙江科技大学，以及省科协区域科技服务团的 10 位专家，深入黑龙江省鸡西市、七台河市部分重点企业，就科技创新、技术攻关、成果转化等进行实地调研。

8 月 3 日 为纪念中国煤炭学会 60 年华诞，发起中国煤炭学会 60 周年征选 Logo 线上投票活动，对 4 个备选 Logo 图案公开征询意见。

8 月 16 日 煤矿智能清洁高效洗选技术装备与工程实践交流研讨会在昆明市召开。会议由学会主办，中煤科工集团重庆研究院有限公司承办，共有 26 位院士专家与学者作专业报告。中国工程院院士、学会常务理事王双明，学会党委书记、理事长刘峰，分别作了题为"双碳目标与主体能源变化"和"双碳目标下煤炭行业绿色低碳转型与高质量发展思考"的特邀报告。

8 月 29 日 批复中国煤炭学会第八届科普工作委员会组织机构，

名誉主任委员王国法，主任委员刘柯新，副主任委员王传棨、冯旭海、孙希奎、李全生、张宏、陈绍杰、胡高伟、雷成祥，秘书长赵国泉，副秘书长李锦、朱晓莉；支撑单位应急管理部信息研究院。

9月1—2日 第十三届全国煤炭工业生产一线青年技术创新交流暨研修活动在贵阳市举办。学会党委副书记、中国煤科集团首席科学家王虹作大会工作报告。中国工程院院士王国法的特邀报告详尽介绍了《太阳石》科普系列图书的创作及红柳林煤矿科普场馆建设蓝图；中国平煤神马集团常务副总经理、学会副理事长张建国，国家能源集团科技部主任李全生等9位专家作了专题讲座。为提高青年立足基层岗位科技创新的能力，此次全国煤炭工业生产一线青年技术创新交流活动全面升级，与国家专业人才知识更新工程要求相结合，同期举办技术经理人研修培训。

9月5日 批复中国煤炭学会第六届环境保护专业委员会组织机构，主任委员周如禄，副主任委员冯启言、陈永春、孙彦良、郭中权、程艳红，秘书长肖艳；支撑单位中煤科工集团杭州研究院有限公司。

9月13日 批复中国煤炭学会第一届碳中和科学与工程专业委员会组织机构，主任委员卞正富，副主任委员卢义玉、任相坤、李政、李全生、李振涛、张宏、桑树勋、谭克龙，秘书长桑树勋，副秘书长刘世奇、姚艳斌、樊静丽；支撑单位中国矿业大学。

9月27日 中国煤炭学会公布《关于2022年最美煤炭科技工作者的决定》，从基层推荐的93位候选人中，评选出范京道、翟成等30人获得2022最美煤炭科技工作者称号。

9月29日 中国煤炭学会、能源基金会、杰克逊全球事务中心共同主办的中美煤炭区域能源转型路径第3次对话在线上举行，主题是中美能源企业多元化低碳转型策略与政策体系。迅雷清洁能源公司首席执行官和山东能源集团总工程师孙希奎作了主旨发言，中美专家进行了深入讨论。

附录1　中国煤炭学会第一至第八届理事会、监事会

届　次	理事长	副理事长	秘书长	副秘书长	常务理事人数	理事人数
第一届 1979年8月— 1984年6月	贺秉章	丁　丹　范维唐 蔡斯烈　张培江 王　琦　汤德全 沈季良　王定衡 魏　同　向宝璜 徐　石 （1983年增选）	范维唐	钮锡锦　潘惠正 柏兴基　夏振读	23人	125人 （代表大会时产生的人数）
第二届 1984年6月— 1989年7月	叶　青	范维唐　沈季良 王志远	范维唐 潘惠正①	钮锡锦　周公韬	19人	128人
第三届 1989年7月— 1995年6月	范维唐	魏　同　陈明和 翟东杰　王志远 潘惠正	潘惠正 （兼）	钮锡锦　周公韬 张自劭 （1995年1月任职）	25人	157人
第四届 1995年6月— 2001年9月	范维唐	陈明和　潘惠正 宋永津　郭玉光 朱德仁　张玉卓 胡省三　谢和平 赵经彻　孙茂远 （2001年增选）	潘惠正 胡省三②	张自劭 成福康 （1997年1月任职） 成玉琪 （2001年1月任职）	35人	163人
第五届 2001年9月— 2007年4月	濮洪九	钱鸣高　胡省三 朱德仁　张玉卓 谢和平　孙茂远 赵经彻　耿加怀 （2004年增选）	胡省三	刘修源 （2005年2月任职） 成玉琪 岳燕京 （2006年3月任职） 张自劭	59人	192人

（续）

届　次	理事长	副理事长	秘书长	副秘书长	常务理事人数	理事人数
第六届 2007 年 4 月— 2013 年 10 月	濮洪九	王　信　孙茂远 张玉卓　张铁岗 胡省三　谢和平 葛世荣④　姜智敏 田　会⑤	胡省三 刘　峰③	刘修源 成玉琪 岳燕京	65 人	185 人
第七届 2013 年 10 月— 2019 年 12 月	王显政 刘　峰⑥	田　会　卜昌森 刘建功　吴　吟 张玉卓　张铁岗 武华太　袁　亮 谢和平　葛世荣 祁和刚 （2016 年 9 月增选）	刘　峰	昌孝存 （2014 年任职） 王　蕾 （2018 年 12 月任职）	68 人	198 人
第八届 2019 年 12 月—	刘　峰	于　斌　马世志 宋学锋　张建国 尚建选　孟祥军 顾大钊　唐永志 彭苏萍　昌孝存 （2020 年 12 月增选） 张彦禄 （2020 年 12 月增选）	王　蕾 2020 年 12 月聘任		59 人	179 人
第一届 监事会⑦ 2019 年 12 月—	监事长 田会	副监事长： 刘建功		监事：何敬德 祁和刚　姜耀东 曹文君		

注：①1986 年因范维唐工作变动请辞秘书长，经常务理事会议增选潘惠正任秘书长。

②2000 年 1 月潘惠正请辞秘书长，四届九次常务理事会议增选胡省三任秘书长。

③2010 年 3 月六届四次常务理事会议聘任刘峰为秘书长。

④2009 年 2 月六届三次常务理事会议增选葛世荣为副理事长。

⑤2012 年 3 月六届六次常务理事会增选姜智敏、田会为副理事长。

⑥2018 年 12 月，王显政请辞理事长，七届五次理事会议通过届中变更，选举刘峰担任理事长。

⑦2019 年 12 月中国煤炭学会第八次全国会员代表大会选举产生第一届监事会。

附录 2　中国煤炭学会分支机构和主办期刊沿革情况

序号	委员会名称	成立时间	第一届主任委员	沿革情况
1	煤田地质专业委员会	1980 年 3 月	燕　蕾	2014 年 9 月 9 日更名为煤炭地质专业委员会
2	矿井建设专业委员会	1980 年 3 月	沈季良	2002 年 1 月 19 日更名为煤矿建设与岩土工程专业委员会，2015 年 10 月更名为矿山建设与岩土工程专业委员会
3	露天开采专业委员会	1980 年 3 月	王秉衡	
4	岩石力学专业委员会	1980 年 3 月	牛锡卓	1996 年 1 月 8 日更名为"岩石力学与支护专业委员会"
5	水力采煤专业委员会	1980 年 3 月—2022 年 9 月	刘　林	2022 年 9 月 5 日中国煤炭学会发出通知，因已完成宗旨使命，水力采煤专业委员会终止活动
6	煤化学专业委员会	1980 年 3 月	汪寅人	2009 年 7 月 6 日更名为煤化工专业委员会
7	选煤专业委员会	1980 年 3 月	郝凤印	
8	煤矿安全专业委员会	1980 年 3 月	余申翰	
9	科普工作委员会	1981 年 3 月	刘焕民	

（续）

序号	委员会名称	成立时间	第一届 主任委员	沿革情况
10	开采专业委员会	1981 年 3 月	汪泰葵	
11	煤矿机械化专业委员会	1981 年 3 月	汤德全	2003 年 4 月 28 日，更名为 煤矿机电一体化专业委员会
12	泥炭与腐植酸专业委员会	1981— 2012 年	高振德	2012 年 6 月 25 日经民政部 批复重组，更名为煤矿土地复 垦与生态修复专业委员会
13	矿山测量专业委员会	1982 年 2 月	孙家禄	
14	矿井地质专业委员会	1983 年 1 月	柴登榜	
15	煤矿运输专业委员会	1985 年 8 月	王焕文	
16	爆破专业委员会	1986 年 1 月	杨善元	
17	瓦斯地质专业委员会	1986 年 1 月	杨力生	
18	科学技术情报专业委员会	1987 年 1 月	李钟奇	
19	煤矿建筑工程专业委员会	1987 年 1 月	沈德琛	
20	煤矿系统工程专业委员会	1987 年 1 月	辛镜敏	
21	煤矿规划设计专业委员会	1987— 2002 年	邸乐山	2002 年 1 月撤销，并入煤矿 建设与岩土工程专业委员会
22	计算机应用专业委员会	1988 年 1 月	周俊松	1995 年 3 月 27 日更名为计 算机通讯专业委员会
23	煤炭国际贸易专业委员会	1988— 2003 年	卫国福	2003 年社团清理整顿后，撤 销该专业委员会
24	煤矿自动化专业委员会	1990 年 8 月	许世范	
25	青年工作委员会	1992 年 1 月	王金庄	
26	煤矿开采损害技术鉴定委 员会	1993 年 3 月	刘天泉	
27	环境保护专业委员会	1996 年 1 月	卢鉴章	

（续）

序号	委员会名称	成立时间	第一届主任委员	沿革情况
28	经济管理专业委员会	2001 年 10 月	黄　毅	成立初期，使用经济研究专业委员会名称
29	短壁机械化开采专业委员会	2003 年 8 月	王　虹	2004 年 6 月 15 日，民政部批准登记
30	史志工作委员会	2004 年 6 月	吴晓煜	2005 年 7 月中国煤炭学会批复第一届组成人员名单
31	煤层气专业委员会	2005 年 7 月	陈明和	
32	煤矿土地复垦与生态修复专业委员会	2012 年 6 月	姜耀东	2018 年 9 月 7 日更名为土地复垦与生态修复专业委员会
33	煤矿装载技术专业委员会	2013 年 1 月	王　虹	2022 年 6 月 24 日，更名为散装物料装载技术专业委员会
34	钻探工程专业委员会	2015 年 4 月	石智军	
35	学术期刊工作委员会	2015 年 7 月	宁　宇	
36	煤矿动力灾害防治专业委员会	2017 年 5 月	潘一山	
37	矿用油品专业委员会	2018 年 6 月	李凤明	2020 年 10 月 26 日，更名为矿用材料专业委员会
38	煤粉锅炉专业委员会	2020 年 11 月	王翰峰	
39	碳中和科学与工程专业委员会	2022 年 9 月	卞正富	
40	碳减排工程管理专业委员会	2022 年 11 月		
41	《煤炭学报》	1964 年创刊	首任主编何杰	1995 年成立第一届《煤炭学报》编辑委员会，范维唐任主任

（续）

序号	委员会名称	成立时间	第一届主任委员	沿革情况
42	《当代矿工》	1985 年创刊	首任主编邓日安	1995 年成立第一届《当代矿工》编辑委员会，王显政任主任
43	《国际煤炭科学技术学报（英文）》	1995 年创刊	首任主编潘惠正	创刊名称为 Journal of Coal Science&Engineering（China）；2013 年更名为 International Journal of Coal Science& Mining Engineering，2014 年更名为 International Journal of Coal Science & Technology

附录3　国家科技进步奖
（特等奖、一等奖）

序号	项目名称	主要完成人	主要完成单位	等级	年份
1	3.5米厚煤层一次采全高成套综采设备	王祖禹、王　钦、郭浩川、冯天祥、黄惠民	西安煤矿机械厂、郑州煤矿机械厂、西北煤矿机械厂、煤科院煤矿机械研究所、潞安矿务局	一等奖	1985
2	煤矿许用乳化炸药	侯学诗、张树明、唐勃、茹占功	淄博矿务局五二五厂、煤科院抚顺分院、煤科院爆破研究所、阜新矿务局十二厂、开滦602厂	一等奖	1985
3	开滦矿务局特大透水灾害的治理	李成栋、刘国平、戴国权、马振亚、沈昌炽	开滦矿务局、煤科院北京建井所、煤科院地勘分院	一等奖	1985
4	"光爆锚喷"新技术在矿井支护中的推广应用	马士杰、王继良、王介峰、王传久、魏传读	徐州矿务局、兖州基建公司	一等奖	1985

（续）

序号	项目名称	主要完成人	主要完成单位	等级	年份
5	钻井法凿井技术	陈明亮、曲学俊、洪伯潜、李 格、李维远、陈中正、蔡传科、朱毓新、王安山、贺辉远、王德民、王贵淳、刘世远、赵子泉、张梦云	煤科院北京建井所、长沙矿山研究院、煤炭部特殊凿井公司、凡口铅锌矿、山东矿业学院、金川有色金属公司、合肥煤矿设计院、嘉兴冶金机械厂、洛阳矿山机械设计院	一等奖	1987
6	煤矿井下千伏级井下供电系统研究	黄伯翔、王宗江、赵凤新、彭延龄、忻贤同、刘凤林、盛德国、呼淑清、张宝金、刘作超、陈 鲲、易以睦、付元统、陈伟民、郭丰友	煤科院上海分院、沈阳电气传动研究所、沈阳低压开关厂、煤科院抚顺分院、开滦矿务局、大同矿务局、上海电器科学研究所、天津市电缆厂、上海电器厂、徐州煤矿机械厂	一等奖	1989
7	晋城矿务局依靠技术进步建成现代化矿区	贾中秀、周福明、叶遐龄、袁宗本、何绍基、单金海、申富宏、金安信、傅德魁、王嘉宾、李 旭、安怀国、李庆三、朱 杰、王生秀	晋城矿务局	一等奖	1989
8	兖州矿区工程建设技术	杜铭山、胡德铨、刘振翻、姚大礼、张之浚、王庆林、梁继海、邹真阳、张一心、吴文彬、关国栋、赵育元、李宏范、孙德才、王书甲、江敦义、赵经彻、莫立奇、祝延治、楚岱山、韩大元、满运明、俞光耀、张崇霖、葛洪章、倪 诚、王金谔	兖州矿务局、中国统配煤矿总公司山东公司、兖州煤矿设计研究院、济南煤矿设计研究院、煤科院北京建井所	特等奖	1992

（续）

序号	项目名称	主要完成人	主要完成单位	等级	年份
9	厚煤层分层自动铺联网液压支架及配套设备	朱世杰、任志本、蒲长晏、童明浒、毛信远、贺如松、饶明杰、肖裕民、李立国、王明普、刘锦标、王君、白希军	大同矿务局、北京煤机厂、煤科总院唐山分院、晋城矿务局、煤科院太原分院、苏南煤矿机械厂、郑州煤矿机械厂	一等奖	1993
10	水煤浆加压气化及气体净化制合成氨新工艺		山东鲁南化肥厂、化工部第一设计院、南京化学工业集团公司研究院、化工部西北化工研究院、杭州市化工研究所、湖北省化学研究所、金州重型机器厂、中国化学工程第四建设公司、中国航天工业总公司	一等奖	1995
11	兖州矿区煤炭综合生产技术研究与开发	赵经彻、吴则智、范国强、莫立崎、王帮君、曾昭鲁、秦玉珠、于德江、徐希康、杨德玉、孔　青、魏恒太、陶　云、宋子安、袁义鲁、陆宗泽、郑仁功、金泰、曲天智、徐建华、黄福昌、刘同兴、闫吉太、张迎弟、谢　斌、高兴海、张明新	兖州矿业（集团）有限责任公司、煤科总院北京开采所、中国矿业大学	一等奖	1998

（续）

序号	项目名称	主要完成人	主要完成单位	等级	年份
12	神东现代化矿区建设与生产技术	叶青、吴元、张喜武、宫一棣、杨景才、王金力、戴绍诚、顾大钊、鹿志发、杨汉宏、寇平、张子飞、伊茂森、孙小高	神华集团有限责任公司、神华集团神府东胜煤炭有限责任公司	一等奖	2003
13	特厚煤层大采高综放开采关键技术及装备	于斌、康红普、王国法、吴兴利、王家臣、杨智文、刘峰、李国平、毛德兵、雷煌、梁云涛、宋金旺、王晓东	中国煤炭科工集团有限公司、大同煤矿集团有限责任公司、煤炭科学研究总院、天地科技股份有限公司、中煤科工集团上海研究院、中煤张家口煤矿机械有限公司、煤科集团沈阳研究院、中国矿业大学（北京）、中国矿业大学、中煤北京煤矿机械有限公司	一等奖	2014
14	煤制油品/烯烃大型现代煤化工成套技术开发及应用	张玉卓、吴秀章、舒歌平、张继明、闫国春、张传江、梁仕普、杨占军、刘中民、王鹤鸣、陈茂山、崔民利、范传宏、王国良、史士东	神华集团有限责任公司、中国神华煤制油化工有限公司、煤炭科学技术研究院有限公司、中国石化工程建设有限公司、中国科学院大连化学物理研究所、中石化洛阳工程有限公司、中国第一重型机械集团公司、中国科学院武汉岩土力学研究所、新兴能源科技有限公司、天津大学	一等奖	2017

（续）

序号	项目名称	主要完成人	主要完成单位	等级	年份
15	600 兆瓦超临界循环流化床锅炉技术开发、研制与示范工程	吕俊复、徐　鹏、肖创英、胡昌华、聂　立、苏虎、马怀新、陈　英、刘吉臻、杨海瑞、胡修奎、郑兴胜、李星华、杨　冬、岳光溪	清华大学、东方电气集团东方锅炉股份有限公司、神华集团有限责任公司等	一等奖	2017
16	400 万吨/年煤间接液化成套技术创新开发及产业化	姚　敏、李永旺、杨勇、邵俊杰、张来勇、焦洪桥、汪创华、刘尚利、邓建军、刘俊义、张延丰、郭中山、曹立仁、蔡力宏、马玉山	国家能源集团宁夏煤业有限责任公司、中国科学院山西煤炭化学研究所、中科合成油技术有限公司、中国寰球工程有限公司、沈阳透平机械股份有限公司、内蒙古伊泰集团有限公司、舞阳钢铁有限责任公司、山西潞安矿业（集团）有限责任公司、甘肃蓝科石化高新装备股份有限公司、中国五环工程有限公司、宁夏神耀科技有限责任公司、吴忠仪表有限责任公司、杭州制氧机集团股份有限公司、江苏新世纪江南环保股份有限公司、苏州安特威阀门有限公司、烟台金泰美林科技股份有限公司	一等奖	2020

附录4 2016—2022年《煤炭学报（中英文）》入选中国科协优秀论文

为贯彻落实国家办好一流学术期刊的要求，鼓励科技工作者将更多高水平研究成果在国内期刊发表，中国科协组织开展了优秀科技论文遴选工作。参评的是近5年发表在我国科技期刊上的论文，经学科专家推荐、牵头单位组织遴选、中国科协终审等程序，全国每年获奖优秀论文限定在100篇以内。

年份	作者	论 文 名 称
2016	谢和平，等	煤炭深部开采与极限开采深度的研究与思考
	袁 亮，等	大直径地面钻井采空区采动区瓦斯抽采理论与技术
2017	顾大钊	煤矿地下水库理论框架和技术体系
	姜耀东，等	我国煤炭开采中的冲击地压机理和防治
2018	袁 亮，等	煤炭精准开采科学构想
	秦 勇	叠置含气系统共采兼容性——煤系"三气"及深部煤层气开采中的共性地质问题
2019	范立民，等	西部生态脆弱矿区矿井突水溃沙危险性分区
2020	于 斌，等	特厚煤层综放开采大空间采场覆岩结构及作用机制
	鞠 杨，等	Fluidized mining and in-situ transformation of deep underground coal resources: a novel approach to ensuring safe, environmentally friendly, low-carbon, and clean utilisation
2021	吴拥政，等	煤柱留巷定向水力压裂卸压机理及试验
	王家臣，等	Theoretical description of drawing body shape in an inclined seam with longwall top coal caving mining
2022	程建远，等	煤炭智能精准开采工作面地质模型梯级构建及其关键技术

附录5 2012—2020年《煤炭学报》入选"中国百篇最具影响国内学术论文"

"中国百篇最具影响国内学术论文"是中国科学技术信息研究所从近5年内中国科技论文与引文数据库（CSTPCD）所收录的科技论文遴选，累计被引用次数进入相应发表年度和所属学科领域的前千分之一的论文。根据各个学科领域的论文数量，结合我国科技发展的重点领域和优先主题，参考论文的类型、基金项目资助情况、被引用分布等情况，从中择优选取。

序号	作者	论文名称
1	胡千庭，等	采空区瓦斯流动规律的CFD模拟
2	康红普，等	高预应力强支护系统及其在深部巷道中的应用
3	袁 亮	卸压开采抽采瓦斯理论及煤与瓦斯共采技术体系
4	谢和平，等	不同开采条件下采动力学行为研究
5	刘春生，等	修正离散正则化算法的截割煤岩载荷谱的重构与推演
6	姜耀东，等	我国煤炭开采中的冲击地压机理和防治（2次入选）
7	许家林，等	基于关键层位置的导水裂隙带高度预计方法（2次入选）
8	潘一山，等	冲击地压矿井巷道支护理论研究及应用
9	陈尚斌，等	川南龙马溪组页岩气储层纳米孔隙结构特征及其成藏意义
10	谢和平，等	深部开采的定量界定与分析（3次入选）
11	顾大钊	煤矿地下水库理论框架和技术体系
12	秦 勇，等	叠置含气系统共采兼容性——煤系"三气"及深部煤层气开采中的共性地质问题（2次入选）
13	潘一山	煤与瓦斯突出、冲击地压复合动力灾害一体化研究
14	袁 亮	煤炭精准开采科学构想
15	李 阳，等	基于压汞、低温N_2吸附和CO_2吸附的构造煤孔隙结构表征

附录 6 中国煤炭学会主要国际学术会议略表

序号	时间、地点	会议名称	主办单位	人数	论文报告数量
1	1980 年 9 月秦皇岛市	第一届矿山规划和开发技术学术讨论会	中国煤炭学会、中国金属学会、美国米勒·弗利曼出版公司、美国世界矿业/世界煤炭杂志社	487 人，35 国（地区）	47
2	1983 年 3 月北京市	煤矿开发投资技术及市场研讨会	中国煤炭学会、美国世界矿业/世界煤炭杂志社、美国罗曼咨询公司	105 人，10 国，外宾 49 人	21
3	1983 年 11 月太原市	采煤设备和图片技术交流展览会	中国煤炭学会、美国罗曼中国业务公司、东蒙煤炭公司	66 人，7 国，30 家厂商	参观交流1.5 万余人
4	1984 年 10 月长春市	国际采矿设备技术交流展览会	中国煤炭学会、东蒙煤炭公司、美国罗曼中国业务公司	200 人，7 国，外宾 39 人	
5	1986 年 4 月济南市	国际采矿设备技术交流展览会	中国煤炭学会、美国罗曼国际咨询公司	300 人，8 国，外宾 90 人	24
6	1987 年 5 月北京市	第二届国际煤炭技术交流展览会	中国煤炭学会、煤炭部国际司、香港国际展览公司	18 国，100 余家厂商	50

（续）

序号	时间、地点	会议名称	主办单位	人数	论文报告数量
7	1987 年 8 月 北京市	第十一届国际石炭纪地层和地质大会	中国科协、中国古生物学会、中国地质学会、中国煤炭学会		
8	1989 年 4 月 北京市	第三届国际煤炭技术交流展览会	中国煤炭学会、煤炭部国际司、香港国际展览公司	14 国，100 余家厂商	11
9	1990 年 5 月 北京市	第十四届世界采矿大会和展览会	中国煤炭学会、统配煤矿总公司、国家能源部	32 国	133（专题交流 51）
10	1991 年 9 月 北京市	91′国际煤炭技术交流设备展览会	中国煤炭学会、煤炭部国际司、中煤技术咨询开发公司	14 国，96 家公司	
11	1992 年 9 月 长治市（潞安）	高产高效综采技术国际学术研讨会	中国煤炭学会、统配煤矿总公司、国家能源部	192 人，7 国，外宾 43 人	
12	1993 年 10 月 北京市	93′国际煤炭技术交流设备展览会	中国煤炭学会、煤炭部国际合作司、中煤技术咨询开发公司	14 国，140 多家公司	（26 场交流）
13	1994 年 4 月 乌鲁木齐市	中俄第一届急倾斜煤层开采技术学术研讨会	中国煤炭学会、新疆煤炭学会、新疆煤研所、俄罗斯库兹涅茨克煤研所	32 人	报告 5
14	2002 年 11 月 昆明市	第三届全国煤层气学术研讨会	中国煤炭学会、中国石油学会、中联煤层气公司	150 人，6 国	论文 98
15	2007 年 10 月 淮南市	2007 中国（淮南）煤矿瓦斯治理技术国际会议	煤矿瓦斯治理国家工程研究中心、中国煤炭学会、淮南矿业集团公司、国外研究机构	150 人，4 国	论文 72

（续）

序号	时间、地点	会议名称	主办单位	人数	论文报告数量
16	2009 年 5 月 重庆市	2009 煤矿瓦斯灾害预防与控制国际研讨会	中国煤炭学会、煤炭科学研究总院、煤科总院重庆院	220 人	论文 152
17	2011 年 10 月 西安市	煤矿安全高效开采地质保障技术国际研讨会	中国煤炭学会、中国煤炭科工集团、中国煤炭地质总局	300 人，6 国	论文 113
18	2013 年 9 月 15 日 北京市	中外专家座谈交流会（办刊交流）	中国煤炭学会、《煤炭学报》（英文）编辑部、煤炭科学研究总院	26 人，外宾 10 人	
19	2013 年 10 月 9 日 北京市	2013 煤矿开采与安全国际学术研讨会	煤炭科学研究总院、天地科技股份公司、中国煤炭学会	112 人，外宾 4 人	报告 24
20	2014 年 5 月 18 日 西安市	2014 年中国国际矿山测量学术论坛	国际矿山测量学会第四、六专业委员会，学会测量专委会协办	153 人	论文 50，报告 33
21	2014 年 10 月 17—19 日 北京市	2014 北京国际土地复垦与生态修复研讨会	中国煤炭学会、学会土地复垦与生态修复专委会	300 人，外宾 60 人	论文集 2 本，报告 84（外宾报告 43）
22	2014 年 10 月 24—25 日 北京市	33 届国际采矿岩层控制会议（中国）暨国际采矿岩层控制会议（International Conference on Ground Control in Mining，简称 ICGCM）	中国矿业大学（北京）、美国西弗吉尼亚大学、国家自然科学基金委员会、中国煤炭学会、中国矿业大学等	302 人，8 国，外宾 30 人	特邀报告 22，一般报告 27，出版论文集（中文 62，英文 18）

（续）

序号	时间、地点	会议名称	主办单位	人数	论文报告数量
23	2015 年 10 月 16—18 日 北京市	2015 中国国际矿山测量学术论坛	国际矿山测量学会第四、六专业委员会，中国矿业大学（北京）等，学会测量专委会、开采损害技术鉴定委员会协办	265 人，外宾 30 人	论文集 70，报告 44
24	2015 年 10 月 18—19 日 焦作市	34 届国际采矿岩层控制会议（中国）	河南理工大学等，美国西弗吉尼亚大学、中国煤炭学会、国家自然科学基金委员会	205 人，外宾 18	报告 51，论文集（中文 70，英文 40）
25	2016 年 9 月 1—2 日 乌鲁木齐市	"一带一路"战略联盟矿业科技创新国际研讨会	中国煤炭学会、神华新疆公司	110 人，外宾 8 人	论文 62，报告 15
26	2016 年 9 月 17—19 日 阜新市	35 届国际采矿岩层控制会议	辽宁工程技术大学等，美国西弗吉尼亚大学、中国煤炭学会	9 国	报告 31
27	2016 年 11 月 29 日 北京市	第三届煤炭科技创新高峰论坛	中煤科工集团、中国煤炭工业协会、中国煤炭学会	210 人，外宾 10 人	论文集 65，报告 17
28	2017 年 10 月 12—14 日 淮南市	2017 中国国际矿山测量学术论坛	国际矿山测量学会第四、六专业委员会，中国煤炭学会，安徽理工大学	172 人，5 国，外宾 13 人	学术报告 30，青年论坛 34，论文集 69
29	2017 年 10 月 15—16 日 淮南市	36 届国际采矿岩层控制会议	美国西弗吉尼亚大学，安徽理工大学等，中国煤炭学会	505 人	学术交流 60，论文集（中文 45，英文 19）

（续）

序号	时间、地点	会议名称	主办单位	人数	论文报告数量
30	2017 年 10 月 20—23 日 西安市	第二届国际土地复垦与生态修复学术研讨会	中国煤炭学会、土地复垦与生态修复专委会、中国矿业大学（北京）	510 人，15 国，外宾 50 余人	学术报告 71，论文集 100
31	2018 年 7 月 17 日 浙江省德清县	煤矿井下智能化透明生产中的矿山测量与地理信息系统国际学术研讨会	国际矿山测量学会、中国煤炭学会矿山测量专委会、安徽理工大学	120 人，外宾 7 人	学术报告 11
32	2018 年 7 月 17—21 日 浙江省德清县	第二届国际矿山测量与地理信息技术培训暨研究生夏令营	国际矿山测量学会、中煤科工集团、中国煤炭学会等	42 人，外籍学生 15 人	培训讲座 9
33	2019 年 6 月 2—3 日 徐州市	能源、资源、环境与可持续发展国际会议	中国矿业大学、中国煤炭学会	400 人，15 国，外宾 80 人	主题报告 6，分会场 33
34	2019 年 10 月 12—14 日 焦作市	第八届矿区土地复垦与生态修复学术会议	学会土地复垦与生态修复专业委员会、河南理工大学、河南省煤炭学会、焦作煤业集团	305 人，美、德专家 3 人	会议交流 26，青年论坛 32，论文摘要 62
35	2020 年 9 月 10 日 北京市	英国繁荣基金中国能源与低碳经济项目启动会	英国驻华大使馆、国家发改委（中国煤炭学会汇报项目提纲）	80 人，英国使馆人员参会	项目汇报

（续）

序号	时间、地点	会议名称	主办单位	人数	论文报告数量
36	2021年10月15—17日青岛市	第39届国际采矿岩层控制会议（2021′中国）	山东科技大学、美国西弗吉尼亚大学、中国煤炭学会等	220人，外宾线上参会	主旨报告12，分会场报告78
37	2021年10月18—20日徐州市	国际土地复垦与生态修复学术研讨会（第三届）	中国煤炭学会、学会土地复垦与生态修复专委会、中国矿业大学	线下400人，线上40万人，外宾20人	主报告12，分会场报告49，研究生交流22
38	2021年11月15—16日	第一届粉尘与职业卫生健康国际学术研讨会	《国际煤炭科学技术学报（英文）》、国宾州州立大学、东科技大学	线上400余人，美籍专家21人	国内专家报告19，国外专家报告21，分论坛7
39	2021年12月2日	中美煤炭地区能源转型二轨对话（第一次对话）	能源基金会、中国煤炭学会	线上30人	国外专家报告10，国内专家报告8
40	2022年2月22日	煤炭转化可再生能源专题研讨会	世界经济论坛主办，中国煤炭学会支持	线上52人，意大利、葡萄牙、印度等国	
41	2022年3月29日北京市（线下+线上）	煤炭转型高层次国际交流会	中国煤炭学会、英国大使馆	35人，英国、德国专家5人	国外专家报告5，国内专家报告2

（续）

序号	时间、地点	会议名称	主办单位	人数	论文报告数量
42	2022 年 4 月 14 日	中美煤炭区域能源转型二轨对话（第 2 次对话）"中美煤炭社区与经济多元化战略"	能源基金会、杰克逊全球事务中心、中国煤炭学会	线上 30 人	国外专家报告 5，国内专家报告 3
43	2022 年 7 月 23—25 日 北京市（线下+线上）	2022 厚煤层绿色智能开采国际会议——中国综放开采 40 年	中国矿业大学（北京）、中国煤炭学会、中煤科工开采研究院	线下 160 人，线上 2000 人，7 国外宾	主旨报告 8，特邀报告 52，研究生论坛
44	2022 年 9 月 29 日	中美煤炭区域能源转型路径（第 3 次对话）"中美能源企业多元化低碳转型策略与政策体系"	能源基金会、中国煤炭学会、杰克逊全球事务中心	线上 30 人，外宾 5 人	主旨发言 2，引导发言/点评 3，案例与经验 4
45	2022 年 11 月 2—3 日 西安市（线下+线上）	第 41 届国际采矿岩层控制会议	西安科技大学、美国西弗吉尼亚大学、中国煤炭学会、中国矿业大学等	3 万人左右	学术报告 77（《煤炭学报》专栏发布）